空簪集

BJD娃娃饰品制作教程

宿雪莲歌阿秀
暮雪Chelsea
著

電子工業出版社
Publishing House of Electronics Industry
北京·BEIJING

未经许可，不得以任何方式复制或抄袭本书之部分或全部内容。
版权所有，侵权必究。

图书在版编目（CIP）数据
空簪集：BJD娃娃饰品制作教程 / 宿雪莲歌阿秀，暮雪Chelsea著. —北京：电子工业出版社，2022.9

ISBN 978-7-121-44129-5

Ⅰ.①空… Ⅱ. ①宿… ②暮… Ⅲ. ①玩偶－装饰制品－制作－教材 Ⅳ. ①TS958.6

中国版本图书馆CIP数据核字（2022）第147524号

责任编辑：田 蕾　　特约编辑：田学清
印　　刷：北京利丰雅高长城印刷有限公司
装　　订：北京利丰雅高长城印刷有限公司
出版发行：电子工业出版社
　　　　　北京市海淀区万寿路173信箱　　邮编：100036
开　　本：787×1092　1/16　印张：13.75　字数：352千字
版　　次：2022年9月第1版
印　　次：2024年1月第3次印刷
定　　价：128.00元

凡所购买电子工业出版社图书有缺损问题，请向购买书店调换。若书店售缺，请与本社发行部联系，联系及邮购电话：（010）88254888，88258888。
质量投诉请发邮件至zlts@phei.com.cn，盗版侵权举报请发邮件至dbqq@phei.com.cn。
本书咨询联系方式：（010）88254161~88254167转1897。

读者服务

扫一扫关注"有艺"

您在阅读本书的过程中如果遇到问题，可以关注"有艺"公众号，通过公众号中的"读者反馈"功能与我们取得联系。此外，通过关注"有艺"公众号，您还可以获取艺术教程、艺术素材、新书资讯、书单推荐、优惠活动等相关信息。

投稿、团购合作：请发邮件至 art@phei.com.cn。

扫一扫观看视频

前言
Preface

我是暮雪 Chelsea，本书的作者之一。很感谢购买了本书的你，希望本书对你有所帮助。

很多年前，我喜欢上了汉服，因此开始制作发簪。每天在做完功课以后，我就在论坛、贴吧等各个地方搜索制作发簪的教程，现在想想那也是一段幸福的时光。因为我没有一个完整的学习体系，所以走了不少弯路，浪费了不少材料和时间。我相信，有了本书的你，一定不会再像当年的我一样了。发簪有着悠久的历史、厚重的文化底蕴，在写本书之前，我只知道缠花和绒花是非物质文化遗产，但我在查阅了大量的资料后才真正地了解这两种工艺。我惊讶于古人的匠人精神，也赞叹于他们巧夺天工的手艺。我也许一辈子都没有办法达到像古代匠人一样的高度，可是我想离他们近一些、再近一些。从那以后，我每次在制作发簪时，都有一种在触摸历史的感觉。或许几百年前有一位姐姐在摇曳的烛光下，制作着自己的饰品；而如今的我也在深夜里，在台灯的照射下，制作着自己的发簪，这算不算是一种重叠呢？每当我想到这里，内心就充满了动力，思如泉涌。初遇汉服是在一个阳光明媚的下午，时至今日它已经融入了我的生活，成为我的信仰。我在很多事情上都有着碰壁的经历，唯独这两件事，哪怕是多次碰壁，我也会继续尝试下去。我想我会一辈子喜欢手工、喜欢汉服，我也愿意为了它们付出时间。我把我知道的东西都写在本书中了，无论是技法还是历史，我希望本书可以对你有所帮助。

我和宿雪莲歌阿秀（本书的另一位作者，以下简称阿秀）也因发簪结缘。本书所讲的技法都是通法，可用于为 BJD 或者真人制作饰品。你可以参考书中给出的尺寸，给自己的 BJD 制作精美的配饰，也可以用同样的方法制作一个放大版的配饰给自己。你不必只是依葫芦画瓢地制作本书案例中的饰品，等掌握很多基础方法以后，你可以去构思自己的作品。在熟练地掌握了这些技能后，你一定可以做出更加精彩的作品。

本书不仅讲解了发簪，还讲解了很多融合了现代元素的饰品，如权杖、发箍、异域风格的首饰等，以及很多很实用的制作手法。我和阿秀想写的书并不是只局限于制作古风发簪的教程，而是一本几乎涵盖所有领域的饰品制作的教程。所以，本书中会有很多其他风格的饰品制作教程出现，不同的风格意味着不同的技法。此外，我们还特地找画师绘制了符合 BJD 尺寸的制作纸样，可以帮助你节约进行等比例缩放的时间，也避免了很多不必要的麻烦。

我就是那个曾经披着床单在家里疯玩的女孩，但如今我已经长大了。

我的家人没有阻止过我的爱好，支持我的每一个决定，这也是一种小幸运吧。我每次穿着汉服出门和朋友闲逛时，头上戴的发簪都是自己做的，我心里洋溢着幸福感。

感谢本书的策划文婧，她让我知道了一个用心做书的人多么有魅力；感谢和我一起写本书的阿秀，她弥补了我很多技能上的空白；当然，还要特别感谢你——能看到这里的你。

好啦，那就请你翻开本书，我们在书里相见！

暮雪 Chelsea

目录 Contents

001

第 1 章
饰品的常识和准备工作

019

第 2 章
缠花工艺

033

第 3 章
绒花工艺

第 1 章

饰品的常识和准备工作

古风饰品的常识 | 通用工具介绍 | 通用材料介绍 | 穗子的制作与染色 | 剪影形概括方法

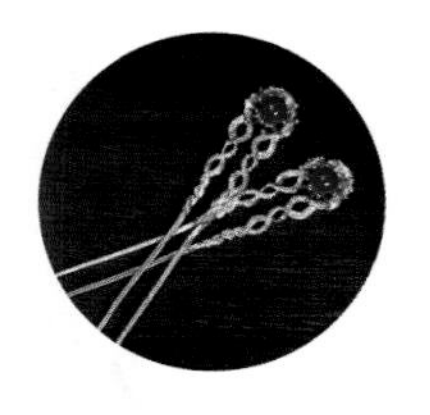

1.1 古风饰品的常识

唐朝诗人温庭筠在《女冠子·含娇含笑》中这样写道：“含娇含笑，宿翠残红窈窕，鬓如蝉。寒玉簪秋水，轻纱卷碧烟。”短短几句，一位窈窕淑女的形象便跃然纸上。可见，在古人的心目中，冰肌玉骨的女子总是和发簪相联系的。而不同样式的发簪在发型上的呈现也不尽相同，只有了解了不同样式的发簪的特点，我们才能进行更好的创作。在大多数人的心目中，一位翩翩公子的形象总与发冠和宫绦密不可分、紧密相连。“同舍生皆被绮绣，戴朱缨宝饰之帽，腰白玉之环”，宋濂的《送东阳马生序》中就曾这样描写和他同舍的同学的形象。其中的“白玉之环”就是宫绦的一种，在现代也有非常多的宫绦可供选择，系法也多种多样。本节讲述常见的古风饰品的区别和佩戴方法，可以帮助大家更好地将其运用在各种场合。

1.1.1 发簪、发钗、步摇的区别

发簪通常以一根圆形簪棍作为主体，簪头常用各种花朵、贝壳、云母、蝴蝶及各种金属配件作为造型元素。由于主体是一根圆棍，发簪的承重有限，因此我们在制作时需要解决重量和美观之间的矛盾。发簪的佩戴位置很灵活，根据发型而定。

与发簪不同，发钗通常以双股形主体为主，比发簪更稳固。发钗在制作上有更多的发挥空间，使用的元素也与发簪类似。但双股形发簪的主体不方便隐藏，佩戴时要注意。发钗多插于发型的中心位置。

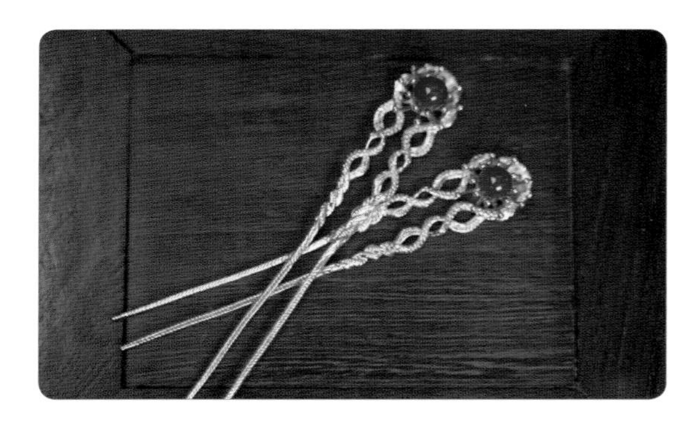

步摇是在发簪和发钗的基础上发展而来的，在主体装饰下面加入了穗子元素。穗子跟随头部的晃动而发出清脆的响声。

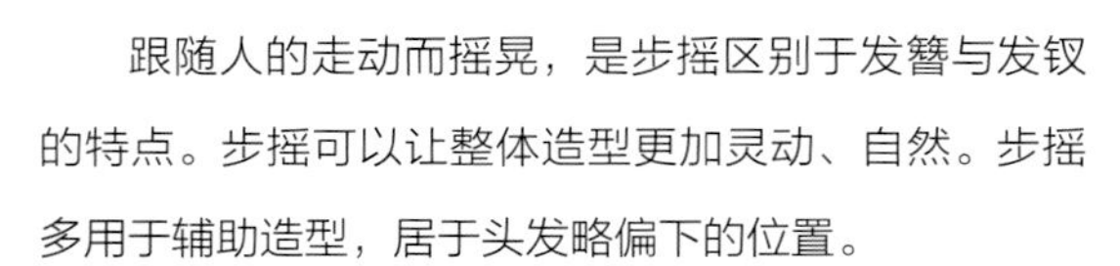

跟随人的走动而摇晃，是步摇区别于发簪与发钗的特点。步摇可以让整体造型更加灵动、自然。步摇多用于辅助造型，居于头发略偏下的位置。

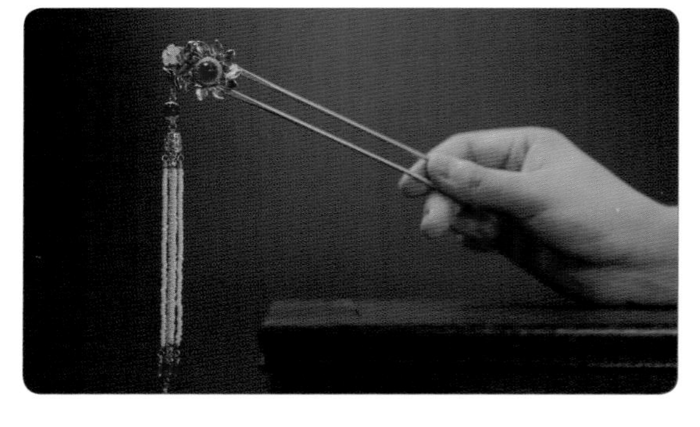

发簪
发钗
步摇
模特：嘉雪 Chelsea

模特：暮雪 Chelsea

1.1.2 发冠的佩戴和固定方法

发冠是一种非常华丽的配饰，古时候发冠的整体设计和制作工艺都比较复杂。发冠使用的材料大多为贵重金属，所以比一般的发饰沉重，长时间佩戴会给人的颈椎造成较大负担。因此，古时候的人们也不会经常佩戴发冠，只有在重大的场合盛装出席时，才会佩戴相应的发冠。

随着汉文化的复兴，汉服广受欢迎，相应的配饰也随即出现在人们的视野中。一些简化版的发冠，由于整体造型比较小巧、精致，能够满足汉服爱好者的日常佩戴需求，因此广受欢迎。

知识延伸

发冠的固定方法：先将头顶的头发束成一束或扎成马尾，然后将发冠固定其上，插入一根或者两根发簪固定。考虑到对称美，可在发冠左右两侧各插入一根发簪。当使用一根发簪时，因为通常人们习惯使用右手抓取，所以应从模特本人的右边往左边插。此外，还有从后往前插的子午簪，目前未见过 BJD 使用的子午簪，感兴趣的读者可以自己尝试制作。

1.1.3 宫绦的系法

宫绦是一种悬挂于腰间的饰物，主体是绳子，两端配有玉环、金属饰品或中国结等重物，尾部配有长长的穗子。宫绦并不是在现代为了搭配汉服而出现的，在古代就有。《红楼梦》中对凤姐的描述就说明了她系着豆绿色的宫绦。

单结

将宫绦围绕腰身缠 3 圈左右，在侧腰的位置打结，先形成一个单结，再调整佩饰至合适的位置；适用于宫绦装饰物较少的情况。

蝴蝶结

将宫绦围绕腰身缠 3 圈以后，在正中间系一个蝴蝶结，调整好蝴蝶结的大小和松紧程度；将宫绦的装饰物放于腰身一侧；适用于宫绦装饰物较多的情况。

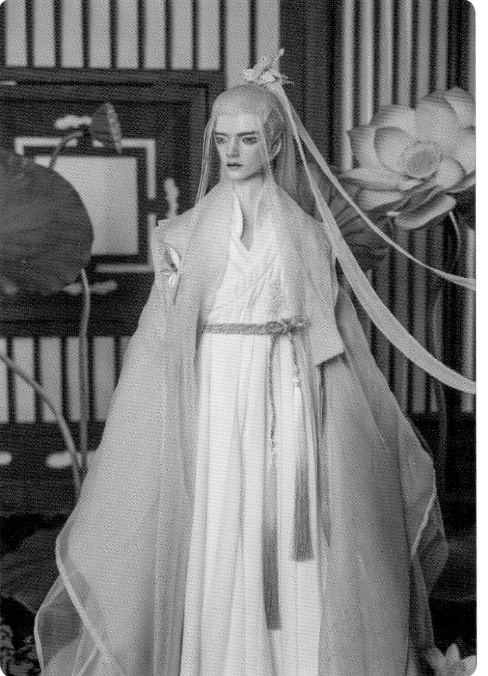

绦环结

将宫绦整理好后对折，形成两股绳。拿出事先准备好的绦环，将一头的两股绳穿过绦环并固定，将另一头的绳子也穿过绦环，用围腰一周后的绳子反折回另一头，穿过两股绳中间的缝隙固定，再整理宫绦的佩饰。

1.2 通用工具介绍

熟练地掌握各种工具才能高质量、高效率地制作饰品。本节讲述常用的钳类工具和剪类工具，它们在制作饰品时的使用频率非常高。

1.2.1 圆嘴钳 / 尖嘴钳 / 侧剪钳

圆嘴钳一般在做吊坠时使用，将圆珠针、T 字针和 9 字针弯成圆环状。

尖嘴钳一般用于掰开或闭合开口圈，辅助弯折各种金属配件。

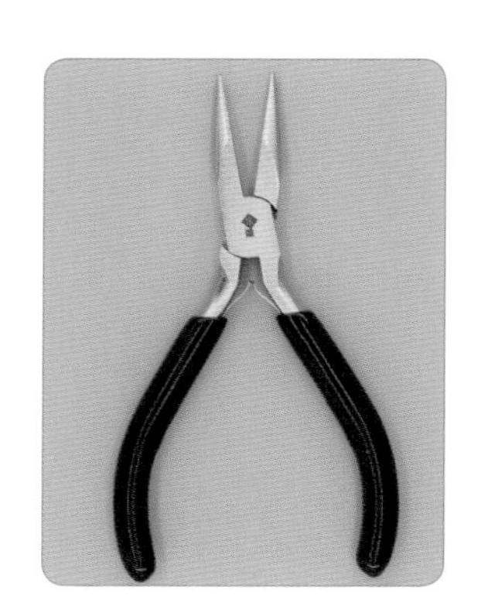

侧剪钳一般用于修剪珠针、T 字针、9 字针，以及剪断铜丝。

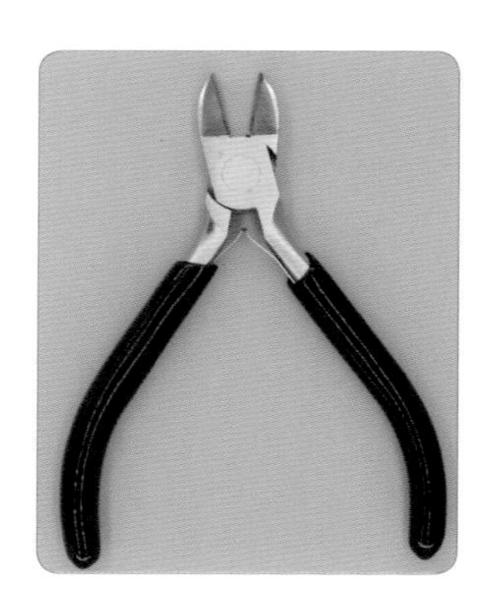

1.2.2 胶水 / 镊子 / 剪刀

胶水在首饰制作中的用途广泛，各种宝石的黏合、花片的粘贴都要用到胶水。因为饰品是需要佩戴的，所以胶水的牢固度和在饰品制作过程中黏合的时间尤为重要。我们应当选择一些黏合速度不太快也不太慢、牢固度高、胶痕少的胶水。笔者建议使用专业的饰品胶，如 B6000 饰品胶等。虽然热熔胶也被广泛应用于饰品之中，但是热熔胶的牢固度不够，胶痕容易过多，因此不建议使用。

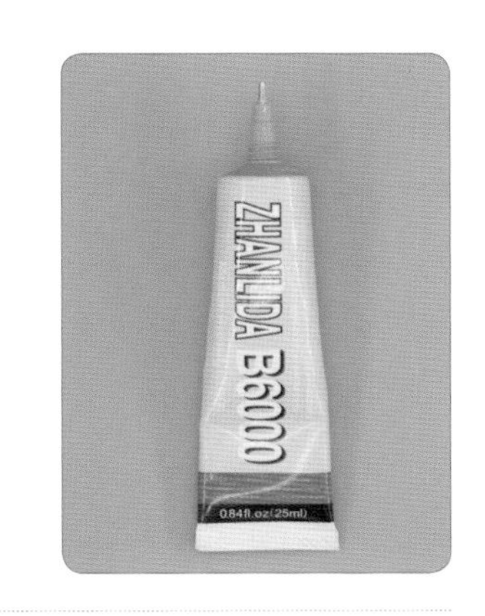

在制作绒花时经常用尖头镊子来整理花瓣，圆头镊子可以用来夹一些细小的钻、珠子等小物件。

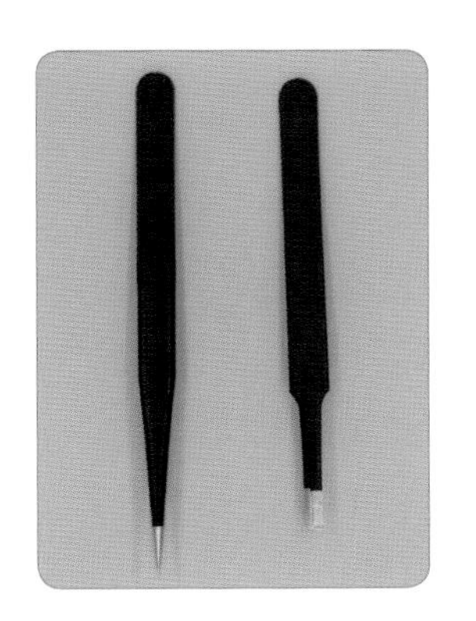

至少需要准备 3 把剪刀：一把翘头剪刀，用来修剪各种线头；一把大裁缝剪或羊毛剪，在制作绒花时用来剪绒排和修绒打尖，还可以用来修剪穗子；一把用旧的废弃大剪刀，用来修剪金属花片。

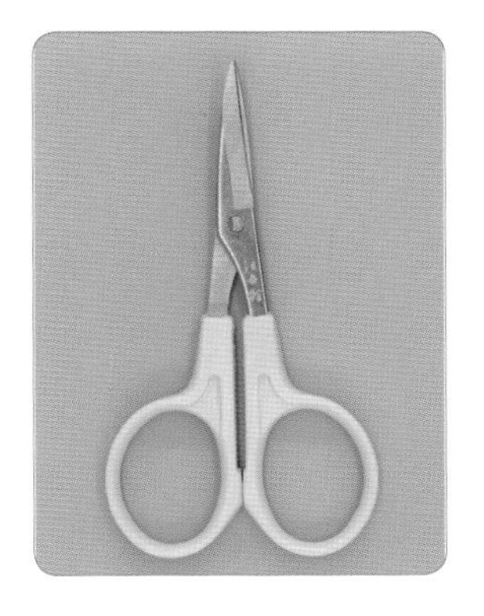

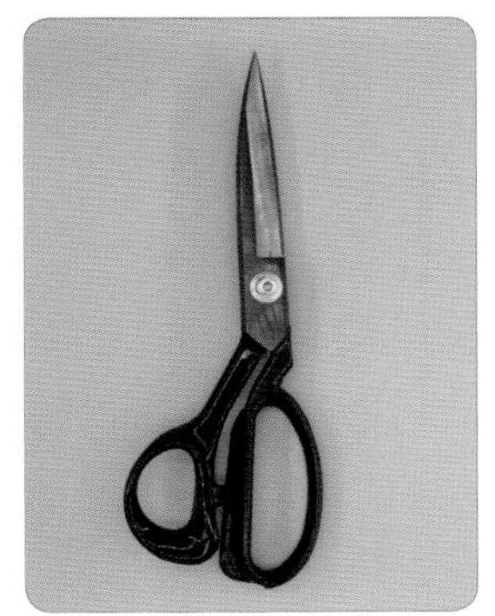

1.3 通用材料介绍

通用材料一般在制作饰品时作为辅助，不同颜色和形状的材料，在使用过程中也有所不同。在不同尺寸和部位的饰品制作上，需要使用不同型号的材料，以达到稳固和美观的效果。

1.3.1 铜丝

在首饰制作中，铜丝有着广泛的用途。细铜丝可以用来捆绑、缠绕等，如辑珠就利用细铜丝和珠子的组合来制作各种树叶、花瓣等。粗铜丝可以用来制作项圈、发冠底座等。

在选择铜丝时，请认准首饰专用铜丝，并且选用保色铜丝。市场上的铜丝一般分为金、银两个颜色，有 0.2~1.0mm 不同的尺寸。接下来的首饰制作案例中常用的细铜丝的尺寸为 0.2mm、0.3mm，粗铜丝的尺寸为 0.6mm。

1.3.2 珠子

叔叔尺寸 BJD：吊坠珠子的最大直径不要超过 8mm，腰链等其他链条类珠子的直径不要超过 6mm。

三分 / 大女 BJD：吊坠珠子的最大直径不要超过 6mm，腰链等其他链条类珠子的直径不要超过 4mm。

四分 BJD：吊坠珠子的最大直径不要超过 5mm，腰链等其他链条类珠子的直径不要超过 3mm。

六分 BJD：吊坠珠子的最大直径不要超过 4mm，腰链等其他链条类珠子选择直径为 1.5mm 或者 2mm 的米珠。

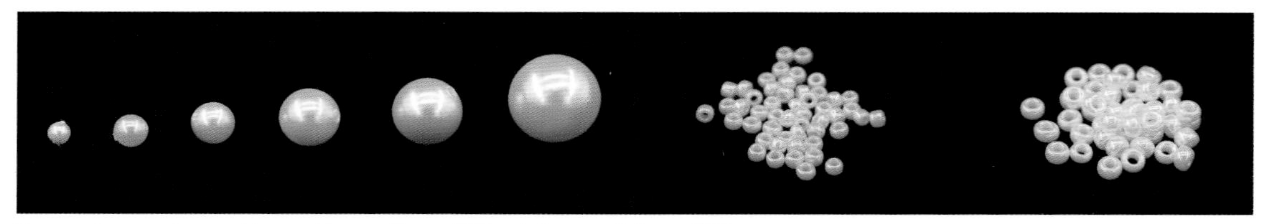

2mm、3mm、4mm、5mm、6mm、8mm 贝珠，1.5mm、2.0mm 米珠

1.3.3 圆珠针 /T 字针 /9 字针 / 开口圈

圆珠针的顶部有一个金属圆球，故而又名球针，用于制作各种吊坠。

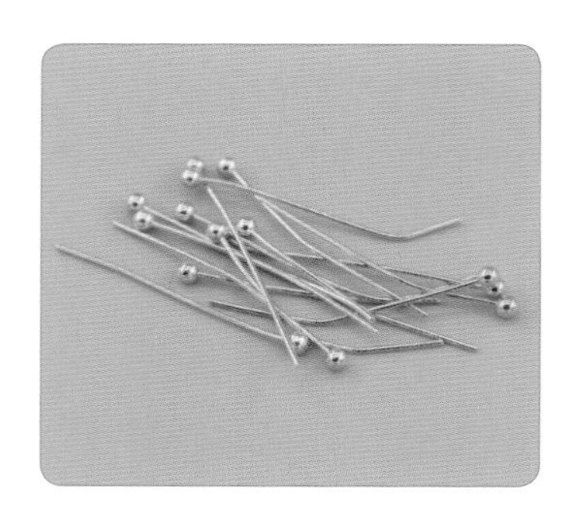

T字针和圆珠针的作用相同，其顶部是一个金属圆片。

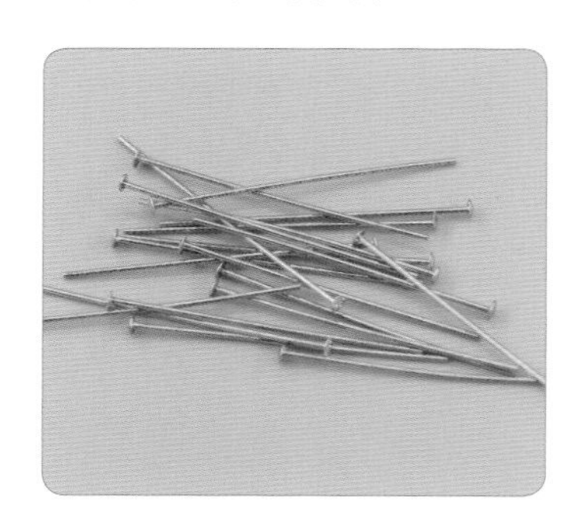

9 字针因其底部有一个圈，形似 9 字而得名；一般用于制作两头都有圆环连接用的吊坠。

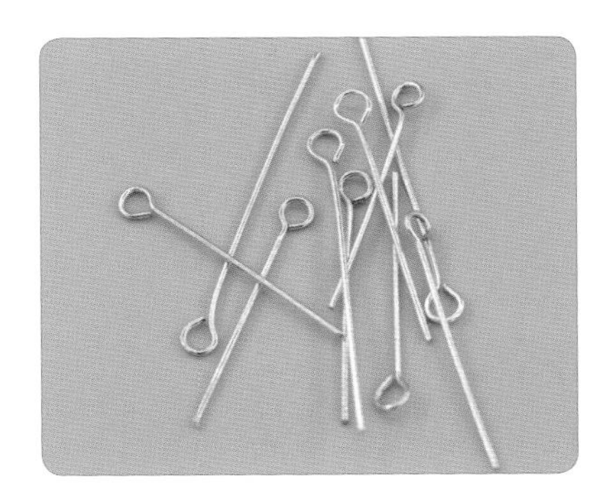

开口圈又名圆 C 圈，一般用于连接吊坠与各种部件、链条。

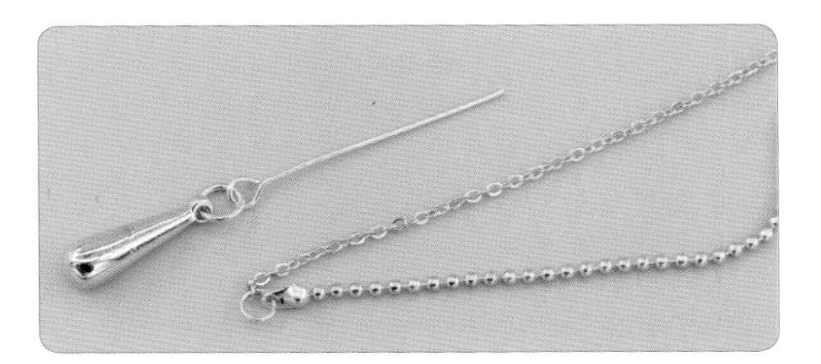

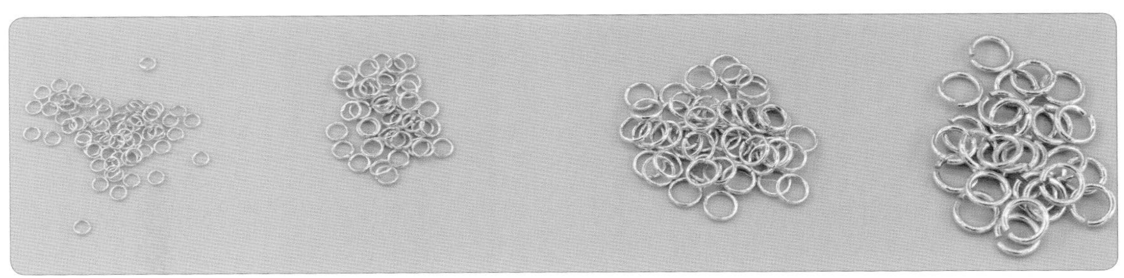

直径：1.5mm、2mm、3mm、4mm

六分 BJD：其饰品适合用直径为 1.5mm 或 2mm 的开口圈。

四分 BJD：其饰品适合用直径为 2mm 或 3mm 的开口圈。

三分 / 叔叔 BJD：其饰品适合用直径为 3mm 或 4mm 的开口圈。

1.4 穗子的制作与染色

市场上的成品穗子的颜色和尺寸虽然实用度较高，但在制作一些特殊饰品时无法达到最好的效果。一般来讲，制作者在制作特殊配饰时会亲手制作颜色和尺寸合适的穗子，以搭配饰品，从而在整体上达到美观的效果。本节讲述穗子的通用制作方法及染色方法，读者在掌握后可以在此基础上自由发挥。需要注意的是，在给穗子染色时，极易将颜料染到手上，一定要记得佩戴手套保护自己的双手。

1.4.1 制作工序

材料和工具：长方形盒子或硬纸板、冰丝穗子线、9 字针、珠子配饰、打火机、剪刀。

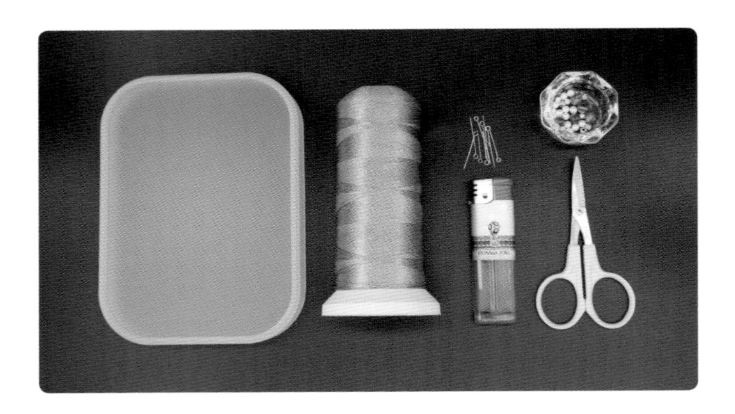

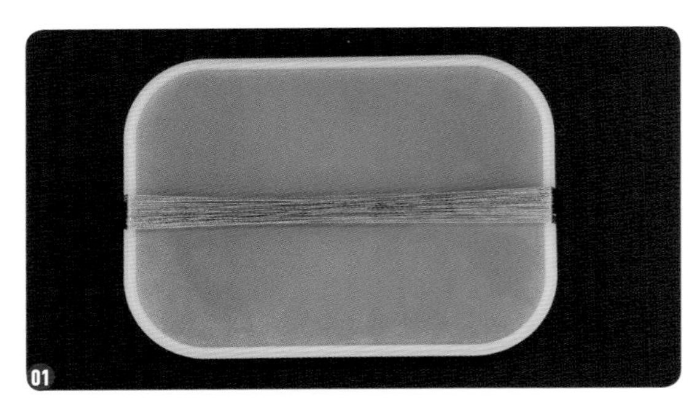

01 根据穗子需要的长度选择合适的长方形盒子或硬纸板。将冰丝穗子线缠绕在长方形盒子或硬纸板上，缠绕的圈数根据穗子的粗细来决定。想要细一点就少缠几圈，想要粗一点就多缠几圈。

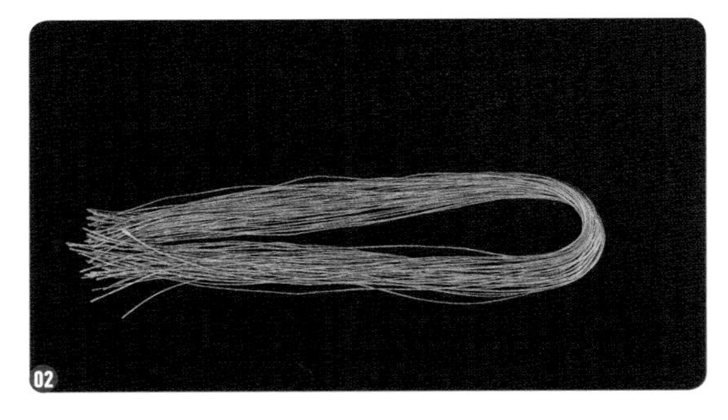

02 用剪刀将缠绕的冰丝穗子线从中间剪开，放在一边备用，注意不要将线弄乱了。

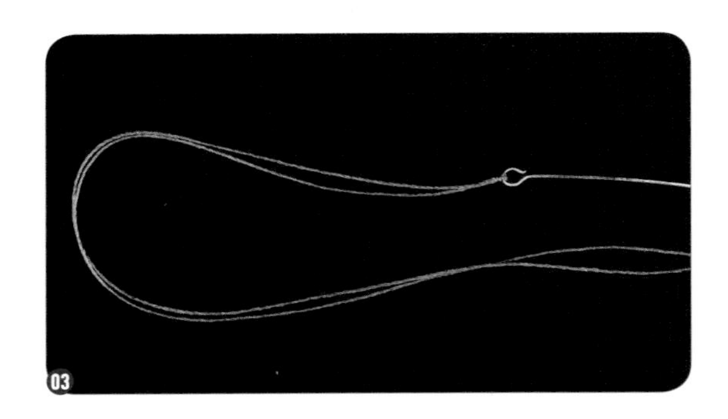

03 取一根 20cm 长的冰丝穗子线，绑在 9 字针的圈圈上(也可不绑9字针，使用9字针方便直接穿珠子配饰)。

04 拿出剪好的冰丝穗子线，用绑有 9 字针的冰丝穗子线在中间位置捆起来，一定要捆紧。捆好后剪掉多余的线头，并用打火机烤一下线头，防止捆好的线松动。

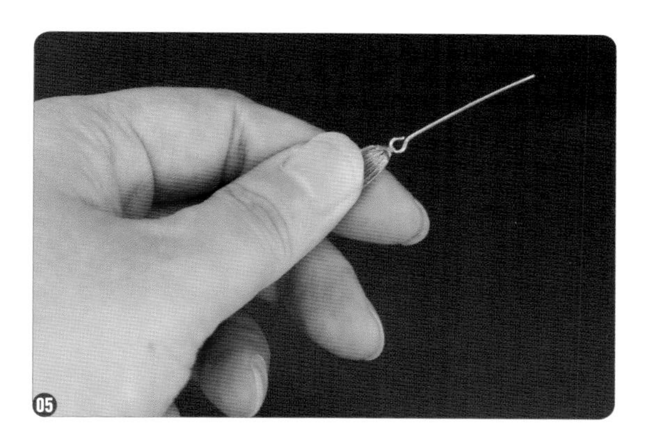

05 将捆好的冰丝穗子线对折，用左手捏住，并整理整齐。

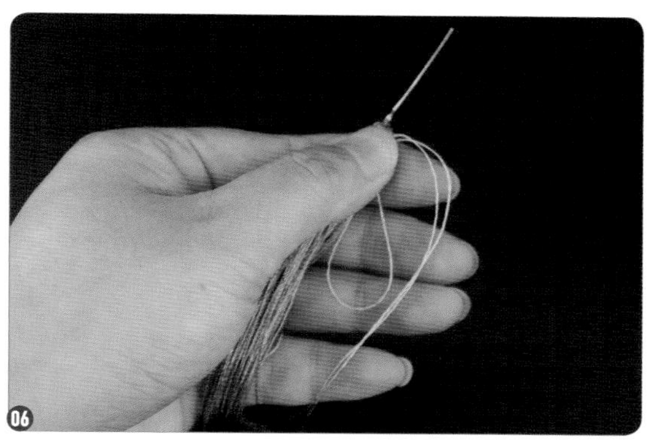

06 拿出一根 20cm 长的冰丝穗子线并弯成一个环，用左手大拇指捏住。

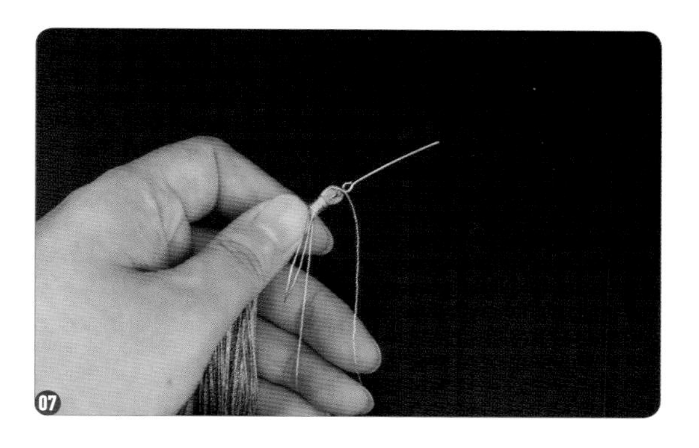

07 用右手拿起 20cm 长的冰丝穗子线较长的一端，开始缠绕，一定要拉紧。

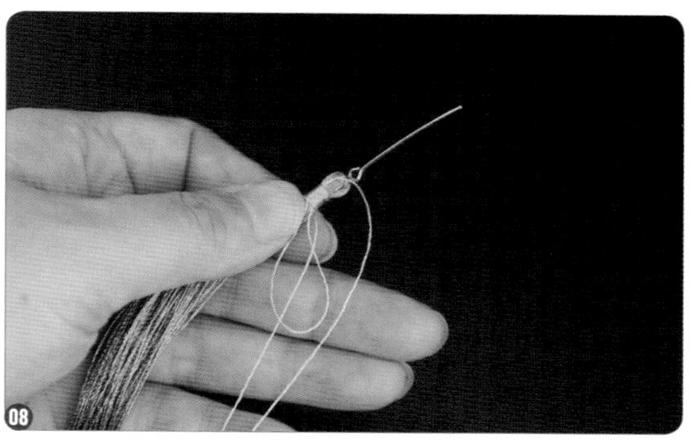

08 缠绕 10 圈左右，将缠绕剩余的线头穿入一开始弯出的环内。

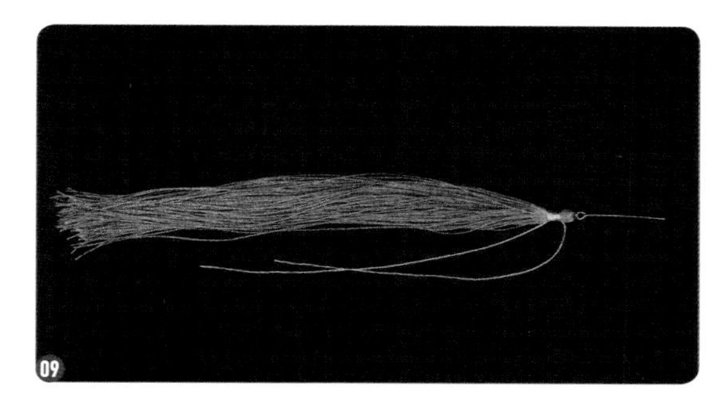

09 用力拉紧 9 字针一端的线，将多余的线头拉入缠绕的线圈内。

10 剪掉多余的线头，并用打火机烤一下线头，防止线脱落。

11 穿上珠子配饰，整理一下穗子，用剪刀将下方剪整齐。

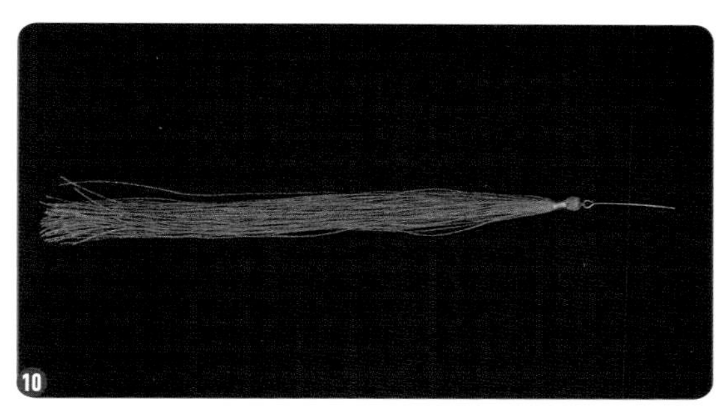

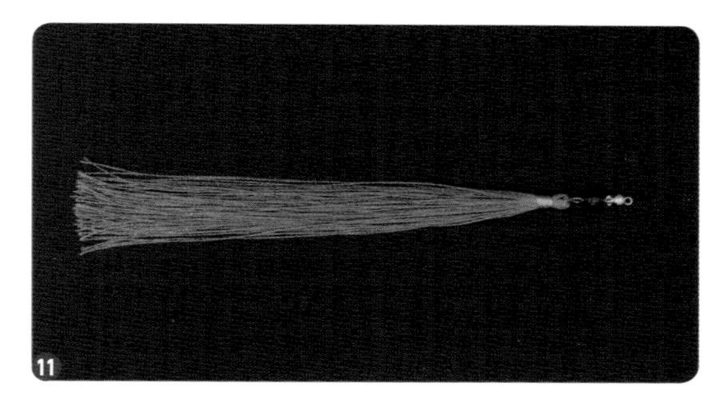

1.4.2 渐变穗子的染色法

材料和工具：一次性纸杯、搅拌棒、绑好的白色穗子、穗子染料、吸水布或纸巾、直板夹、剪刀。

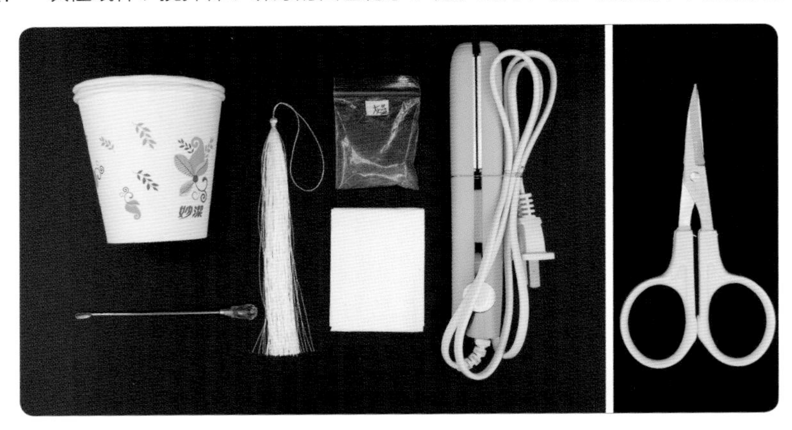

01 在两个一次性纸杯中倒入等量开水。左边的纸杯为 1 号纸杯，右边的纸杯为 2 号纸杯。

02 在 1 号纸杯中倒入适量穗子染料并开始搅拌，直至水中无颗粒状粉末存在（穗子染料的用量与染出颜色的深浅有关，穗子染料放得越多，染出的颜色就越深）。

03 在 2 号纸杯中倒入比 1 号纸杯中更多的穗子染料，搅拌均匀。

04 将 2/3 的穗子浸入 1 号纸杯中，等待染料水顺着冰丝穗子线慢慢往上蔓延。

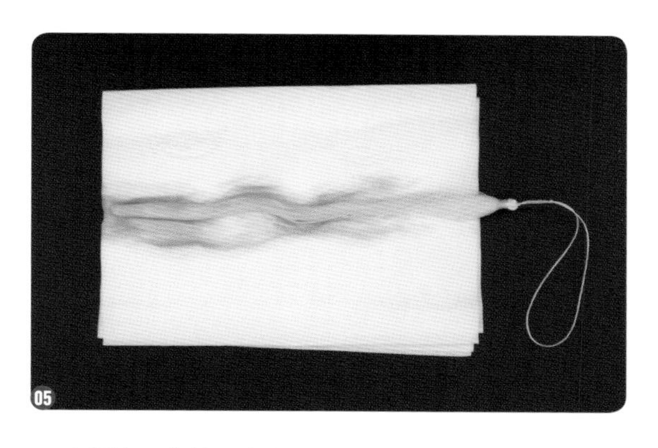

05 在浸泡两分钟后拿出，用吸水布或纸巾包裹住穗子，吸干穗子中残留的水分。

06 将 1/3 的穗子浸入 2 号纸杯中，浸泡两分钟。

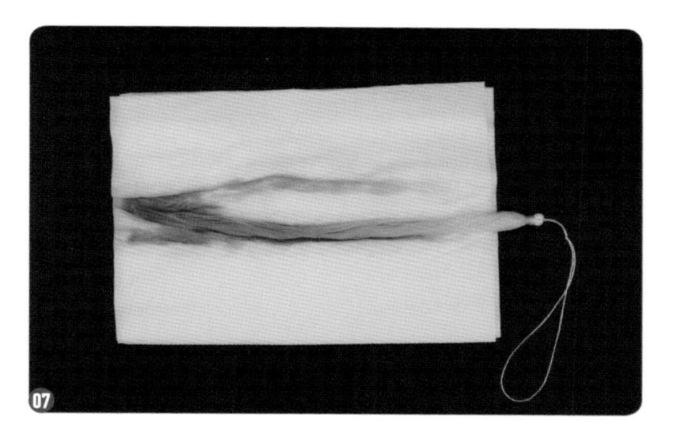

07 在浸泡完成后拿出，用吸水布或纸巾包裹住穗子，吸干穗子中残留的水分。检查颜色是否满意，在没有问题后将穗子悬挂晾干。

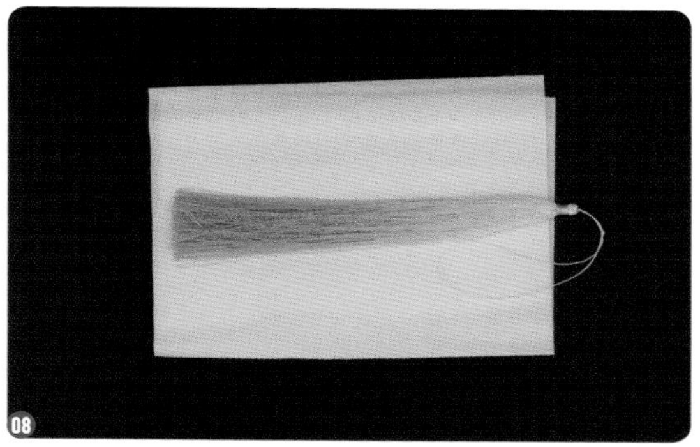

08 整理好穗子，用直板夹将穗子夹直。用剪刀修剪穗子末尾散掉的部分。

1.5 剪影形概括方法

在做完上述基础制作准备以后，下面介绍一下剪影的概念，以帮助读者在后期自己独立完成一个作品。无论是各种各样的发簪或耳环，还是璎珞项圈，除吉祥的寓意以外，大多数设计的原型都来自自然界中的事物。在制作饰品时，我们也是在用各色材料去模仿或还原自然界中的事物，经过美化的处理，从而完成一个完整的作品。剪影，顾名思义就是“剪”下看到的事物的阴影，只有能准确地把控一个事物的轮廓，才能将造型做得传神。下面介绍几种常见的剪影案例和笔者自己总结的方法。

我们在看见一种植物或者动物时，想要将它“剪”下来，首先要抓住它最主要的外部轮廓，这种方法叫作“观”。以竹叶为例，竹叶的外部轮廓十分规整，我们先将整片竹叶的平铺图画在纸上，然后将它沿中轴线剪为两份，以便后续制作缠花。在熟练掌握画图方法以后，我们可以直接通过观察这种比较简单的外形得到对应的图纸。

当然，自然界中的事物大多数时候并不是简单、规则的图形。这时，剪影就无法通过直接观察得到确切的图形，因此我们需要换一种方法——“拆”。以桃花为例，桃花大多数都生长在长长的枝干上，每一朵花都由数片花瓣组成。像这类花朵，我们就无法通过直接观察得出准确的图形，就要学会拆分。在除去花蕊以后，桃花是由多片大小不同的花瓣围绕组成的。在制作这一类饰品时，我们需要单独将不同大小的花瓣画出来。在拼接每种花瓣时，我们还应该注意花瓣的大小和递进关系。

知识延伸

如果能在此基础上，将花瓣间的重叠和阴影用色彩上的渐变类的技术进行视觉处理，成品效果就会更好。

对于自然界中的一些事物，我们往往不能做到完全还原。做饰品也不是一味地追求逼真，有时我们可以增加一些美化的处理，这种方法叫作“化”。以荷花为例，荷花由多片花瓣组成，并且周围有数量不等、大小不定的荷叶围绕。在制作以荷花为原型的饰品时，将荷花整体的造型完全还原的难度较大，这时就可以适当地删改荷花的细节。例如，将围绕荷花的数片荷叶简化为一两片，或者先减少层叠的花瓣或含苞待放的花朵片数，再用增加其他金属花片的搭配弥补造型上的空缺。这样不仅简化了制作的程序，还让整体造型多了一份意象的美感。

这 3 种方法之间存在递进关系，但也有重合的部分。在熟练掌握这 3 种方法后，读者可自行组合使用，这样可以最大限度地激发灵感，从而制作出更多精美的作品。

第 2 章

缠花工艺

缠花的历史 | 蚕丝线的处理和准备工作 | 缠花饰品制作案例

2.1 缠花的历史

缠花一般插在新娘的头上。20 世纪初，我国台湾地区的新娘流行装扮龟仔头，这是一种用龟结和匙结形成的龟形发髻，并配以两根红色的花簪，象征着女子出嫁时的喜气与吉祥。由于历史演进的不同，缠花在不同的地区有了不同的艺术分支，主要分为以下 3 种。

台湾缠花，民间又称之为春仔花，这是一种用丝线缠绕形成的饰品，造型典雅精致，很受人们喜爱。我国台湾地区的缠花历史十分悠久，在清朝时就出现了缠花工艺。台湾缠花大多来自从福建泉州、厦门等地迁徙过来的人，因此台湾缠花受到了福建泉州、厦门等地的风俗和生活习惯的影响。闽南缠花在台湾地区有所发展，随后逐渐形成了别具一格的台湾缠花流派。关于缠花的制作，《台湾早期服饰图录》中便有记载，其做法是先将纸片围绕上细铁丝，然后以细线进行缠绕（在缠绕时要注意线的顺序和铺平，这样才会有光泽），最后组成一片一片的花瓣。

英山缠花主要流传于湖北省英山县，这种缠花是用多色丝线在纸板和铜丝上逐渐缠绕出鸟、兽、鱼、虫等造型的丝绒制品。每个缠花既可以作为单独的成品，又可以与其他单品组合起来，形成一幅意象丰富的艺术图画。缠花在这里的应用也不尽相同，如许多大人将缠花制作为老虎头的形状，应用于小孩的鞋帽上。在婚事中，人们制作喜鹊等图案，寓意圆圆满满、喜鹊咏梅。在祝寿礼中，人们则运用缠花制作“福如东海”“寿比南山”等意象表达祝愿。相传英山缠花起源于北宋时期，在明末清初达到了鼎盛时期。《英山县志》中记载：“五月五日为端午节……缠制彩色囊猴等物与小儿佩戴之。”由此可见，英山县自古便有佩戴缠花的风俗。缠花吸取了众多美术中的精华，并融合了剪纸、刺绣等工艺的特点，创造出一种高雅的艺术形式，具有工笔画的逼真和精细，也运用了刺绣的用线技巧，使作品立体、生动。

闽南缠花的形成离不开闽南地区众多的民俗活动。缠花在闽南重大的民俗仪式中有着非常重要的地位，在福建泉州和厦门的一些村庄中，仍然保有制作缠花的传统技艺。缠花在闽南地区的发展离不开簪花的风俗，也和当地妇女素爱插花的风俗有着密切的关联。闽南缠花的使用方式在不同的场合有所不同。例如，人们在日常生活中佩戴普通缠花，在婚庆时使用“新娘花”，在祝愿时使用“寿花”。在闽南地区的传统婚庆风俗中，新娘须在结婚当日回礼给婆婆一朵缠花，这在结婚仪式中是一个非常重要的环节，“婆婆花”的别名也由此而来。

2.2 蚕丝线的处理和准备工作

缠花所用的蚕丝线和绒线等都比较脆弱，所以我们在制作缠花之前需要涂护手霜，以防止粗糙的手指将蚕丝线勾起毛。绒线为单股的，不需要劈线。我们可以用单股线缠，也可以将双股线合在一起缠。

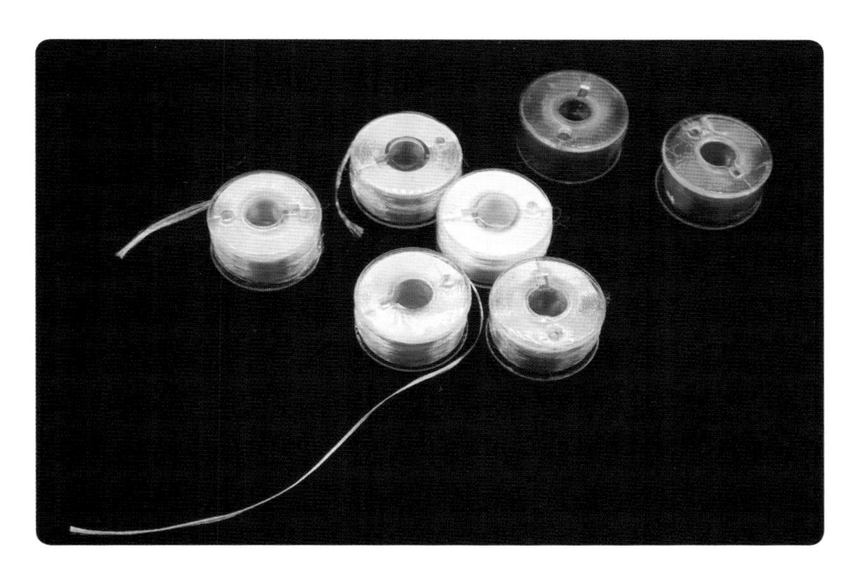

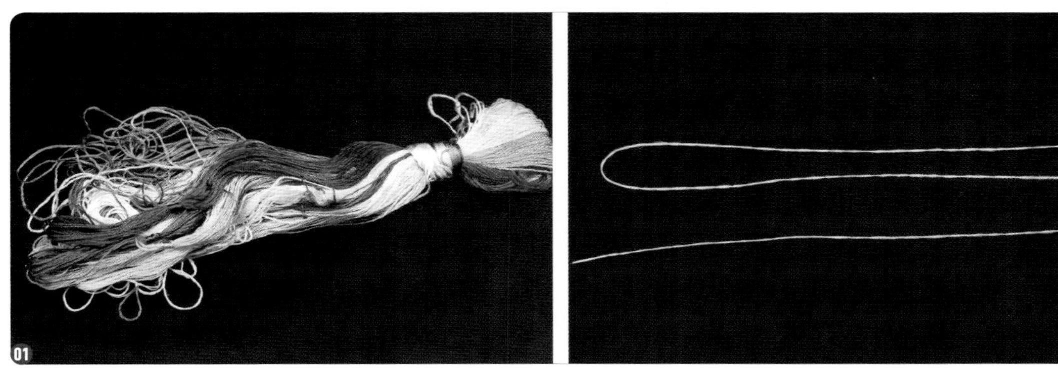

01 买回来的蚕丝线一般为捆绑好的。将结打开，把蚕丝线剪成一截一截的，长度为 1m 左右，每次所取的蚕丝线不宜剪太长，否则容易起毛。

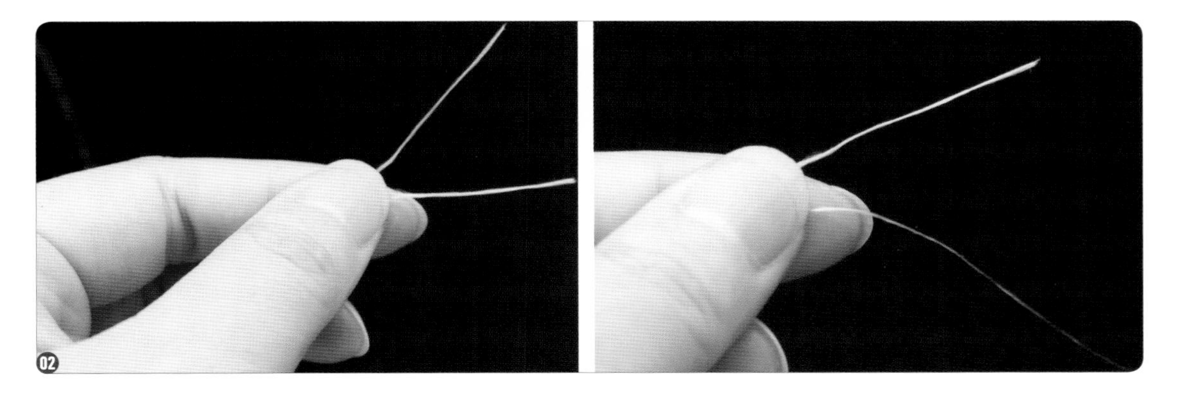

02 取出一根剪好的蚕丝线，用手指将线头拧开成两股。用一只手捏住线头，用另一只手轻轻抽出其中一根蚕丝线。

03 先理顺两根蚕丝线，再将两根蚕丝线合并到一起，蚕丝线就处理完成了。

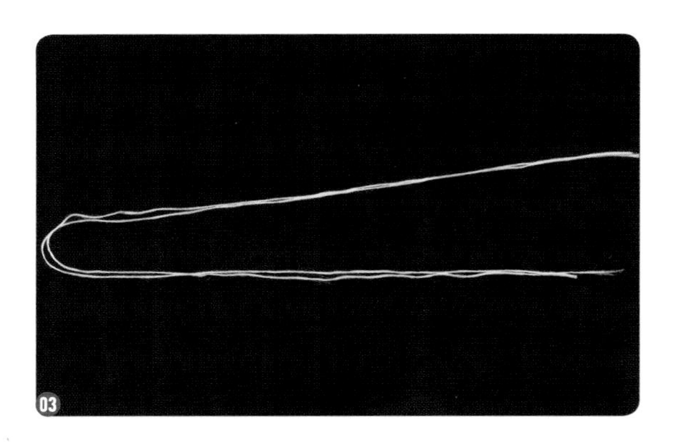

根据前面所讲的剪影形概括方法，画出想要制作的花或叶子等的外形轮廓。这里以尖竹叶为例。画出中轴线，将叶子一分为二。

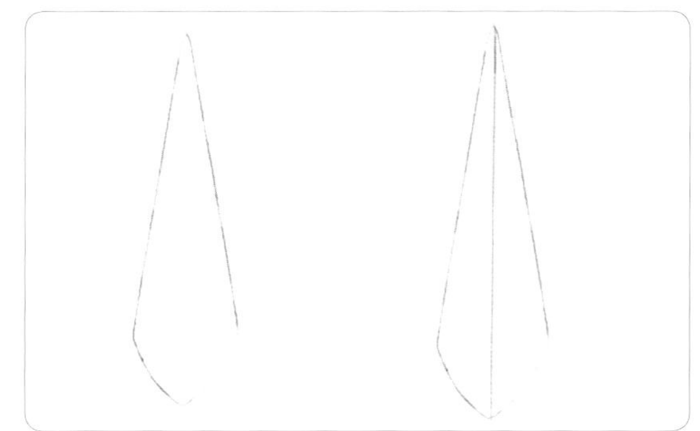

白卡纸：缠花的主要载体，一般选用 300g/m^2 的白卡纸。

双面胶：贴在白卡纸背面，推荐初学者使用，可以使蚕丝线在缠绕中不那么容易滑落。

铜丝：在缠花中起到支撑花瓣的作用，BJD 饰品一般选用 0.3mm 铜丝。

2.3 缠花饰品制作案例

在理线、劈线等准备工作完成后，就可以开始正式的制作流程了。本节共准备了两个三分尺寸的缠花饰品制作案例，并配有清晰、完整的等比例纸样图纸和造型解析图，可以帮助大家更好地理解缠片间的层次关系，为以后的自由创作打基础。读者也可以将三分纸样的尺寸进行等比例缩放，给其他尺寸的 BJD 制作饰品。初学者在缠绕纸片时容易失误，需要沉下心慢慢来，在熟练掌握方法后，失误的概率会大大降低。

2.3.1 三分 BJD 用竹叶缠花发簪

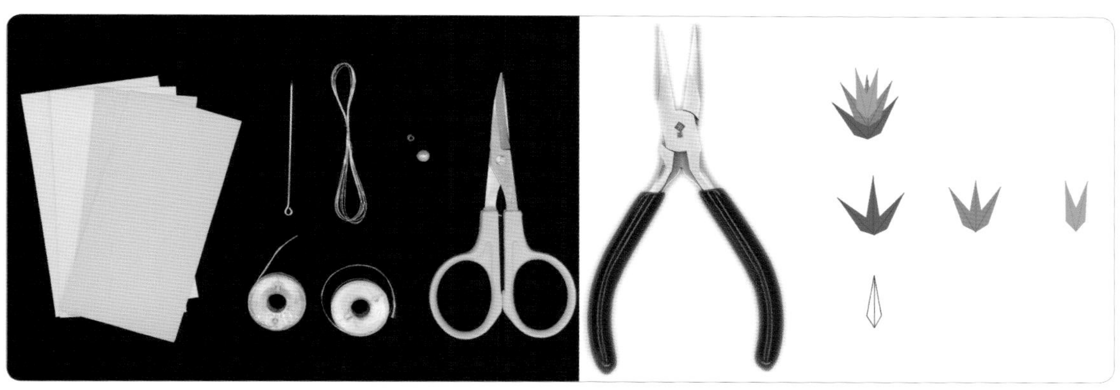

材料和工具：300g/m² 的白卡纸、双面胶、胸针杆、0.3mm 铜丝、双色绒线、3mm 金珠、4mm 贝珠、剪刀、尖嘴钳。

01 在白卡纸上画出 7 片竹叶的图纸，并在背面贴上双面胶。沿着边缘线把所有图纸都剪下来，并沿着中轴线剪成两半。

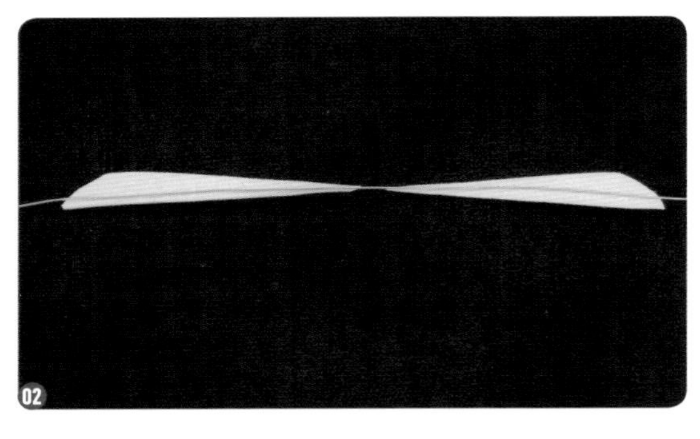

02 剪一根长 15cm 左右的铜丝，将竹叶的两片图纸按照图中方向贴在铜丝中间。

03 按照前面教的同样的缠法用绒线将竹叶缠好备用，一共缠 3 片浅色竹叶、两片深色竹叶。

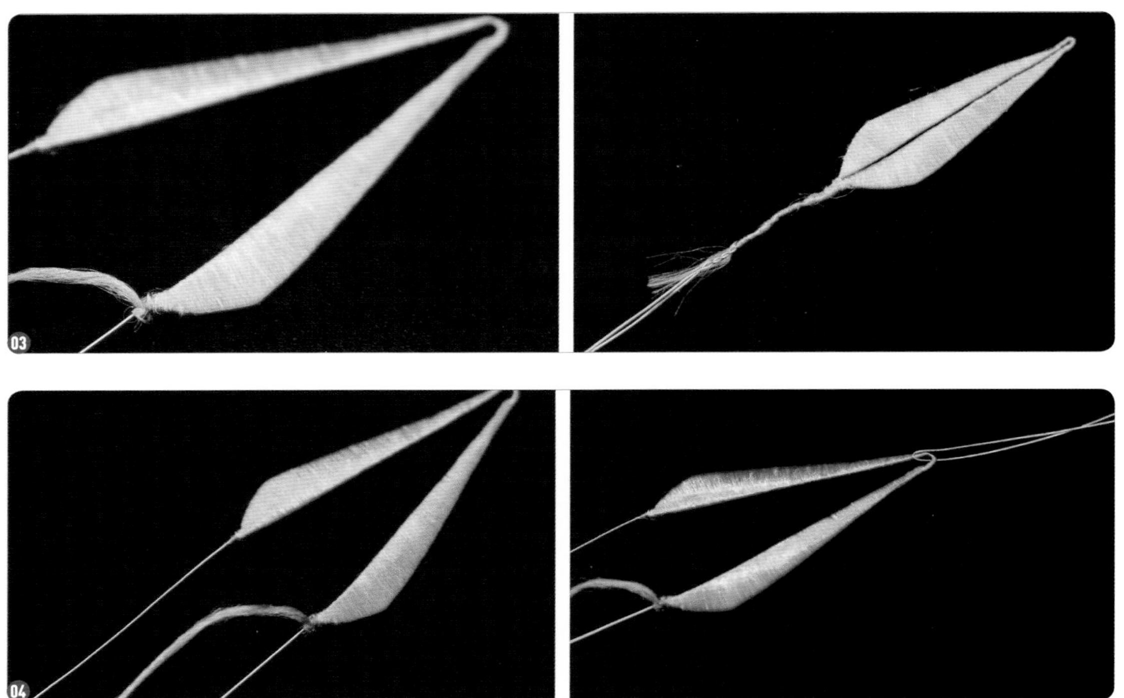

04 用深色绒线缠一片竹叶，缠至图中步骤为止。剪一根长 10cm 左右的铜丝，卡在竹叶尖部位置。

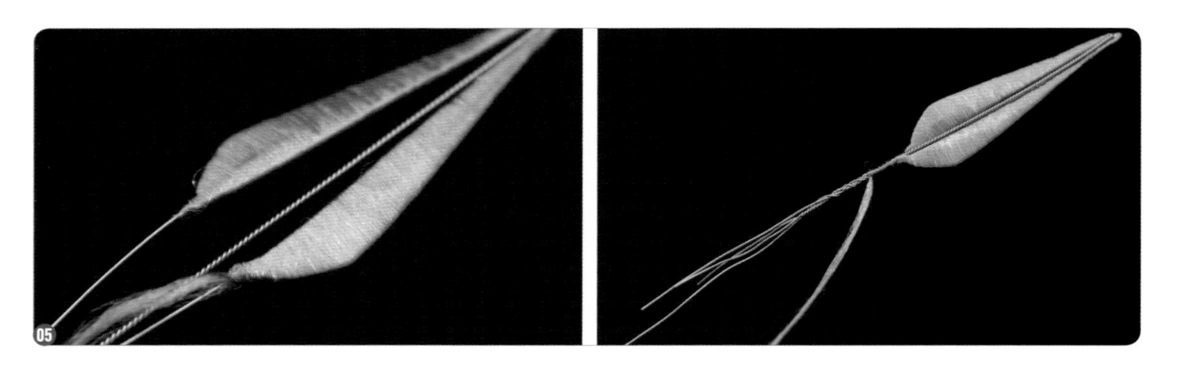

05 将两根铜丝拧成麻花状，用剩余的绒线把麻花状的铜丝和竹叶缠绕在一起并打结固定。

06 按照上面所教的方法，缠 3 片浅色竹叶、两片深色竹叶、两片带铜丝叶脉的深色竹叶，按照图中的方式将 7 片竹叶分别组合并缠绕在一起（也可按照自己喜欢的方式进行组合）。

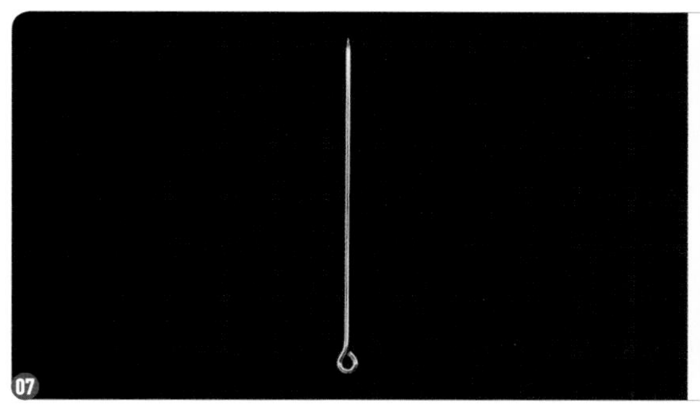

07 拿出一根胸针杆，用尖嘴钳将胸针杆尾部的环扳直。

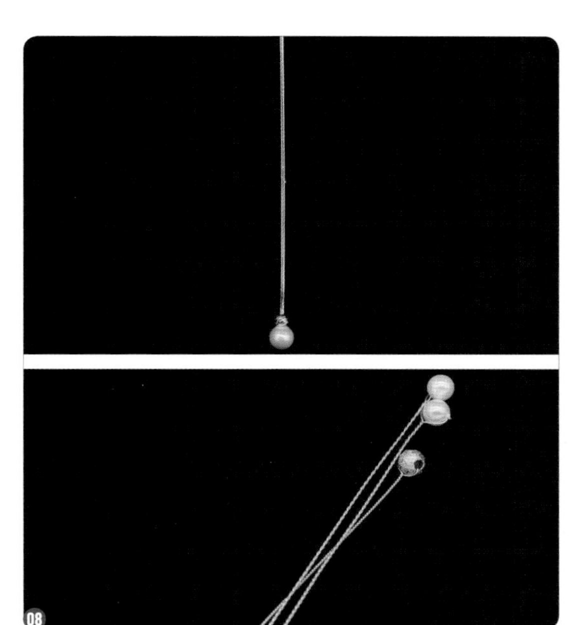

08 在胸针杆尾部粘一颗 3mm 金珠和一颗 4mm 贝珠。用铜丝穿两颗 4mm 贝珠和一颗 3mm 金珠备用。

09 用深绿色绒线将浅绿色的竹叶挨着胸针杆尾部的珠子缠绕在胸针上。依次缠绕剩下的竹叶，并将 3 颗用铜丝缠好的珠子绑在喜欢的位置。剪掉多余的铜丝，用绒线将所有竹叶都缠绕并固定好，整理一下竹叶的形状。

2.3.2 三分 BJD 用昙花缠花发钗

材料和工具：300g/m^{2}的白卡纸、双面胶、0.3mm铜丝、3 色蚕丝线、剪刀、金色绒线、4mm 贝珠、锆石花蕊、五齿梳。

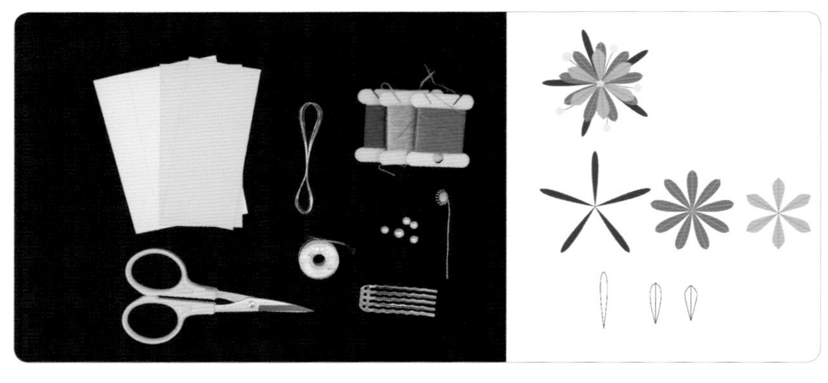

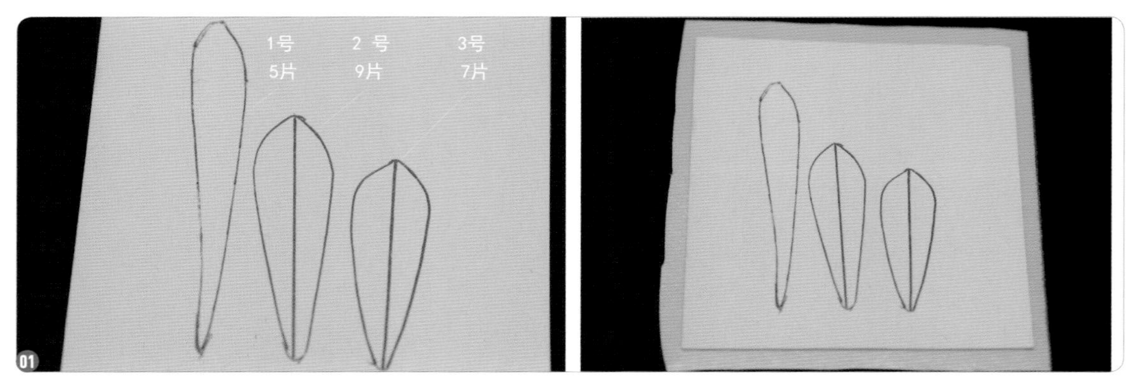

01 按照图纸在白卡纸上依次画出 1~3 号花瓣的图纸，1 号花瓣画 5 片，2 号花瓣画 9 片，3 号花瓣画 7 片。在画好图的白卡纸背面贴上双面胶。

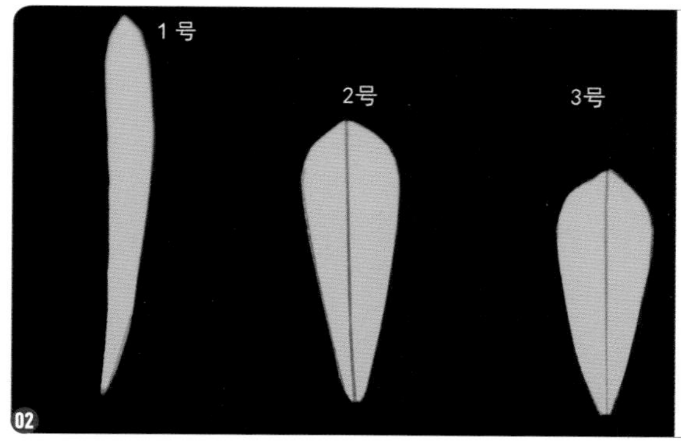

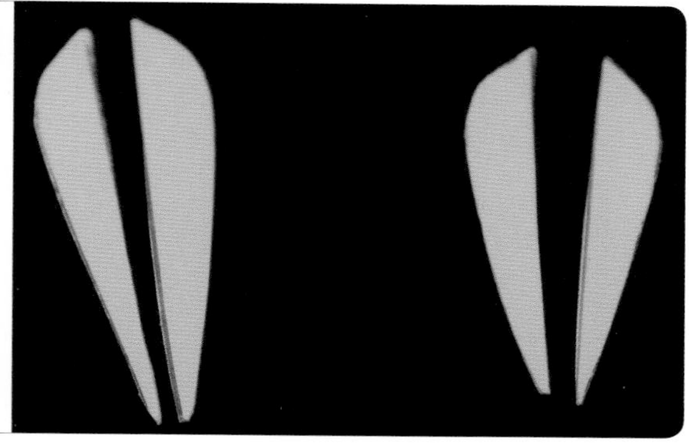

02 把所有图纸都沿边缘剪下来，将 2 号和 3 号图纸沿中轴线剪开。

03 拿出 a、b、c 号蚕丝线，进行劈线。

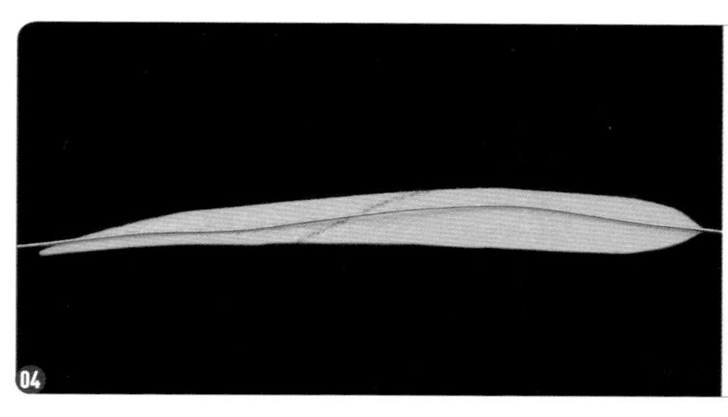

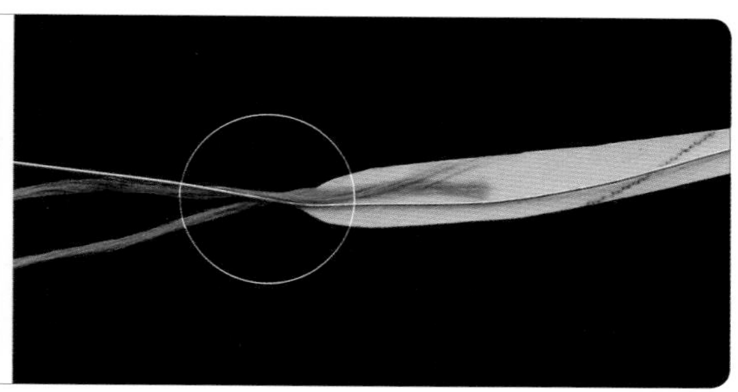

04 剪一根长 15cm 左右的铜丝，撕掉 1 号花瓣背面的双面胶贴纸，贴在铜丝中间位置。拿出劈好的 a 号蚕丝线，将线头贴在图示的花瓣开头处。

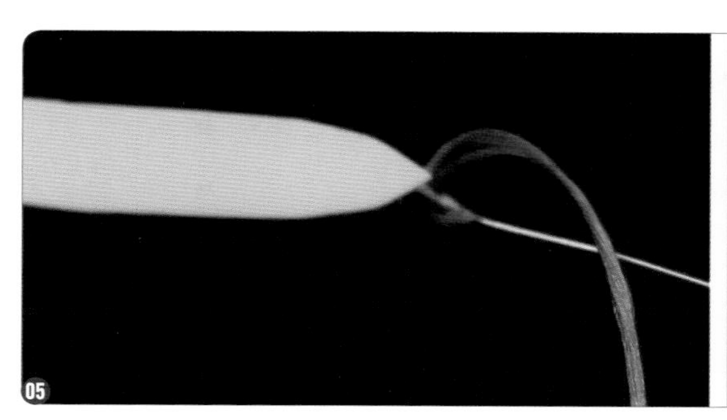

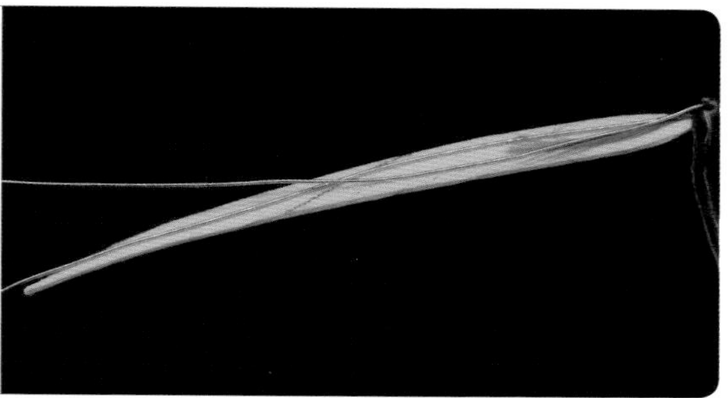

05 用 a 号蚕丝线缠绕 1 号花瓣较粗一端的铜丝，在缠绕 0.5cm 左右后，将花瓣较粗一端的铜丝往回折，理顺并贴在花瓣上。

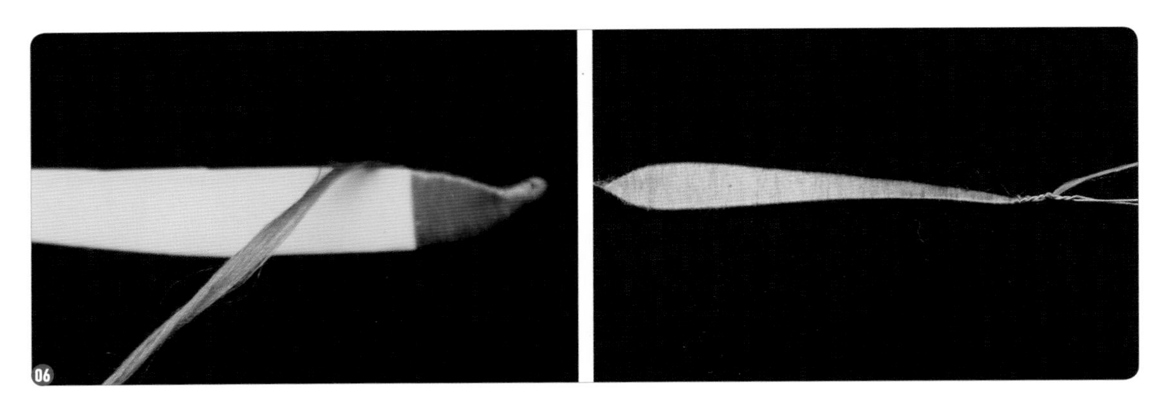

06 用左手捏住白卡纸和铜丝，用右手拉住蚕丝线慢慢缠绕白卡纸。在将白卡纸全部缠绕完毕以后，用 a 号蚕丝线打结固定，把剩余的两根铜丝拧成麻花状。按照上述方法，把剩下的 1 号花瓣全部缠好并放在一边备用。

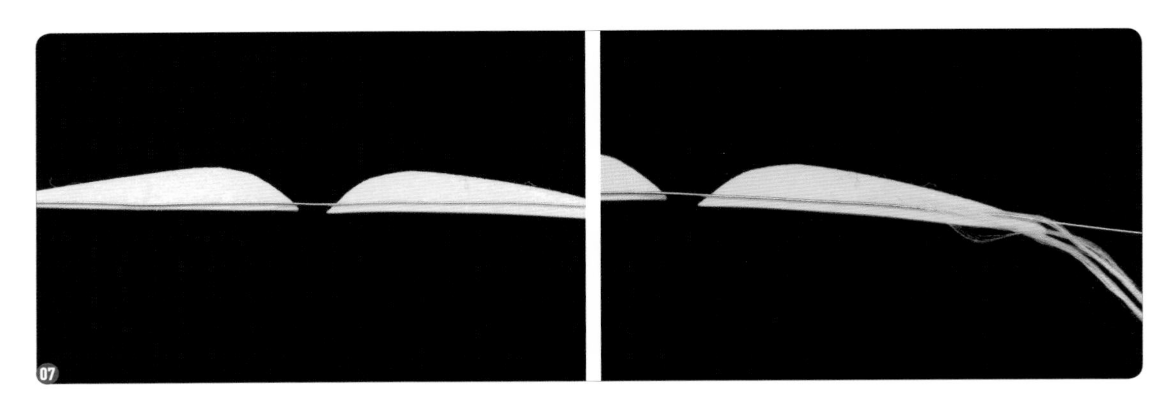

07 剪一根长 15cm 左右的铜丝，按照图中方向把 2 号花瓣贴在铜丝中间。两片花瓣之间留 3~5mm 的空隙。拿出劈好的 b 号蚕丝线，将线头贴在花瓣较细的一端。

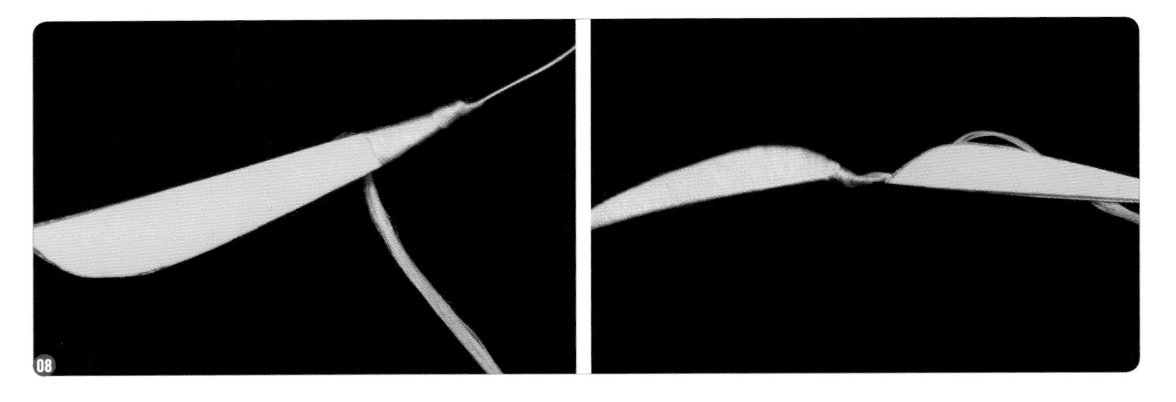

08 用左手捏住白卡纸和铜丝，用右手拉住 b 号蚕丝线慢慢缠绕，在缠到中间位置时，将铜丝缠住，并沿着铜丝将另一片花瓣也缠好。

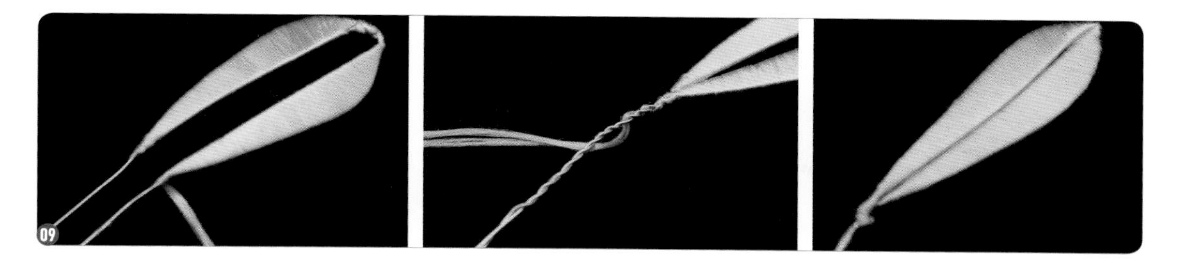

09 将花瓣对折，用 b 号蚕丝线将两根铜丝绑在一起，并将 b 号蚕丝线打结固定。将铜丝拧成麻花状，并用手指轻轻地把花瓣顶部位置捏一下。

10 按照上述方法将所有花瓣全部缠好备用。

11 剪 5 根长 10cm 左右的铜丝，穿过 4mm 贝珠，将两根铜丝拧成麻花状。用金色绒线把 7 片 3 号花瓣依次缠绕在锆石花蕊周围。

12 将 9 片 2 号花瓣缠绕上去，将 5 片 1 号花瓣和 5 根串珠铜丝绑在已经缠好的花瓣上，并剪掉多余的铜丝。

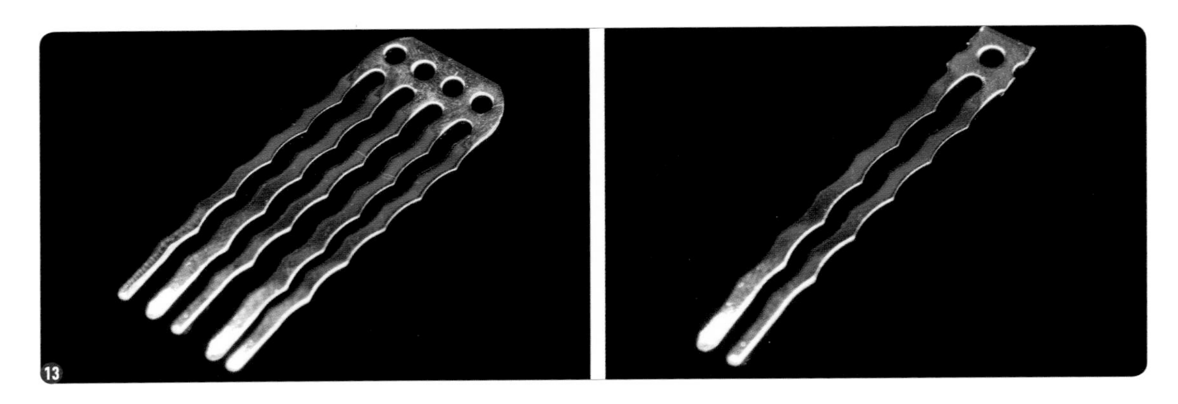

13 拿出五齿梳，用剪刀剪去多余的齿子，只留两根作为发钗。

14 用金色绒线将缠好的花朵绑在发钗上，尽量多缠绕几圈，防止松动。最后用手整理每片花瓣的形态。

第 3 章

绒花工艺

绒花的历史 | 工具和蚕丝线的处理方法 | 绒花饰品制作案例

3.1 绒花的历史

绒花拥有悠久的历史，其确切的出现时间很难被考证，但通过对中国簪花风俗历史的考察可以了解到，绒花是作为鲜花的一种替代品，伴随着簪花风俗盛行而出现的产物。因此，要想了解绒花的历史，就得从古人簪花的这一风俗讲起。

《中华古今注》记载，在秦始皇时代，妃嫔的头上就插了“五色通草苏朵子”作为装饰，说明早在秦始皇时代后宫就已经有了簪花的现象，但这仅有文字记载。从汉代开始，大量的出土文物可以佐证簪花这一风俗的流行。从成都杨子山天回汉墓中出土的女俑头上就戴着各色造型灵动的花朵。汉代过后，簪花的风俗仍在流行，唐代画家周昉的《簪花仕女图》中描绘的就是一种隋唐时期流行的将各种鲜花插于发髻上的“花髻”。唐代诗人万楚的《杂曲歌辞·茱萸女》中的“插花向高髻”和李白的《宫中行乐词》中的“山花插宝髻”也是对这种流行发型的描述。

由于当时的妇女簪花风气盛行，导致鲜花的价格一路走高，而假花因其物美价廉、造型多样、不受季节限制且不易折损的特点广受欢迎。制作假花的材料种类繁多，主要有金、银、绢、纱、通草等。据文献记载，最早制作假花的材料为通草，宋代的《夷坚志》称，在很早的时候，民间就有了专门制作通草花的匠人。随着宋代商品经济的发展，专门从事制花业的人员越来越多，到南宋已经发展到有“行”“市”的规模，由此可见假花风靡的程度。

假花制作精美，簪戴在头上有以假乱真的效果，因此假花又被称为“像生花”。由于假花不受季节的限制，再加上可以做多种花朵的组合，便可以制作出许多使用真花无法完成的饰品。例如，民间称为“一年景”的花冠便是将代表春、夏、秋、冬的桃、荷、菊、梅合编而成的花冠。古代妇女也喜欢将用金银珠宝制成的花形发饰戴在头上，这种饰品被称为“珠花”。元代诗人萨都剌的《上京九咏》中的“昨夜内家清宴罢，御罗轻帽插珠花”中便描绘了头插珠花的情景。唐代出现的以通草或绢花为主，配以金银、玉石、玳瑁的花冠，在两宋时期达到了顶峰，在南宋临安出现的鹿胎冠及在百业中出现的专门制作花冠的手艺人行当就可说明这一风俗的流行。

绒花是丝绒工艺品的统称，又名绒鸟、宫花、喜花。由于绒花与“荣华”同音，簪绒花便有了“富贵荣华”这一吉祥寓意，因此在后宫中也颇为流行。据说唐代美人杨贵妃就经常用绒花来遮盖鬓角边的小瑕疵，再加之绒花的颜色艳丽、造型多样，大家都争相模仿。据《清史稿》记载，乾隆皇帝的皇后富察氏生性节俭，素爱以通草绒花作为装饰。因此，清朝统治者召集各地的能工巧匠齐聚京城，为宫廷妇人制作各种精美的绒花，也就有了民间绒花进京的历史记载。随着各朝代经济的发展，以纺织业为主的轻工业逐步壮大，因而市民阶层进一步崛起，世俗文化与宫廷文化有了更深层次的结合，绒花也从宫廷逐渐扩散到民间。在不同的地区，绒花有着不同的发展经历，也就有了不同的绒花派系。

北京绒花是以桑蚕丝为原料、以紫铜丝为骨架，纯手工制作的丝绒工艺品。北京绒花始于清初，发源于江苏扬州，后来形成了不同于其他派系的风格，距今已有 300 多年的历史。北京绒花造型多样，做工精细，富有装饰趣味。其主要品类为绒鸟、绒兽、绒制凤冠、头饰绒花。北京绒花的传人夏文富先生制作的《北京天坛祈年殿》是极具代表性的北京绒花作品。

南京绒花是过去用在婚寿喜宴上的装饰花，自明清以来一直是南京的传统民间工艺品。虽然现在市场上已难寻其踪迹，但它曾是广受人们喜爱并大规模使用的吉祥装饰品。古代南京的丝织业尤为发达，为南京绒花的生产提供了必要的条件。南京绒花的主要材料是蚕丝的下脚料，而南京云锦等丝织品的制作过程中会产生大量的下脚料，这为南京绒花的生产提供了便利条件。在清代，南京绒花已经作为贡品，乾隆年间是南京绒花的鼎盛时期。一直到“民国时期”，南京绒花依然有不错的发展，但后来长期的战争导致手工业一度瘫痪，绒花也不能幸免。在中华人民共和国成立后，政府重视民间艺术的保护和发掘，采取了一系列措施恢复传统手工业，南京绒花又焕发出新的生机。南京绒花的题材多来自民间喜闻乐见的事物，利用谐音和双关命名，广受人们喜爱。2007 年，南京绒花制作技艺被列为江苏省首批非物质文化遗产，南京的民俗博物馆专门设立了绒花工艺展示厅，为人们认识并了解研究绒花提供了条件。南京绒花的传人周家风制作的《松岭鹤寿图》是极具南京绒花特色的绒花代表作之一。

扬州绒花在民间作为头戴花和装饰花，大多色泽红润，象征吉利，故称“喜花”。扬州绒花起源于隋唐，盛行于明清。每逢佳节与喜庆日，妇女均爱佩戴扬州绒花，久而久之便成了传统风俗，这对扬州绒花的生产起到了极其重要的推动作用。古代扬州的制花业异常发达，其中又属绒花的历史最为悠久、品种最为丰富。在清末举办的南洋劝业会上，扬州绒花参展并荣获一等奖，从此名声大噪，成为中国出口商品之一。著名扬州绒花艺人王以仁制作的《扬州瘦西湖》便是扬州绒花的代表作之一。

3.2 工具和蚕丝线的处理方法

小木棍

用来绑蚕丝线。不一定是木棍，但是一定要保证棍子表面光滑，不能有毛刺，否则容易勾蚕丝线。

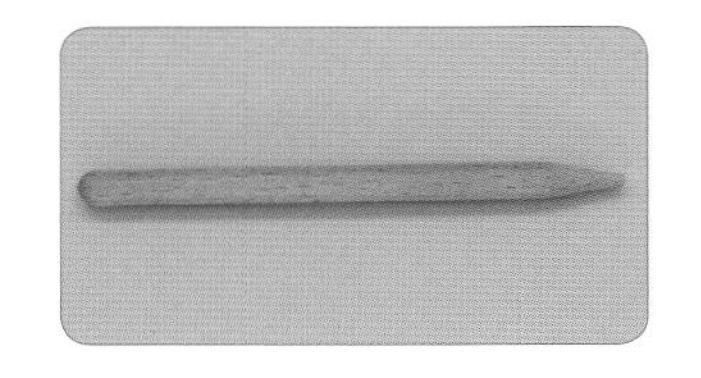

退火铜丝

用来拴绒排。普通铜丝搓不动，需要用做过退火处理的铜丝。

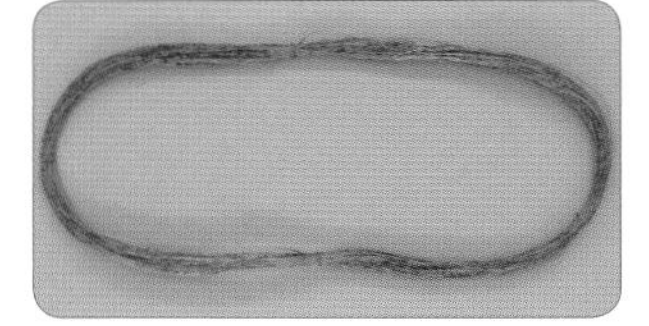

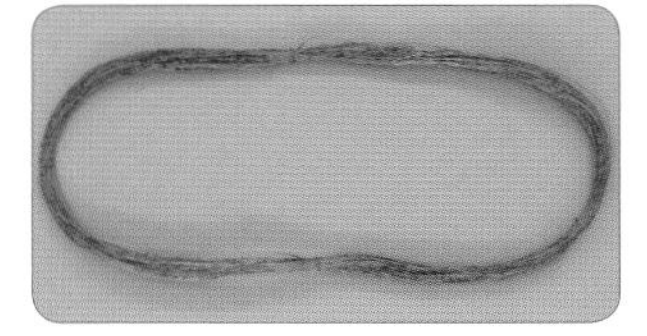

鬃毛刷

用来给蚕丝线梳绒。

搓丝板

用来搓退火铜丝。

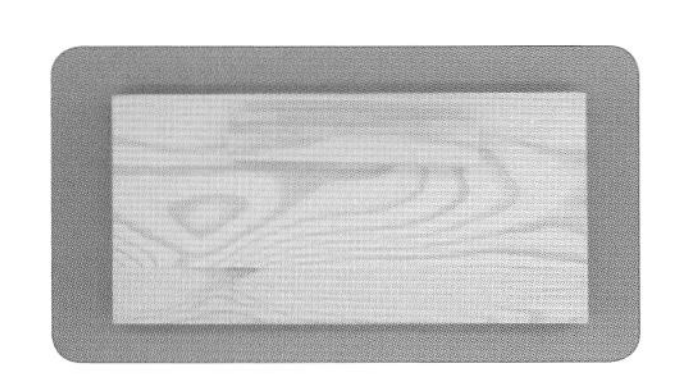

木夹子

用来固定压绒。

大裁缝剪

用来剪绒排和修绒打尖（也可以使用绒花专用剪刀）。

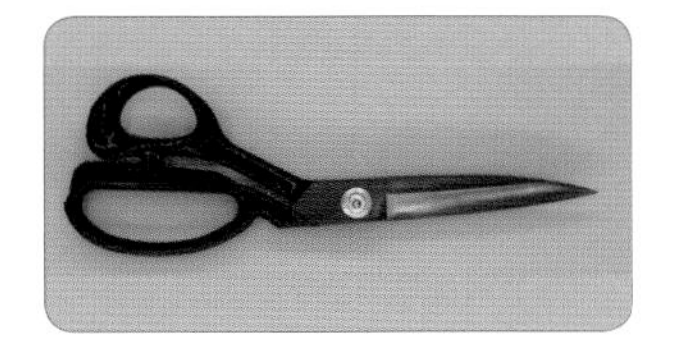

和制作缠花一样，我们在处理蚕丝线之前，需要涂护手霜，以便减少手部的毛刺，防止刮毛蚕丝线。在手部护理做好后，挑出需要用的渐变色蚕丝线，将蚕丝线解开，找到捆绑的接口并剪断。

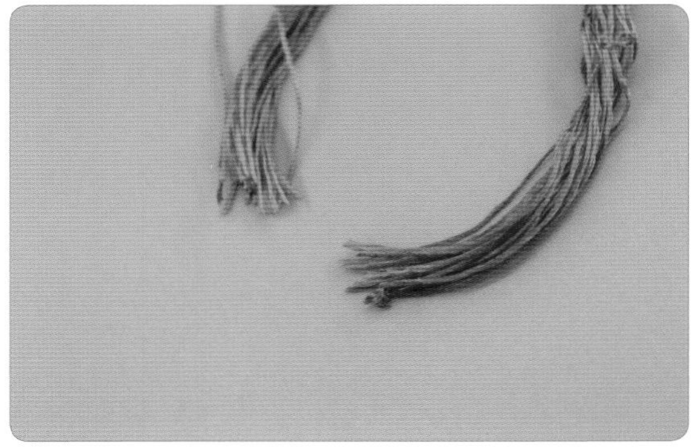

随后，按照由深到浅或者由浅到深的颜色顺序，每 3 根线为一组，对折绑在木棒上。将每根蚕丝线都进行劈线，这个步骤一定不能省略，要把每一根蚕丝线都劈开。用鬃毛刷将蚕丝线刷出绒感，用木夹子夹住蚕丝线的尾部，使蚕丝线完全绷直。用退火铜丝拴好蚕丝线，用左手和右手分别捏住退火铜丝两端，往相反的方向搓动，使退火铜丝夹紧绒排（搓不动退火铜丝的可以在手指上涂抹镁粉；也可以在退火铜丝两端穿上珠子，以方便用力）。

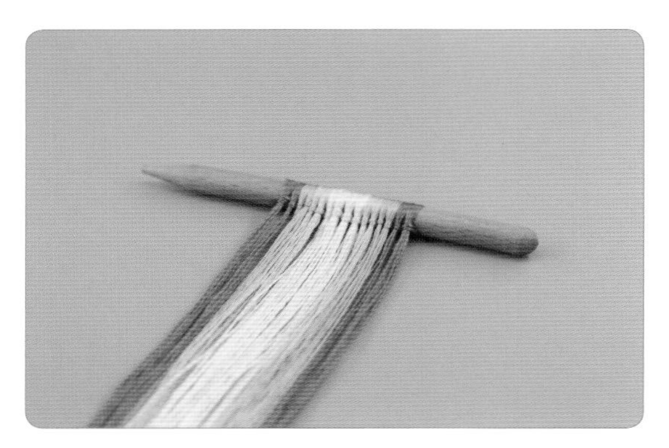

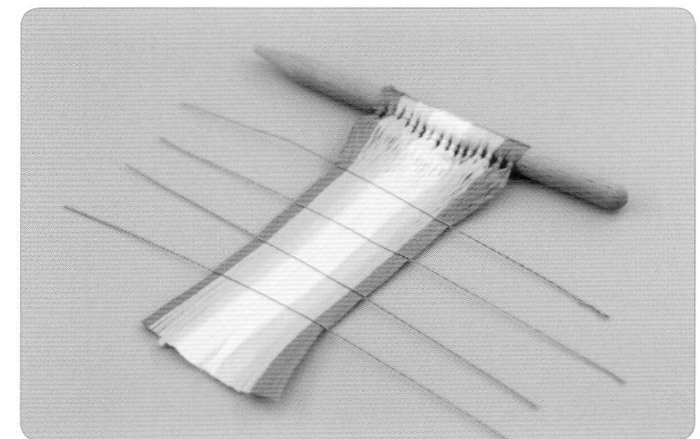

3.3 绒花饰品制作案例

本节所讲的绒花饰品制作案例需要读者具有一定的制作基础，初学者在制作时需要耐心研究。案例均为三分尺寸，因为绒花饰品不容易缩小，笔者建议初学者暂不考虑六分及以下的尺寸。此外，良好的基础准备工作会降低绒花饰品的制作难度，初学者可以多练习几遍基础绒花条的制作，为接下来的制作打好基础。蚕丝线较为坚韧，读者在制作时一定要涂护手霜，保护自己的双手。

3.3.1 三分 BJD 用桃花绒花发簪

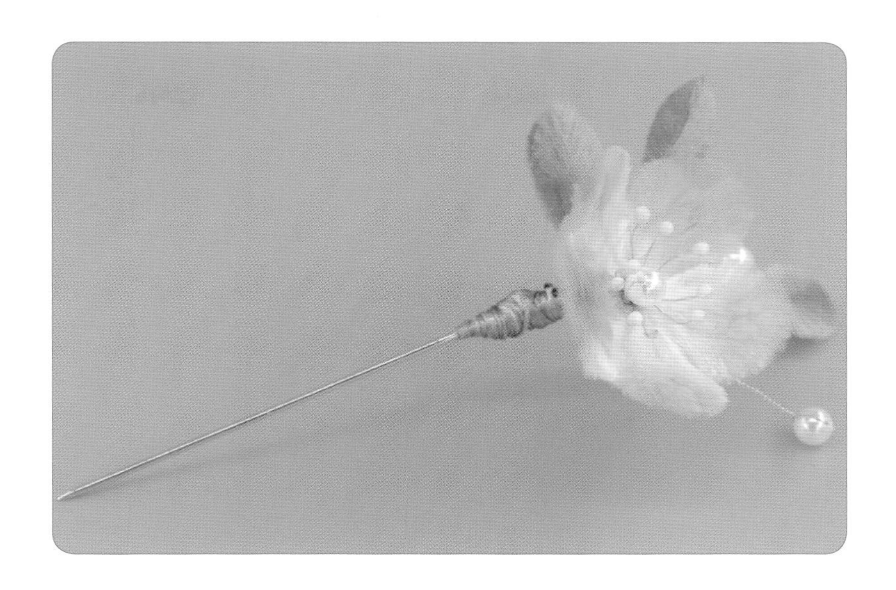

材料和工具：绒花通用工具、侧剪钳、胸针杆、0.2mm 退火铜丝、翻糖花蕊、镊子、绿色绒线、直板夹、4mm 贝珠。

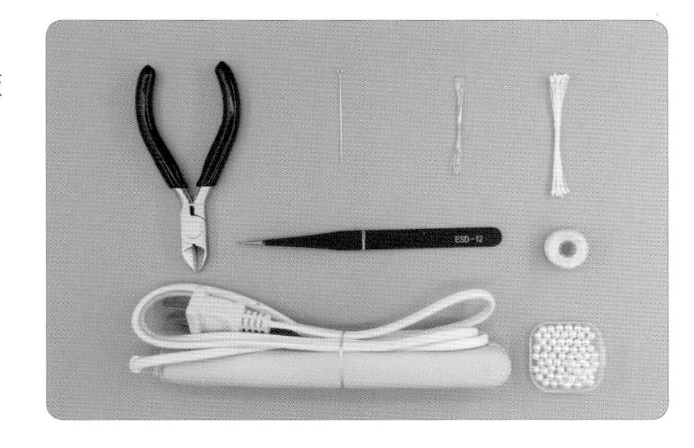

01 取 42 根蚕丝线，按照两边浅、中间深的颜色顺序，将蚕丝线以每 3 根为一组，均匀地绑在小木棍上。在对每根蚕丝线进行劈线后，用鬃毛刷刷出绒感。

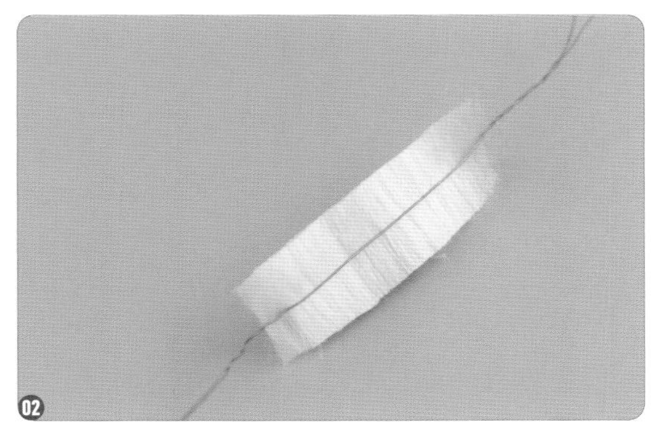

02 在用退火铜丝排绒后，用剪刀剪下来，并整理不整齐的地方，一共准备 5 片。

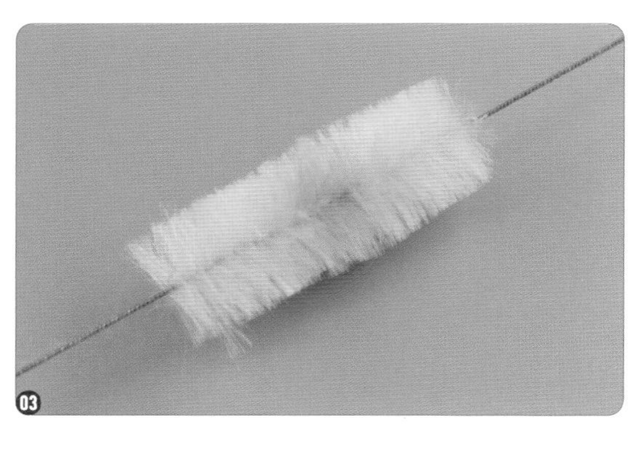

03 双手捏住绒排两端的退火铜丝，将绒条拧紧，用搓丝板将绒条搓得更紧密些。

04 用剪刀将绒排修剪整齐，将两头打尖。

05 用镊子夹住并将绒条对折，将退火铜丝拧紧并固定。在 5 片花瓣都拧好后，用直板夹将花瓣全部夹扁。

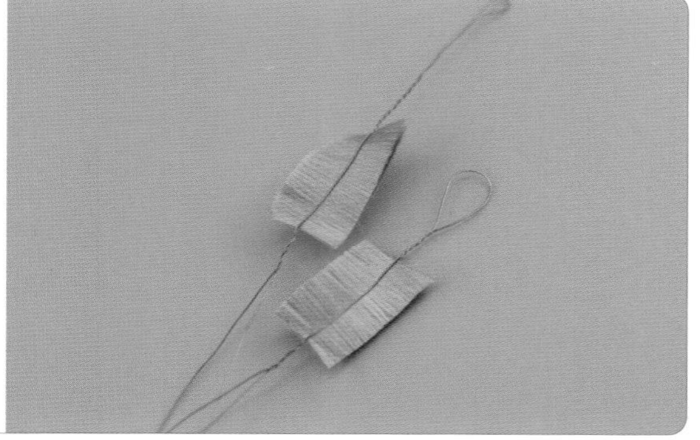

06 取 22 根绿色蚕丝线，绑在木棍上后进行劈线，用与花瓣的处理方式相同的方式进行处理，并将绒排剪下来做成叶子。

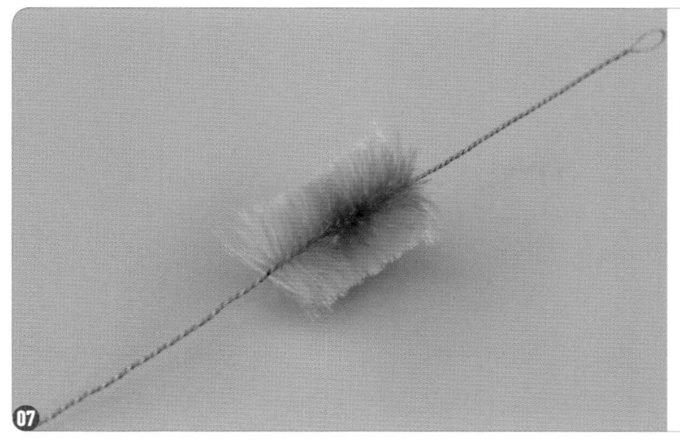

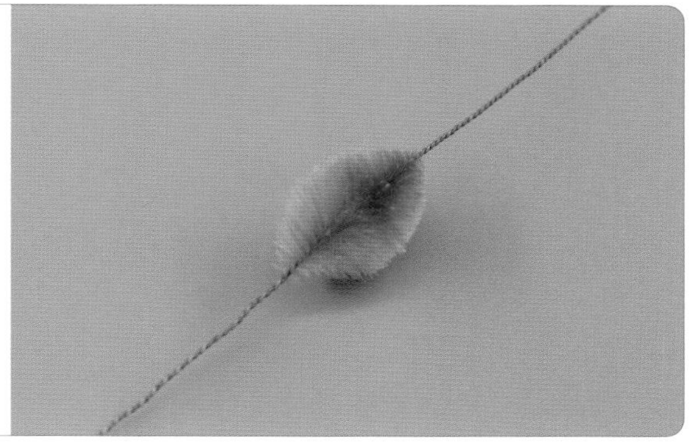

07 准备 3 个绒排，在搓丝后用剪刀修绒，将两头打尖。

08 剪掉一端的退火铜丝，用直板夹将树叶夹扁。

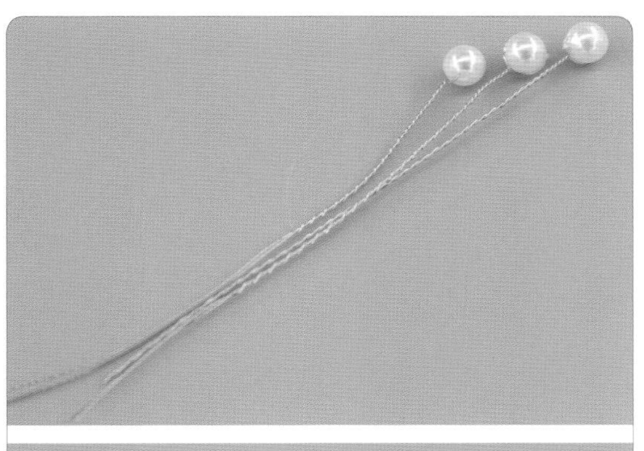

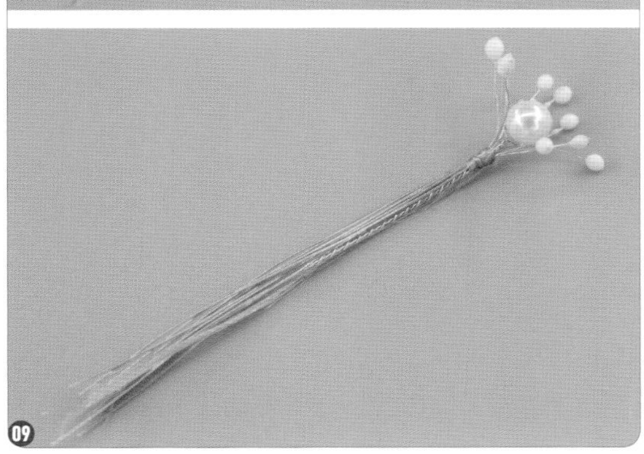

09 剪 3 根 10cm 长的退火铜丝，各穿一颗 4mm 贝珠，并将退火铜丝拧紧。拿出一根穿好珠子的退火铜丝，用绿色绒线将 5 根翻糖花蕊均匀地绑在珠子周围。

10 将绿色绒线缠绕在退火铜丝上，并且将两片叶子组合成树枝的样式。将剩余的一片叶子和穿好珠子的退火铜丝绑在一起。

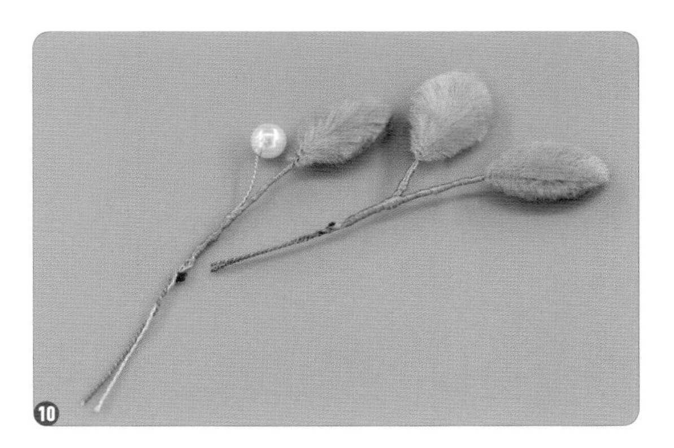

11 将 5 片花瓣依次绑在花蕊周围，并把叶子和做好的花朵绑在一起。

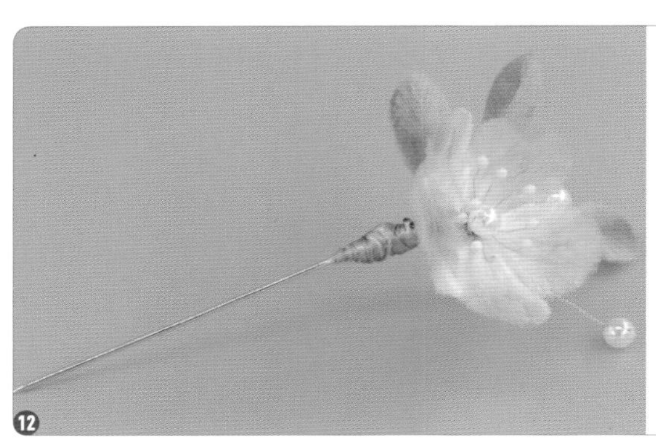

12 用绒线把做好的花缠绕在胸针杆上，尽量多缠几圈，以防散开。最后整理一下花瓣和叶子的形态。

3.3.2 三分 BJD 用牡丹绒花发钗

材料和工具：绒花通用工具、蓝绿色系蚕丝线、红色系蚕丝线、直板夹、UV 灯、4mm 贝珠、UV 胶、侧剪钳、金色绒线、金属打底花片、翻糖花蕊、胸针杆、0.2mm 退火铜丝、镊子。

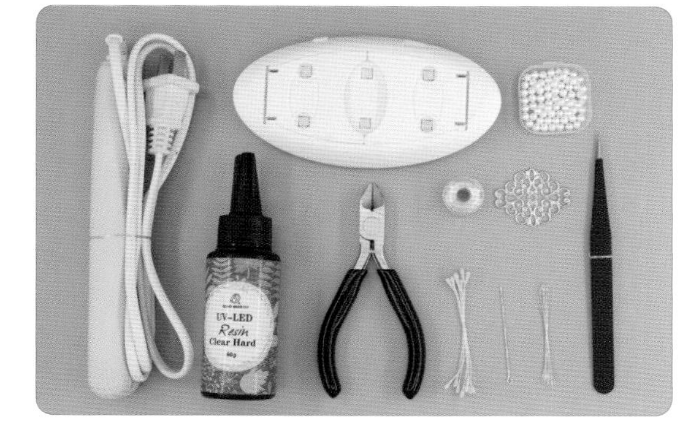

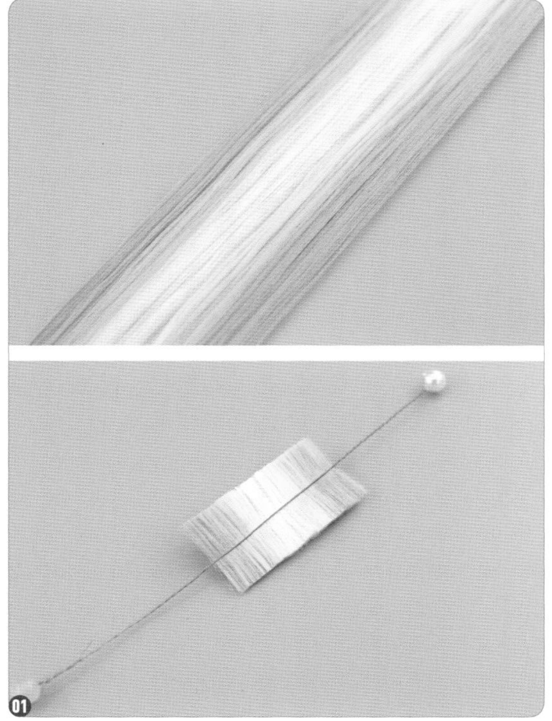

01 取 42 根蓝绿色系蚕丝线，按照两边深、中间浅的颜色顺序排列，每 3 根线为一组，均匀地绑在小木棍上。用鬃毛刷梳出绒感，用退火铜丝排绒并剪下。一共准备 3 片，搓不动退火铜丝的，可以在退火铜丝两端穿上珠子进行辅助。

02 用搓丝板将绒条搓紧密，在修剪整齐后两头打尖。

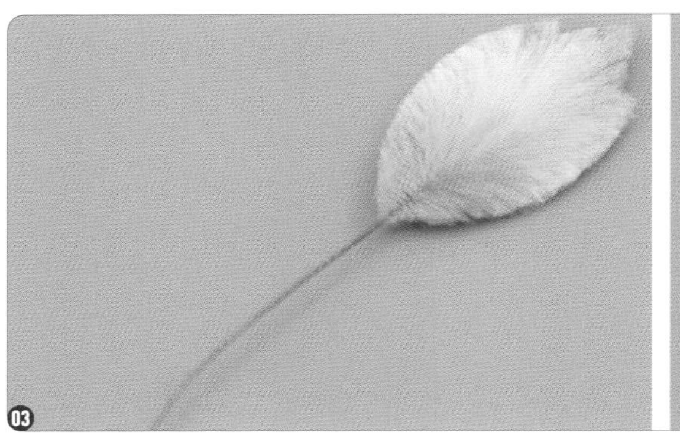

03 剪掉一端的退火铜丝，用直板夹将绒条夹扁，用剪刀修剪出叶子的形状。

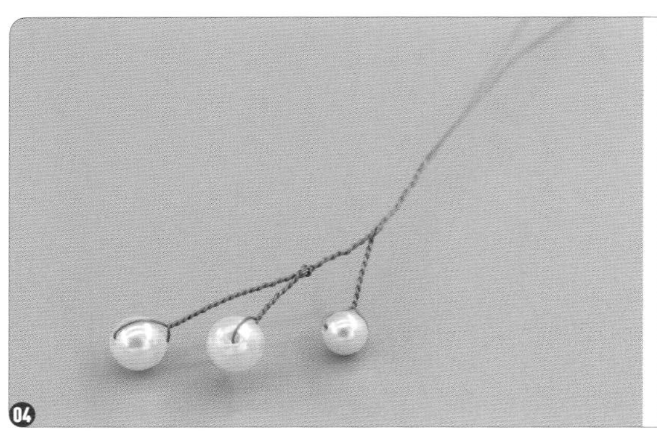
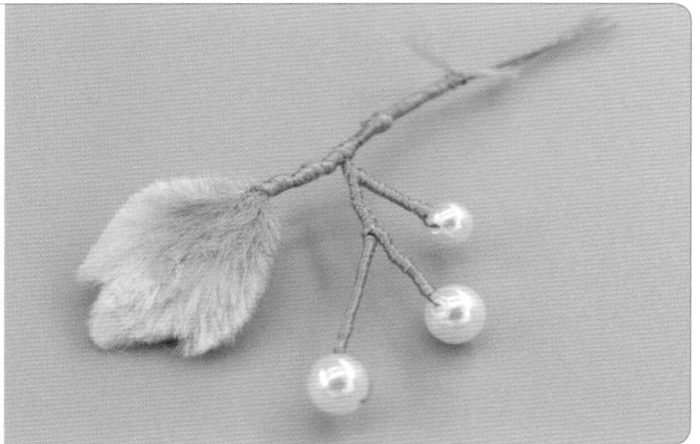

04 取一根退火铜丝，穿 3 颗 4mm 贝珠，扭成树枝状。用金色绒线将一片叶子和树枝缠绕在一起。

05 用金色绒线把剩余的两片叶子缠绕在一起。

06 取 48 根红色系蚕丝线按照与叶子蚕丝线相同的方法进行预处理，做出 20 片绒排。

07 用搓丝板将所有绒条都搓紧密，用剪刀修绒，将两头打尖。

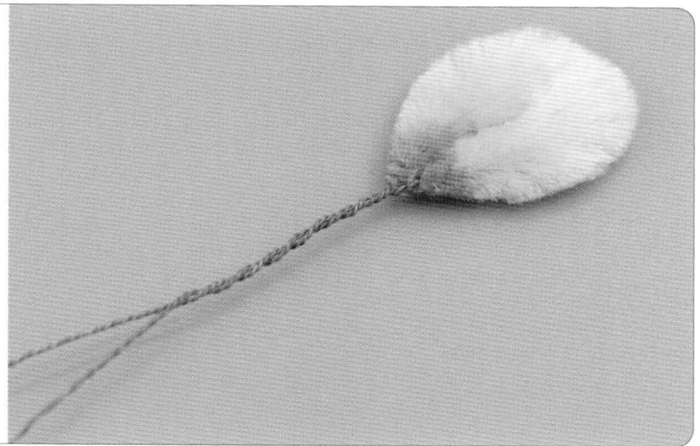

08 在用镊子将绒条对折后将退火铜丝拧紧，用直板夹将花瓣夹扁。

09 在将所有花瓣都夹扁后，用剪刀在花瓣顶部剪出两个缺口。

10 剪一根 10cm 长的退火铜丝，穿一颗 4mm 贝珠。将 5 根黄色长条形翻糖花蕊对折，均匀地绑在珠子周围。

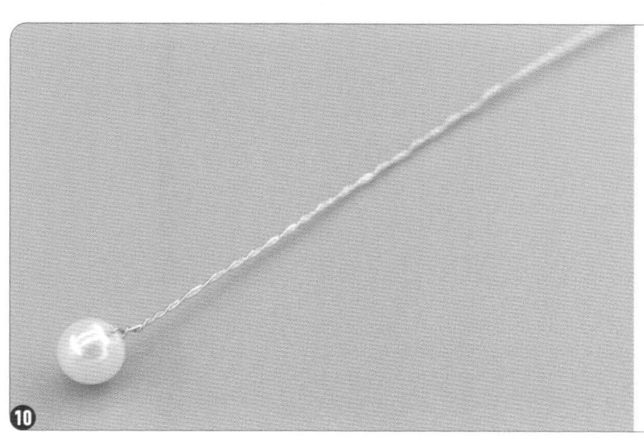

11 用金色绒线将花瓣一片一片地围绕花蕊缠绕，在绑出花的形状后，将叶子也绑在一起。

12 剪掉多余的退火铜丝，在花朵底部涂上 UV 胶，用 UV 灯照干，防止花瓣松动脱落。

13 用剪刀将金属打底花片修剪成图示的形状，并用退火铜丝将两根胸针杆绑在花片上。一定要绑紧，胸针杆不能松动，也可以用 UV 胶再固定一次。

14 用退火铜丝将牡丹花朵绑在金属花片上，最后在退火铜丝上穿几颗 4mm 贝珠挡住接头部分，整理一下花瓣和叶子的形态。

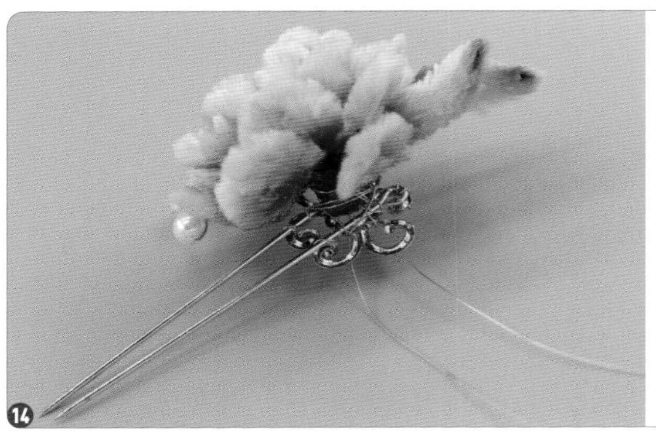

第 4 章

辑珠工艺

辑珠的材料和工具 | 辑珠的基础穿法 | 辑珠饰品制作案例

4.1 辑珠的材料和工具

辑珠的基础材料是珠子和铜丝，先用比较细的铜丝将珠子穿起来，组合成各种不同的形状，再组合起来做成花朵、叶子、动物等剪影形。

因此，想要制作辑珠饰品，只要准备好珠子、0.2mm 或 0.3mm 铜丝，以及用来剪铜丝的侧剪钳和放置珠子的绒布盘就可以开始了。

在制作辑珠饰品之前，大家可以自己动手做一个绒布盘，用来放置珠子。

（1）准备一个盘子，大小随意，深度为 1~2cm。将盘子放在绒布上，按照盘子大小剪一块绒布。

（2）用胶水将绒布贴在盘子底部，这样，将珠子放在盘子里，珠子就不会到处乱跑了。

4.2 辑珠的基础穿法

在教大家辑珠的基础穿法时，为了让大家能够更清晰、直观地看懂，这里使用的都是大尺寸的珠子，还会使用不同颜色的珠子进行区分。大家在自己制作辑珠饰品时，可以按照珠子尺寸的大小来调整珠子使用的颗数，不必完全按照教程做，可以发挥自己的想象，举一反三。

4.2.1 花瓣的基础穿法

1. 1 号花瓣

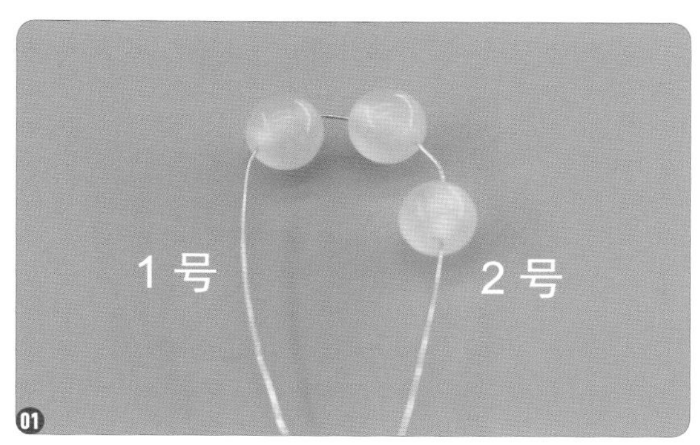

01 剪 1 根长铜丝，在中间位置穿 3 颗珠子。将左边的铜丝命名为 1 号铜丝，将右边的铜丝命名为 2 号铜丝。

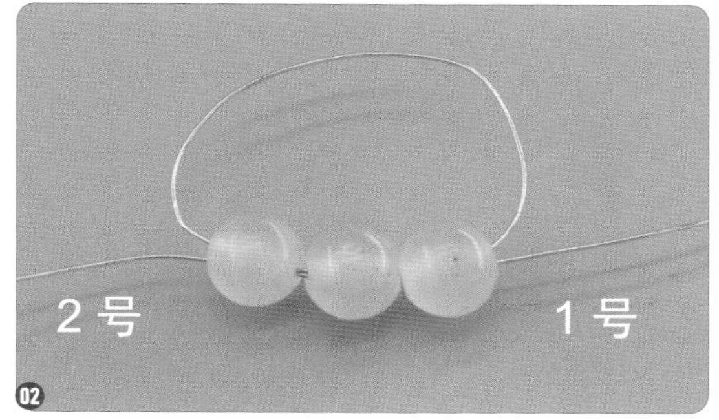

02 将 1 号铜丝从 2 号铜丝穿出的位置穿入，并穿过这 3 颗珠子拉紧。

03 在 1 号铜丝上穿 5 颗珠子。

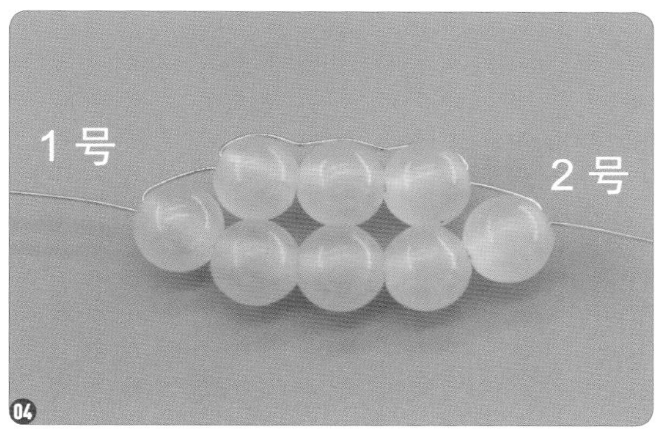

04 将 2 号铜丝从 1 号铜丝穿出的位置穿入，并穿过 5 颗珠子拉紧。

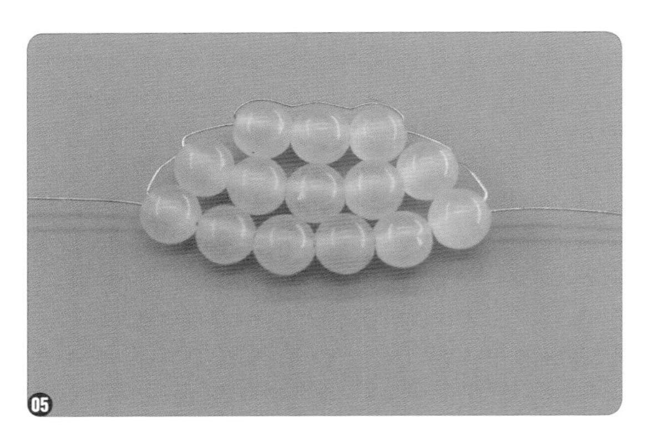

05 采用同样的方法，在第 3 排穿 6 颗珠子。

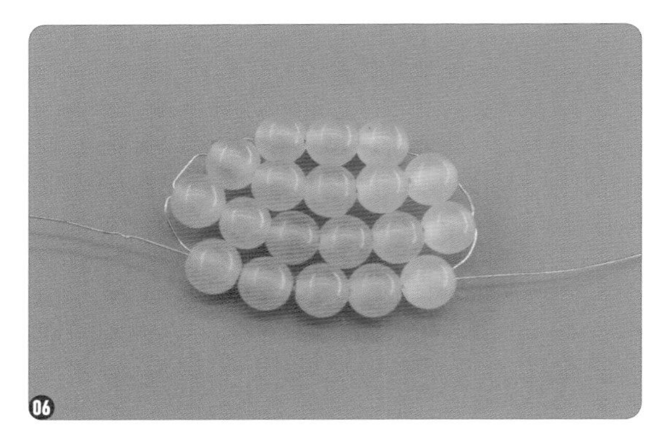

06 在第 4 排穿 5 颗珠子。

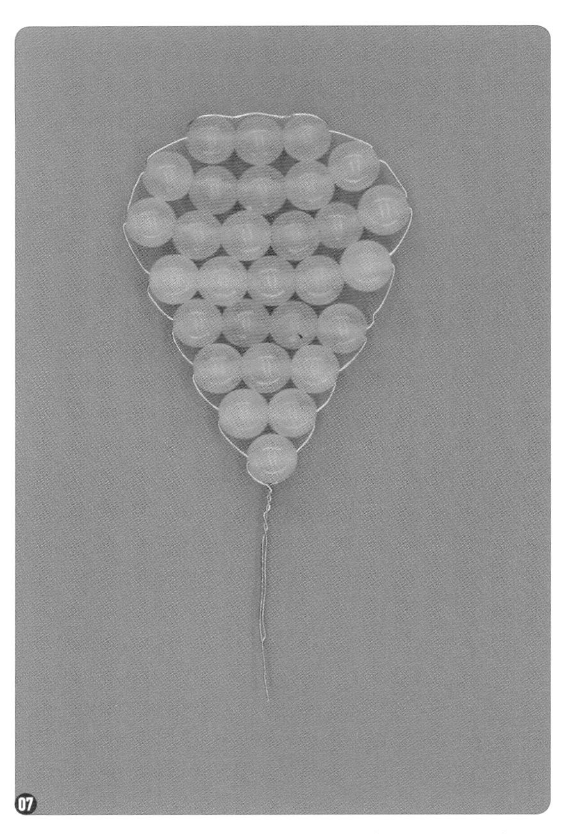

07 以此类推，每排减少一颗珠子，直至最后只剩一颗珠子。将两根铜丝拧在一起，1 号花瓣就完成了。

2. 2 号花瓣

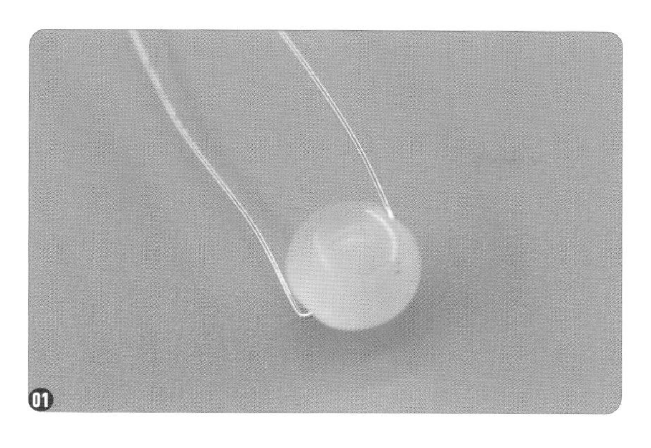

01 剪一根长铜丝，在中间位置穿一颗粉色珠子。

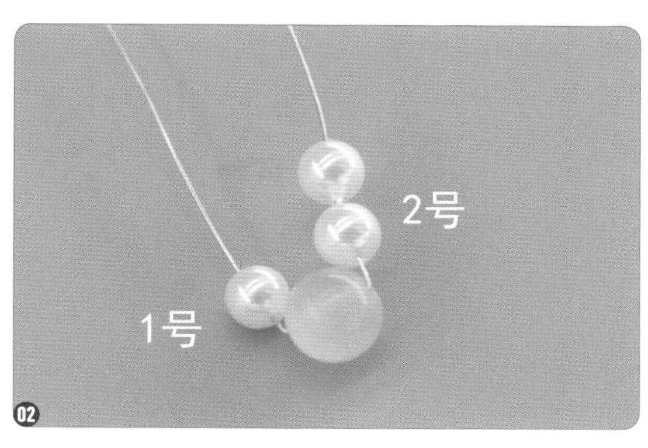

02 在 1 号铜丝上穿一颗比粉色珠子略小一点的白色珠子，在 2 号铜丝上穿两颗白色珠子。

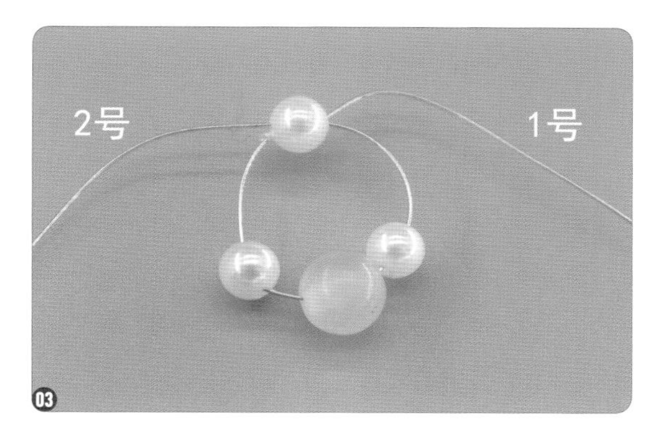

03 将 1 号铜丝穿入 2 号铜丝上的第 2 颗珠子中并拉紧。

04 采用与步骤 02 和步骤 03 相同的方法进行操作，穿到所需要花瓣的长度为止。

05 在底部穿一颗尺寸略大的粉色珠子。

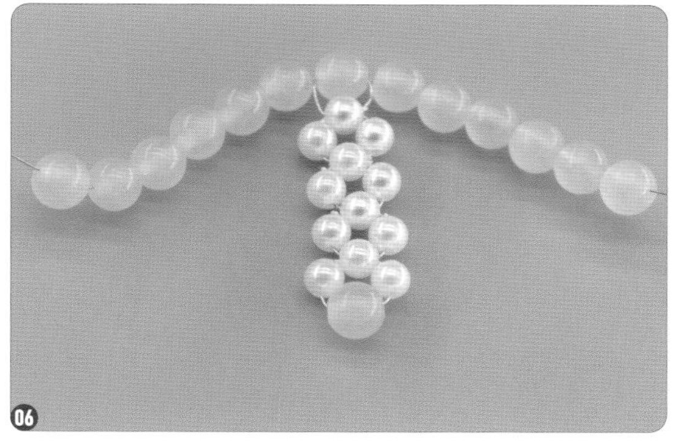

06 在 1 号和 2 号铜丝上各穿 6 颗粉色珠子。

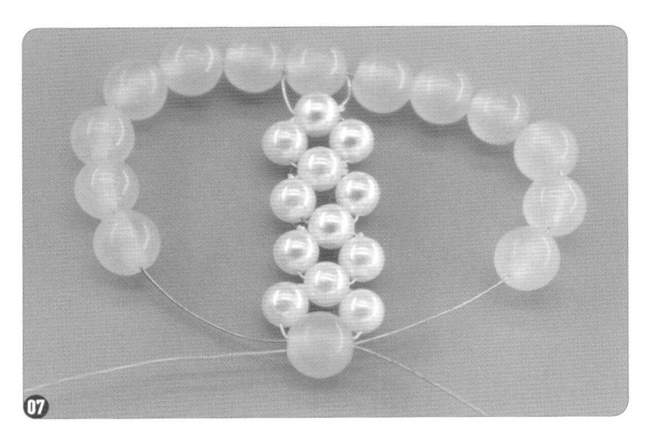

07

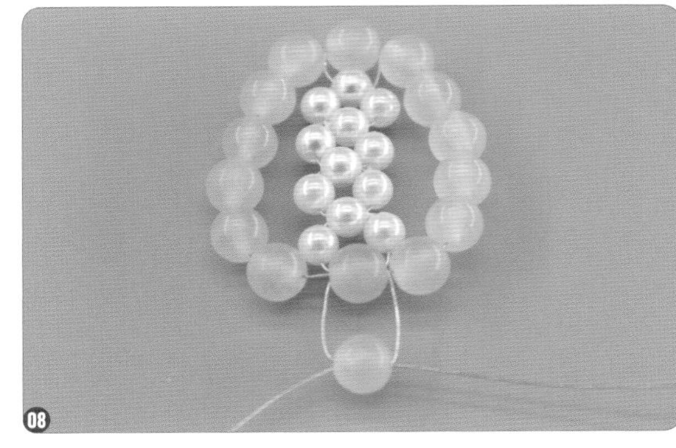

08

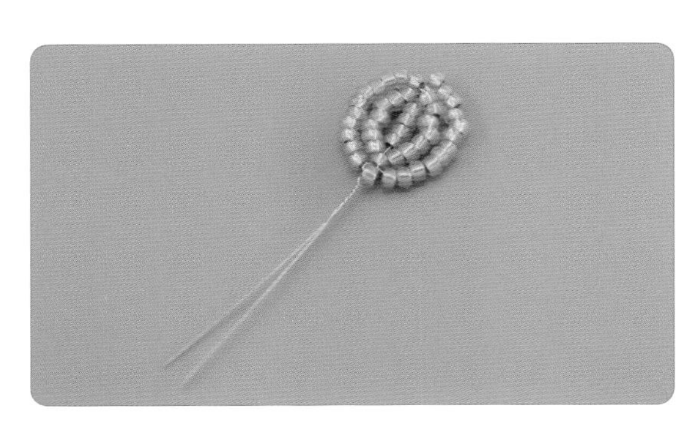

09

07 将两根铜丝交错着穿入底部的粉色珠子中。

08 在底部再穿一颗粉色珠子。

09 拉紧并将两根铜丝拧在一起。

3. 3 号花瓣

01 剪一根长铜丝，在中间位置穿一颗白色珠子，并将铜丝拧两圈。

02 在两根铜丝上各穿 6 颗白色珠子。

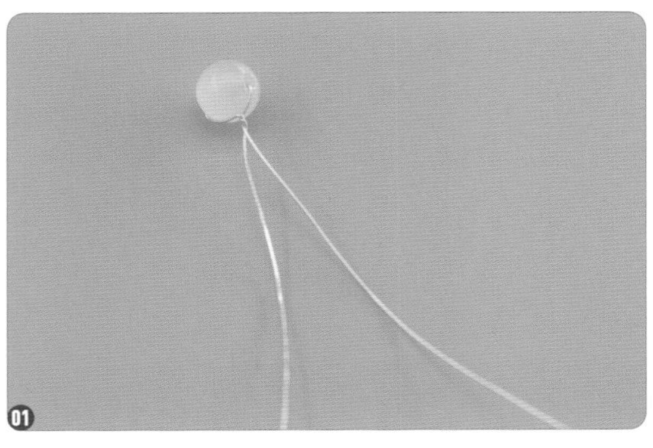

01

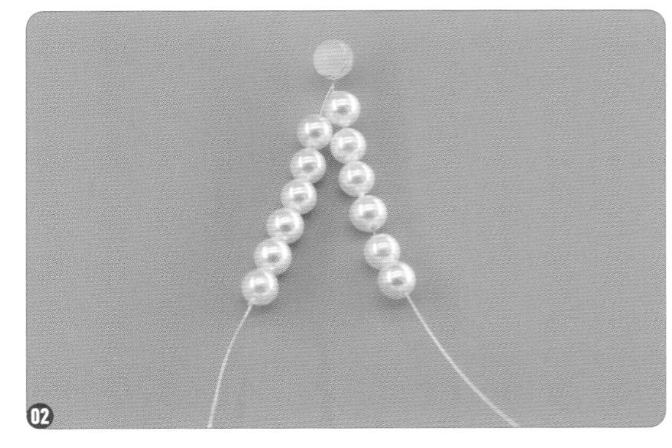

02

03 再拿一颗粉色珠子，将两根铜丝同时穿入。

04 在一根铜丝上穿 9 颗白色珠子。

05 用穿好珠子的那根铜丝围绕顶部的粉色珠子缠绕两圈。

06 将另一根铜丝做同样的处理，将两根铜丝整理到中间。

07 在中间的两根铜丝上穿 3 颗白色珠子。

08 将两根铜丝穿入底部的粉色珠子中。

09 将两根铜丝相对穿入一颗白色珠子中。

10 拉紧并将两根铜丝拧在一起。

4. 4 号花瓣

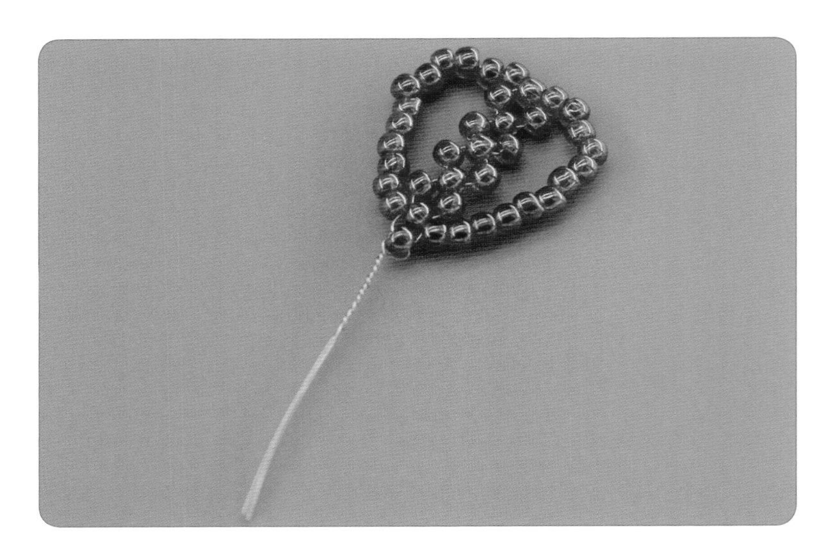

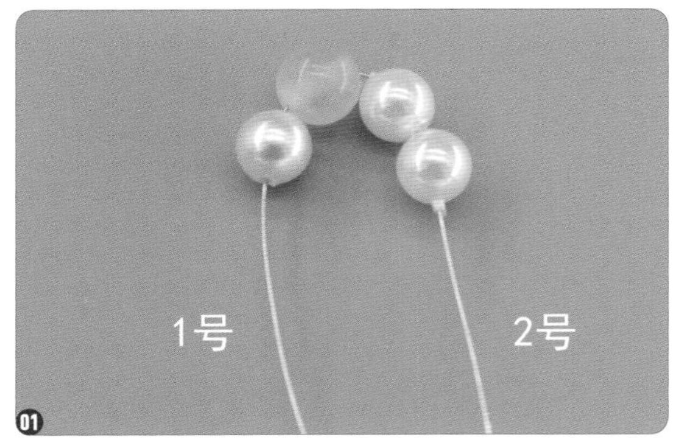

01 4 号花瓣和 2 号花瓣的做法类似。剪一根长铜丝，在中间位置穿一颗粉色珠子，在 1 号铜丝上穿一颗白色珠子，在 2 号铜丝上穿两颗白色珠子。

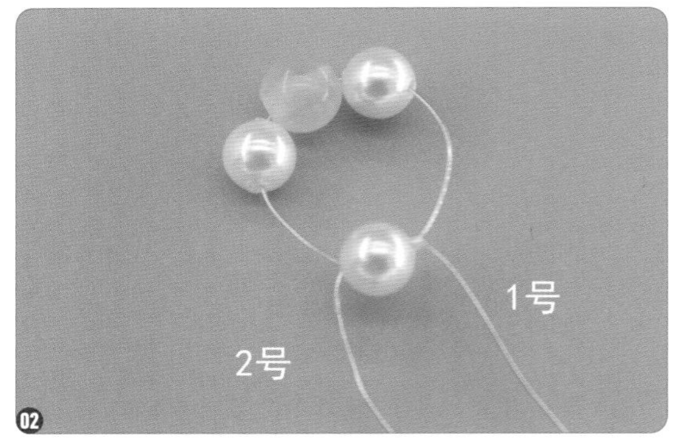

02 将 1 号铜丝穿入 2 号铜丝上的第 2 颗珠子中并拉紧。

03 采用与步骤 01 和步骤 02 相同的方法进行操作，在得到需要的花瓣长度后停止。

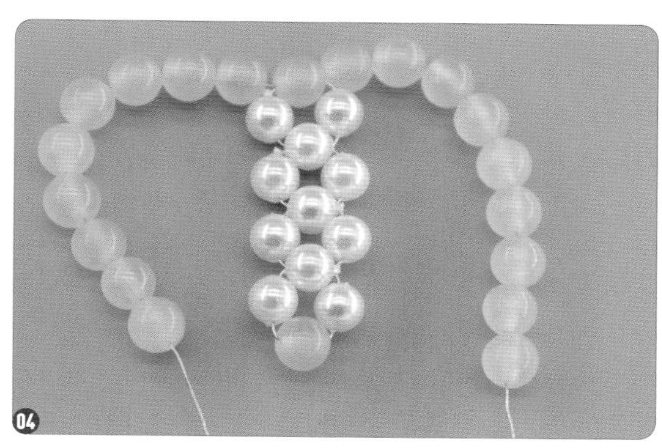

04 在两根铜丝上各穿 9 颗粉色珠子。

05 把两根铜丝交错穿入底部的粉色珠子中，并将花瓣整理成上大下小的形状。

06 在底部再穿一颗粉色珠子。

07 拉紧并将两根铜丝拧在一起。

4.2.2 叶子的基础穿法

1. 1 号叶子

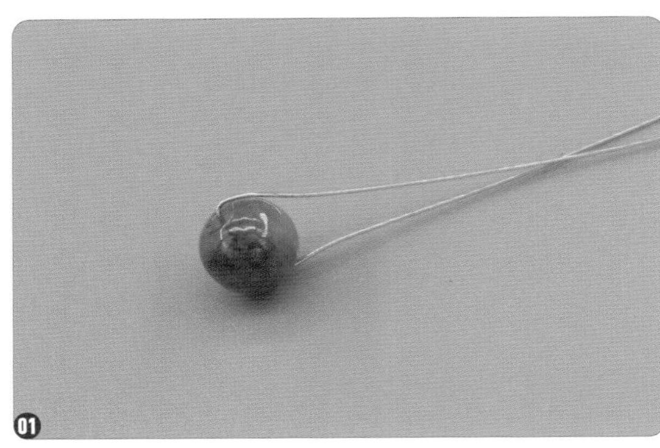

01 剪一根长铜丝，在中间位置穿一颗绿色珠子。

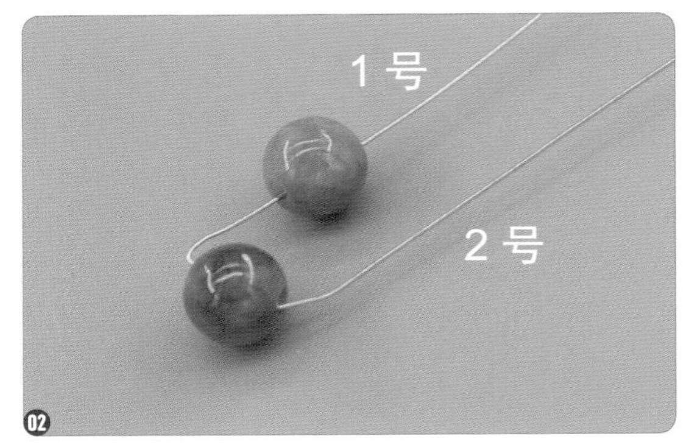

02 在 1 号铜丝上穿一颗绿色珠子。

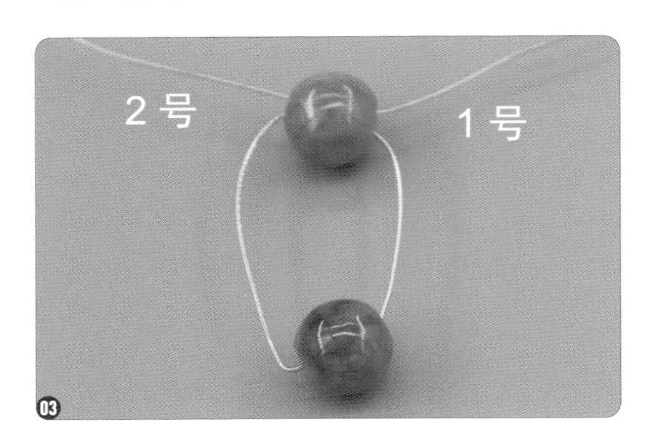

03 将 2 号铜丝穿入 1 号铜丝上的绿色珠子中。

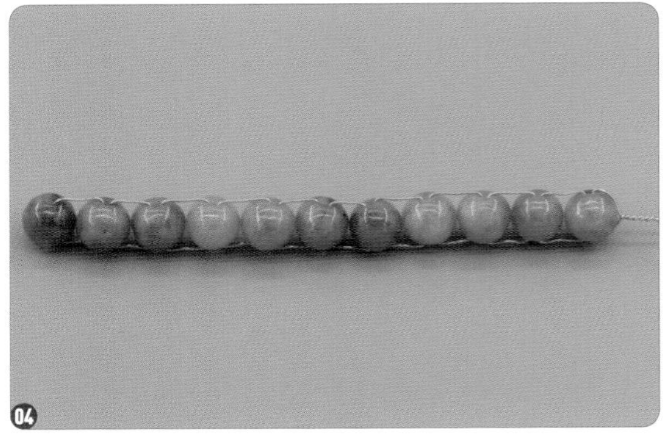

04 用相同的方法穿 11 颗绿色珠子，并将两根铜丝拧紧。

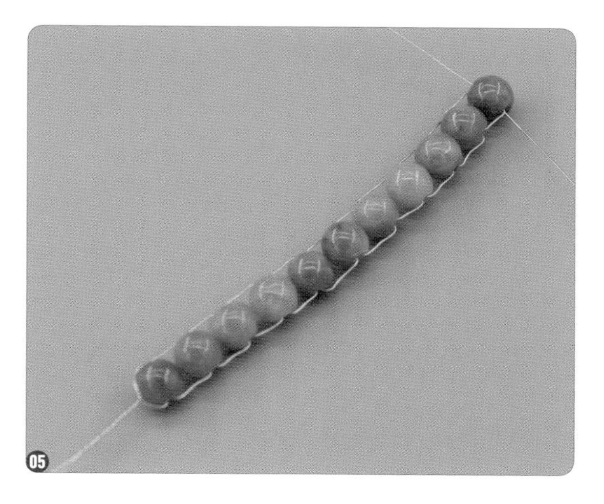

05 再剪一根长铜丝，从第 1 颗绿色珠子中穿入。

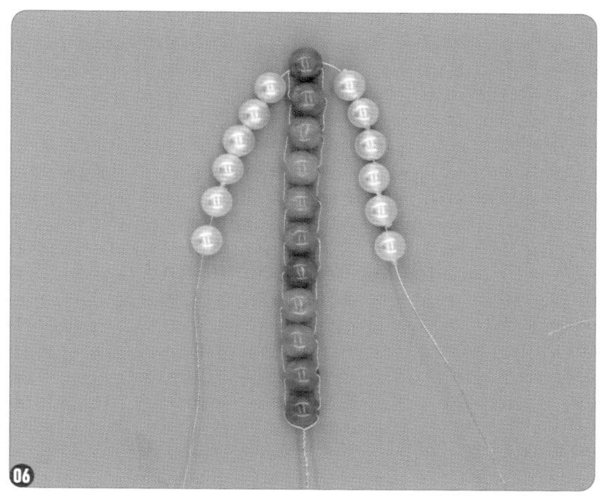

06 在铜丝两端各穿 6 颗白色珠子。

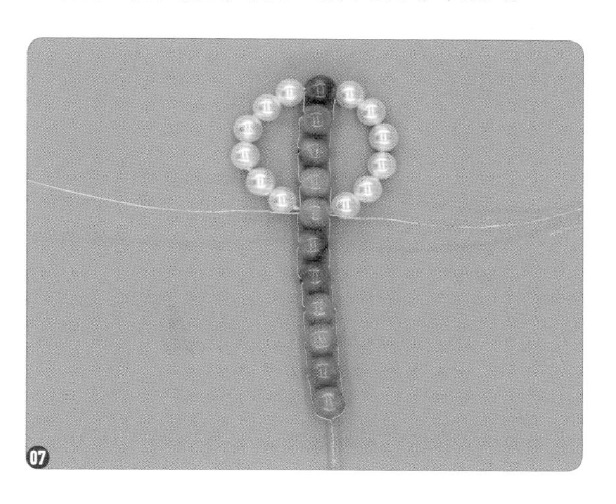

07 将两根铜丝交叉穿入第 5 颗绿色珠子中。

08 将两根铜丝回穿白色珠子，从第 4 颗白色珠子处穿出。

09 在两根铜丝上各穿 6 颗白色珠子，采用与步骤 07 和步骤 08 相同的方法进行操作。

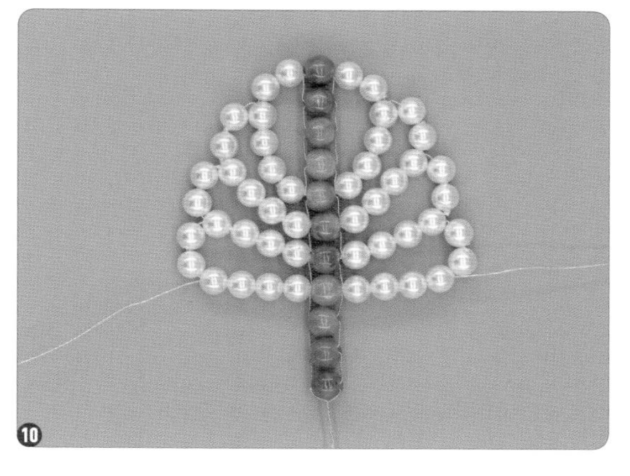

10 在两边再各穿好两条白色珠子。

11 继续采用与步骤 07 和步骤 08 相同的方法进行操作，但要将 6 颗白色珠子减少为 5 颗白色珠子。

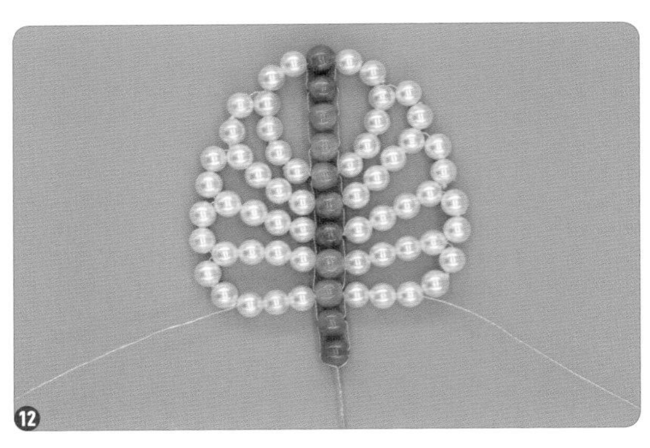

12 将铜丝回穿，从第 3 颗白色珠子处穿出。

13 将 5 颗白色珠子减少为 4 颗白色珠子，将铜丝穿入第 10 颗绿色珠子中。

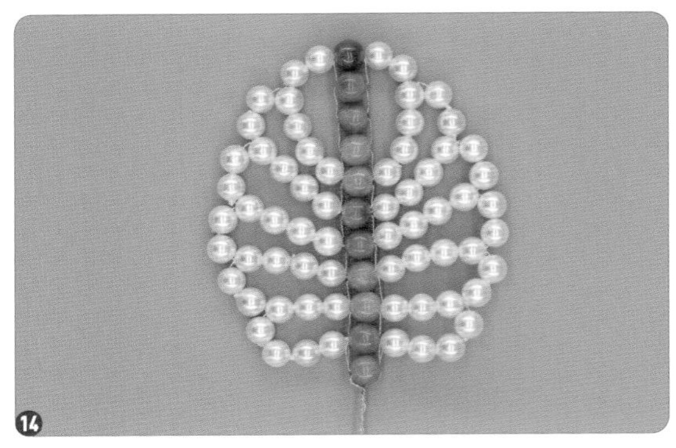

14 将铜丝穿入第 11 颗绿色珠子中，并将所有剩余的铜丝都拧在一起。

2. 2 号叶子

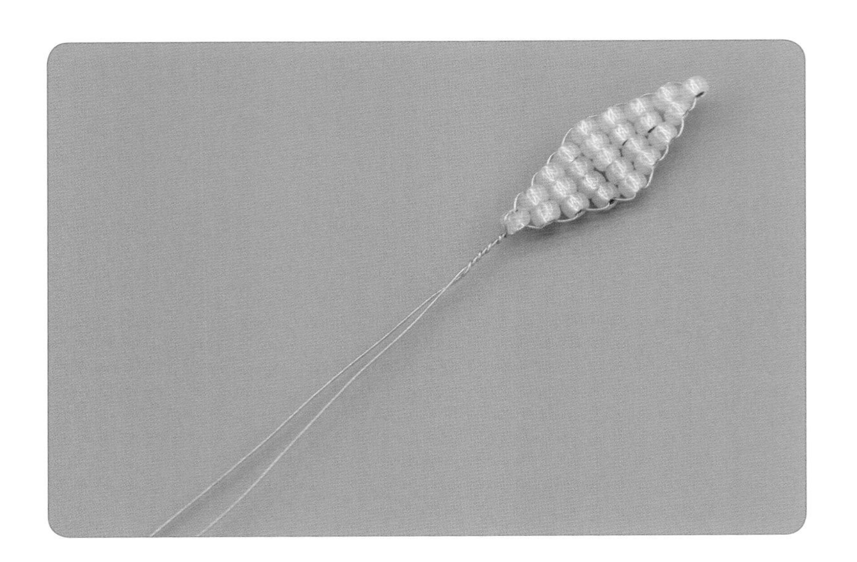

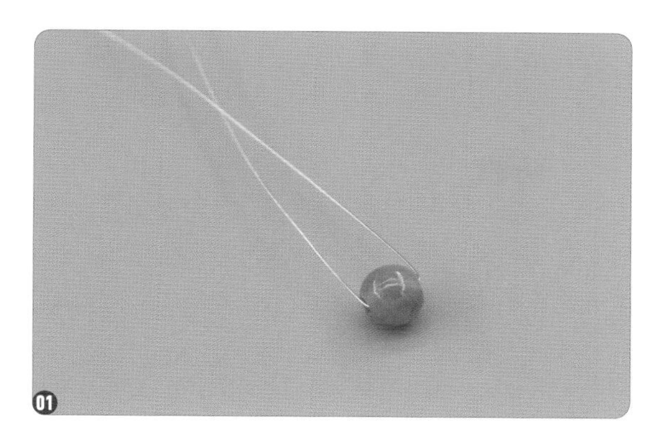

01 2 号叶子和 1 号花瓣的穿法大致相同，只是珠子数量不同。剪一根长铜丝，在中间位置穿一颗绿色珠子。

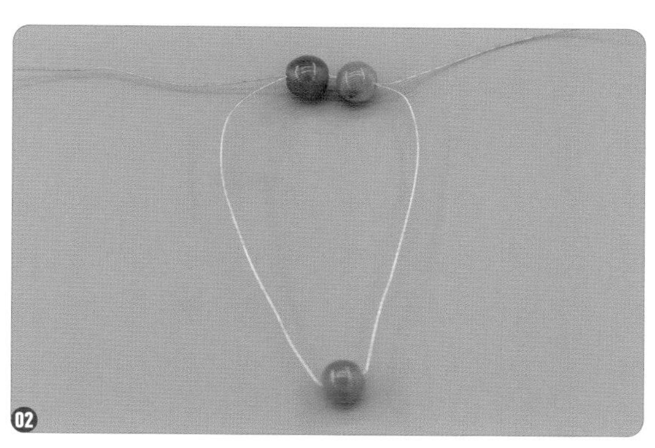

02 在第 2 排穿两颗绿色珠子。

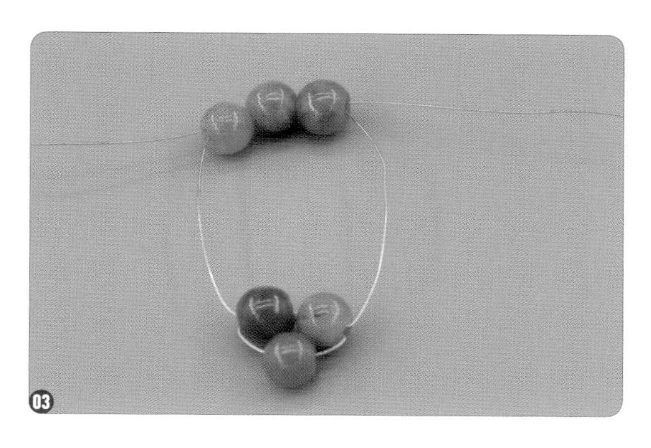

03 在第 3 排穿 3 颗绿色珠子。

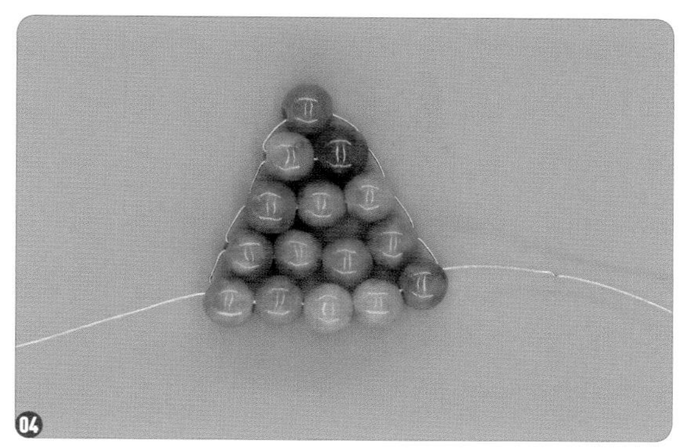

04 在第 4 排穿 4 颗绿色珠子，在第 5 排穿 5 颗绿色珠子。

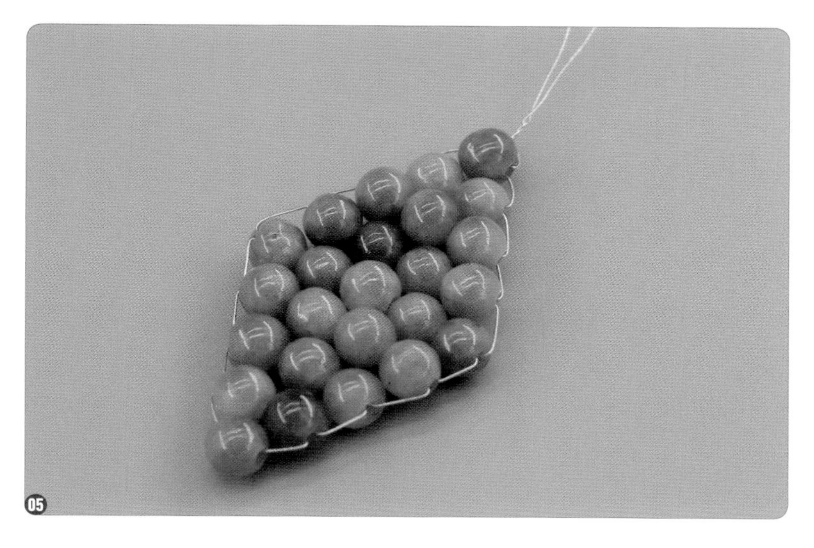

05 在第 6 排穿 4 颗绿色颗子，依次递减，直至最后一排只剩一颗绿色珠子。

3. 3 号叶子

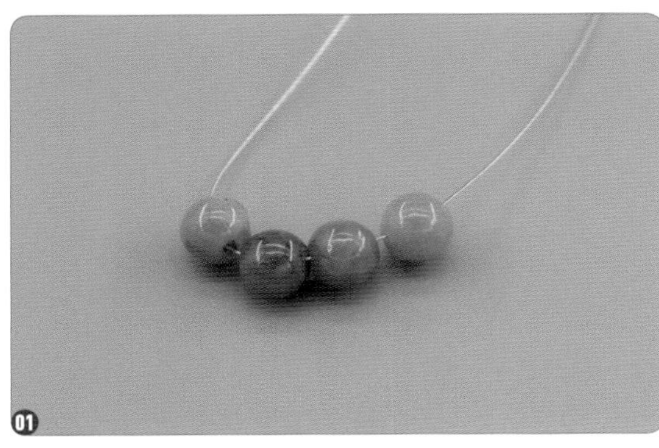

01 剪一根长铜丝，穿 4 颗绿色珠子。

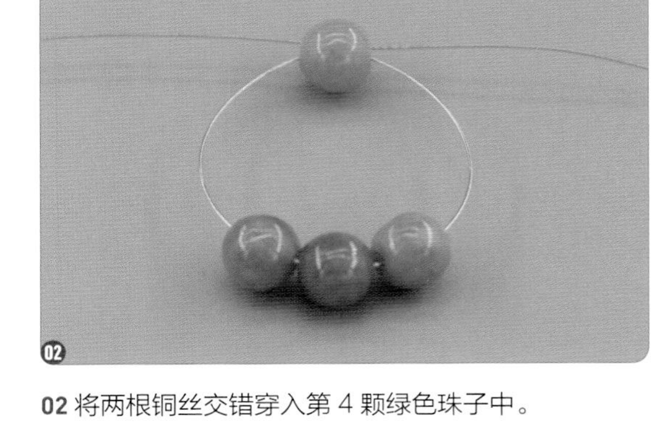

02 将两根铜丝交错穿入第 4 颗绿色珠子中。

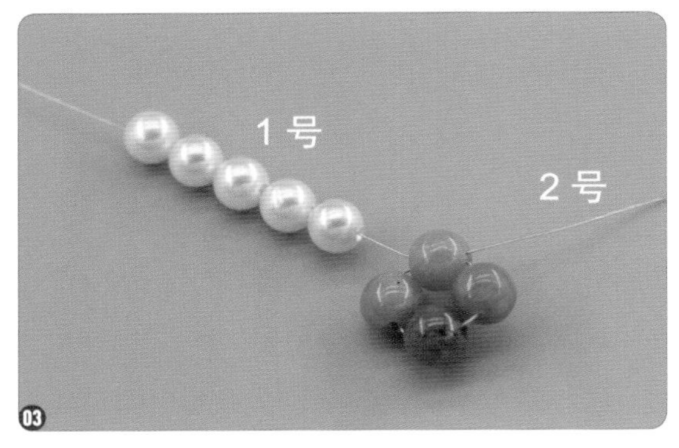

03 在 1 号铜丝上穿 5 颗白色珠子。

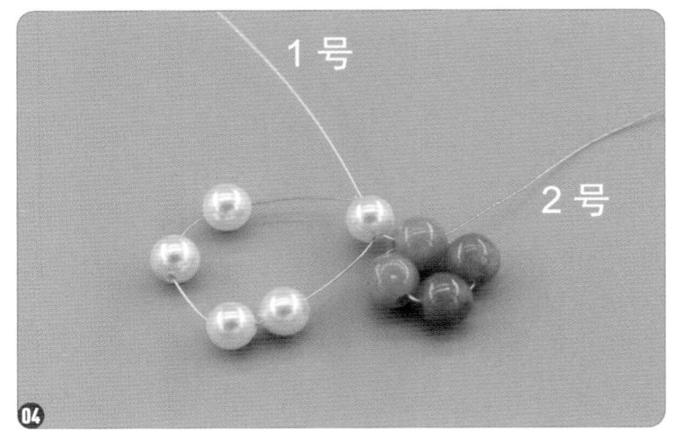

04 将 1 号铜丝回穿第 1 颗白色珠子并拉紧。

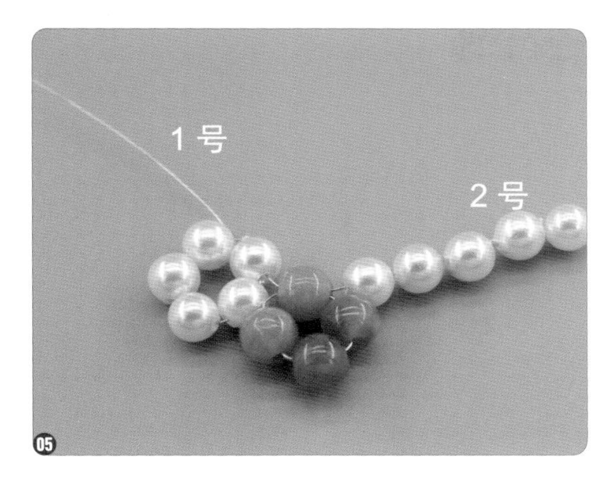

05 在 2 号铜丝上也穿 5 颗白色珠子。

06 将 2 号铜丝回穿第 1 颗白色珠子并拉紧。

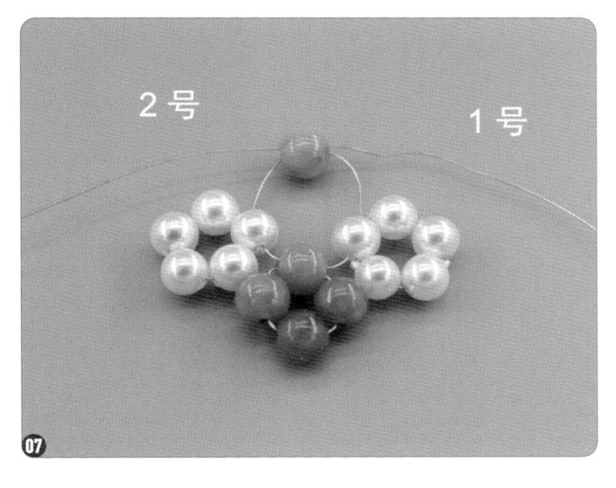

07 将 1 号铜丝和 2 号铜丝交错穿入一颗绿色珠子中并拉紧。

08 在 1 号铜丝上穿一颗绿色珠子，在 2 号铜丝上穿 2 颗绿色珠子。

09 将 1 号铜丝穿入 2 号铜丝上的第 2 颗绿色珠子中。

10 穿一颗白色珠子。

11 采用同样的方法再穿一颗白色珠子。

12 在 2 号铜丝上穿两颗粉色珠子。

13 将 2 号铜丝从图示的绿色珠子内穿出。

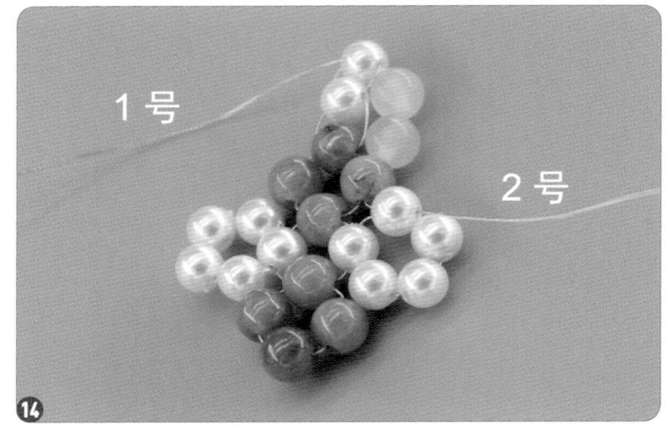

14 将 2 号铜丝穿入旁边的白色珠子中。

15 在 2 号铜丝上再穿两颗粉色珠子。

16 将 2 号铜丝回穿第 1 颗粉色珠子并拉紧。

17 用同样的方法将另一边穿好。

18 在 1 号铜丝上穿两颗绿色珠子，在 2 号铜丝上穿一颗绿色珠子。

19 将 2 号铜丝穿入 1 号铜丝上的第 2 颗绿色珠子中。

20 将两根铜丝拉紧并拧在一起。

4.3 辑珠饰品制作案例

在掌握了辑珠的基础穿法以后，大家就可以向成品辑珠作品“进军”了！本节带来了 4 个辑珠饰品制作案例，大家可以将案例给出的尺寸进行等比例缩放，给其他尺寸的 BJD 制作饰品。在掌握基础成品的制作方法后，大家可以在原样上进行修改，创作自己的独立作品。

4.3.1 三分 BJD 用辑珠发冠

材料和工具：UV 胶、胸针杆、UV 灯、4mm 金属隔珠、2.5mm/6mm 贝珠、3mm 磨砂金珠、2mm 小金珠、2mm/1.5mm 白色米珠、3mm 水晶算盘珠、1.5mm 米黄色米珠、0.2mm 铜丝、长条形打底花片、尖嘴钳、侧剪钳、圆嘴钳。

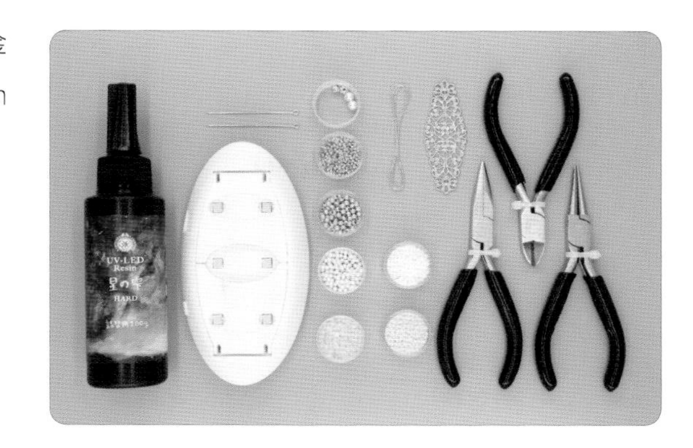

01 将长条形打底花片弯成弧形。

02 在如图处穿一根 20cm 长的铜丝，对折并拧紧。在铜丝上穿 25 颗 2mm 白色米珠，将铜丝捆在另一边相同的位置，并剪掉多余的铜丝。

03 在如图处穿一根 20cm 长的铜丝，对折并拧紧。依次穿 5 颗 2mm 白色米珠、一颗 2mm 小金珠。

04 随后穿 3 颗 2.5mm 贝珠、两颗 2mm 小金珠、一颗 3mm 水晶算盘珠。

05 穿两颗 2.5mm 贝珠、一颗 3mm 磨砂金珠。在另一边也穿相同的珠子，将铜丝绑在花片另一边相应的位置。

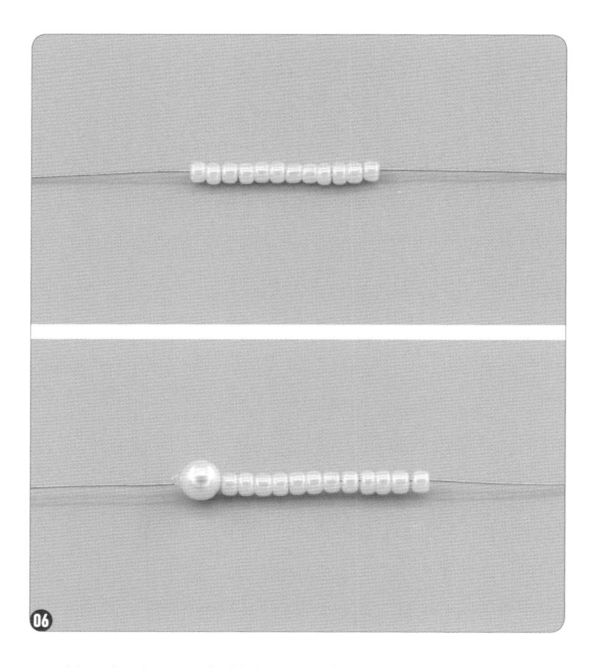

06 剪一根 25cm 长的铜丝，穿 12 颗 1.5mm 米黄色米珠和一颗 2.5mm 贝珠。

07 在 2.5mm 贝珠的另一端穿 13 颗 1.5mm 米黄色米珠，将米珠较少的一边的铜丝穿入另一边的第 13 颗 1.5mm 米黄色米珠中。

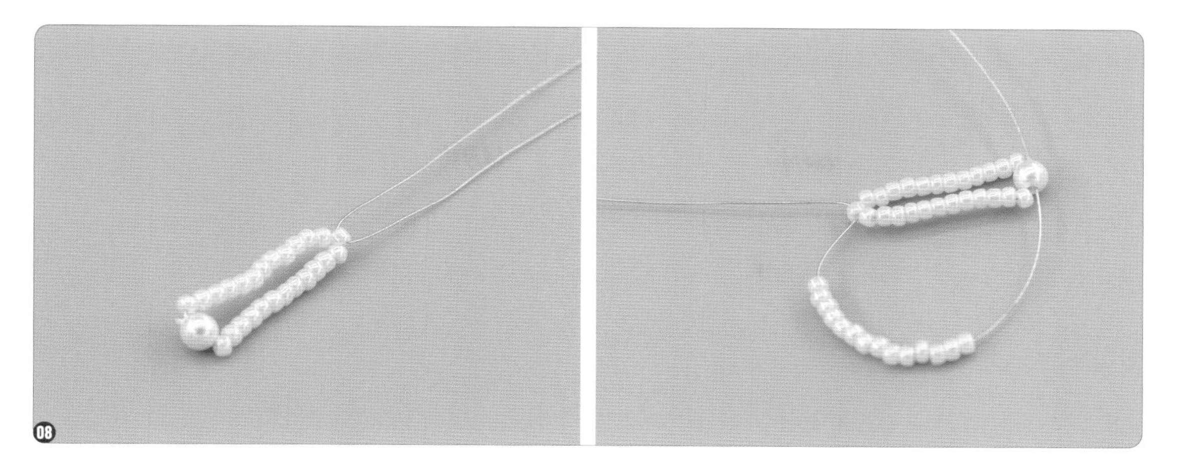

08 调整珠子的位置，将铜丝调整为一边长、一边短并拉紧铜丝。随后，在长铜丝上穿 14 颗 1.5mm 米黄色米珠，并将铜丝穿入中间的 2.5mm 贝珠中。

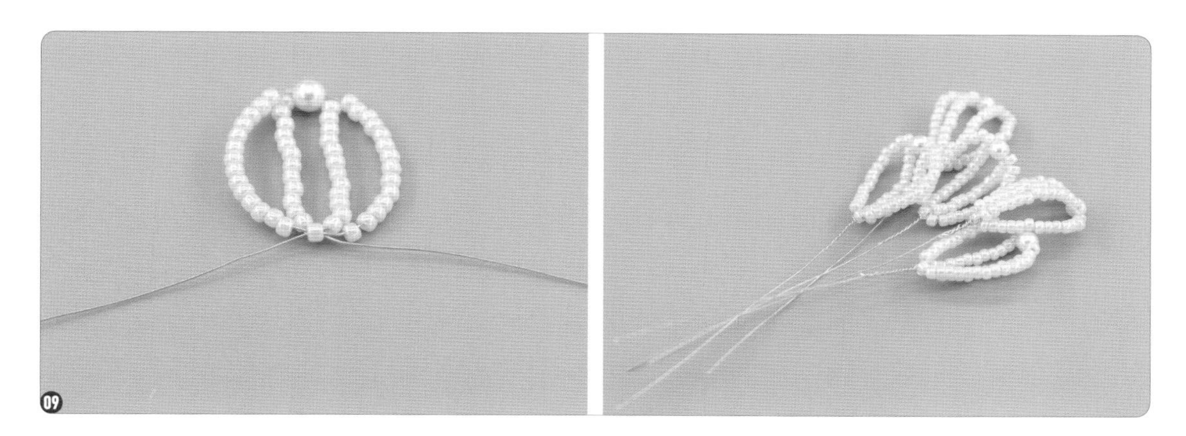

09 将长铜丝穿入 2.5mm 贝珠中后拉紧，再在长铜丝上穿 14 颗 1.5mm 米黄色米珠，将铜丝再次穿入底部的第 13 颗 1.5mm 米黄色米珠中，并将铜丝拧紧。在穿好 5 片花瓣后，用手整理一下花瓣的形状。

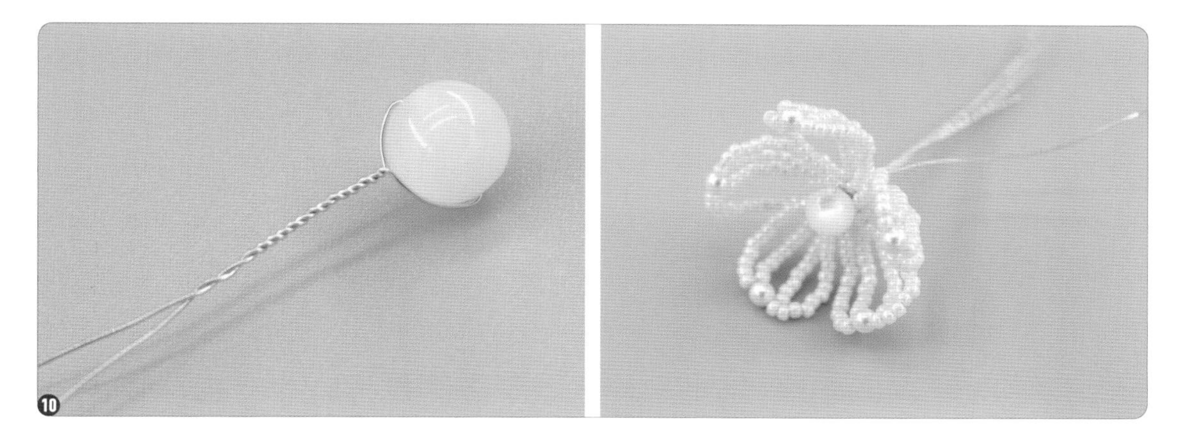

10 剪一根 10cm 长的铜丝，穿一颗 6mm 贝珠并拧紧作为花蕊，将 5 片花瓣均匀地缠绕在花蕊周围。

11 剪 7 根 20cm 长的铜丝备用，用两根铜丝穿 7 颗 3mm 水晶算盘珠，扭成树杈的形状。

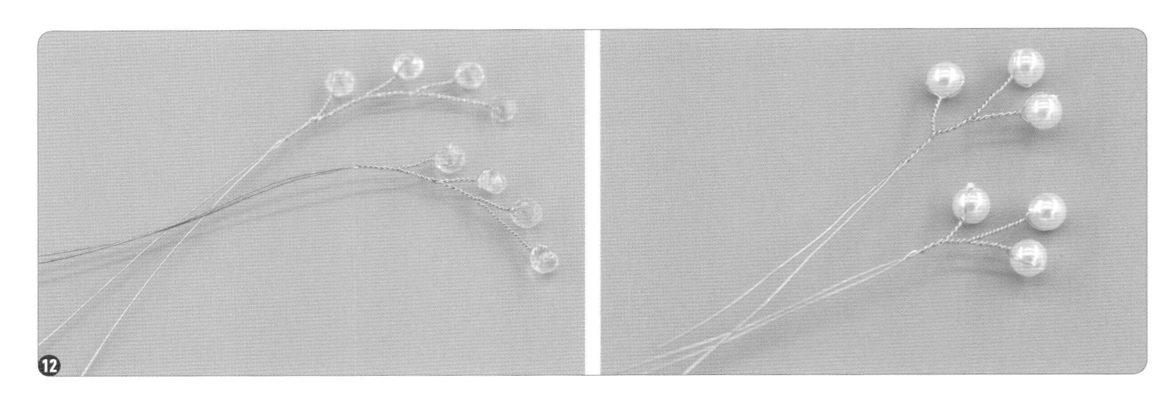

12 用剩下的 4 根铜丝各穿 4 颗 3mm 水晶算盘珠和 3 颗 6mm 贝珠，扭成树杈的形状。

13 把扭好的树杈依次捆在长条形打底花片上，并将绑好的珠花尾部的铜丝穿入长条形打底花片中间的洞中，绑在长条形打底花片上。在全部绑好后剪掉多余的铜丝。

14 按照 2 号叶子的做法，用 1.5mm 白色米珠穿成两片叶子，并将叶子绑在珠花的两边靠近下方的位置。

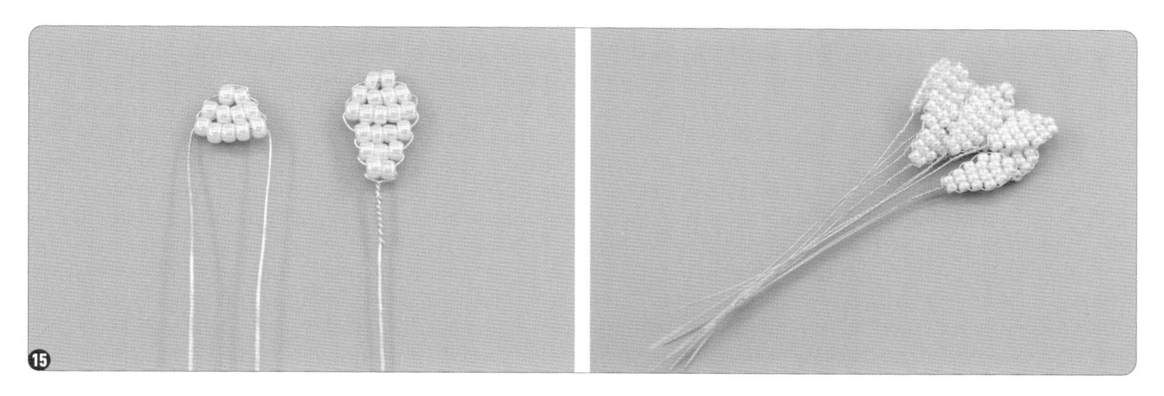

15 根据 1 号花瓣的做法，用 1.5mm 米黄色米珠，按照各排分别为 2、4、5、4、3、2 颗珠子的数量做 10 片花瓣。

16 剪两根 10cm 长的铜丝，各穿一颗 3mm 磨砂金珠，作为两根花蕊。把做好的 10 片 1 号花瓣分成两份，捆在花蕊周围，做出两朵小花。将两朵小花捆在大珠花的两边，并剪掉多余的铜丝。

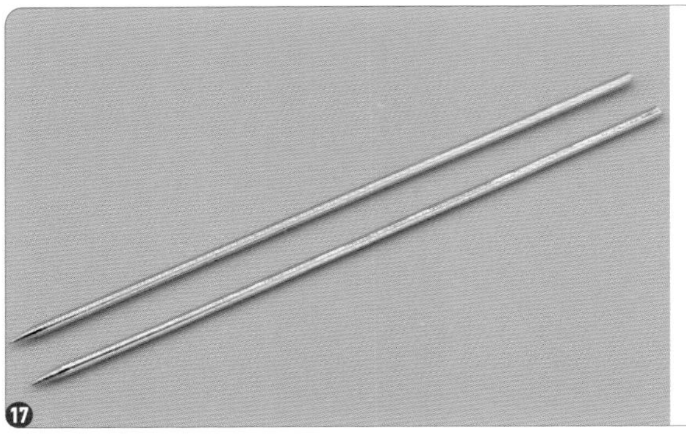
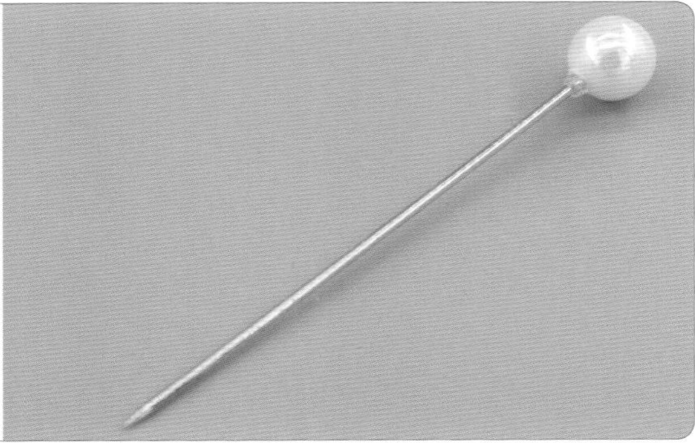

17 将胸针杆尾部的圆环剪断，在剪断的位置用 UV 胶粘一颗 6mm 贝珠。

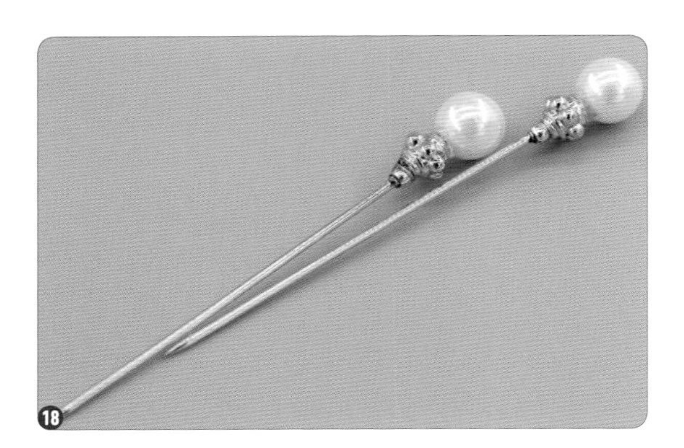

18 待 UV 胶干透后，再粘一颗 4mm 金属隔珠和一颗 2mm 小金珠，两根固定发冠的发簪就做好了。

知识延伸

在发冠背面所有有铜丝接口的位置都涂上 UV 胶并照 UV 灯，一是可以防止铜丝接口勾头发，二是可以让珠花更加稳固。

4.3.2 四分 BJD 用辑珠蝴蝶步摇

材料和工具：3mm 紫珠、透明珠、2mm/1.5mm 白色米珠、2mm 金珠、连接环、3mm×4mm 珍珠、金属花片、胸针杆、豆豆链、0.2mm 铜丝、9 字针、QQ 线、尖嘴钳、侧剪钳、圆嘴钳、B-6000 胶水。

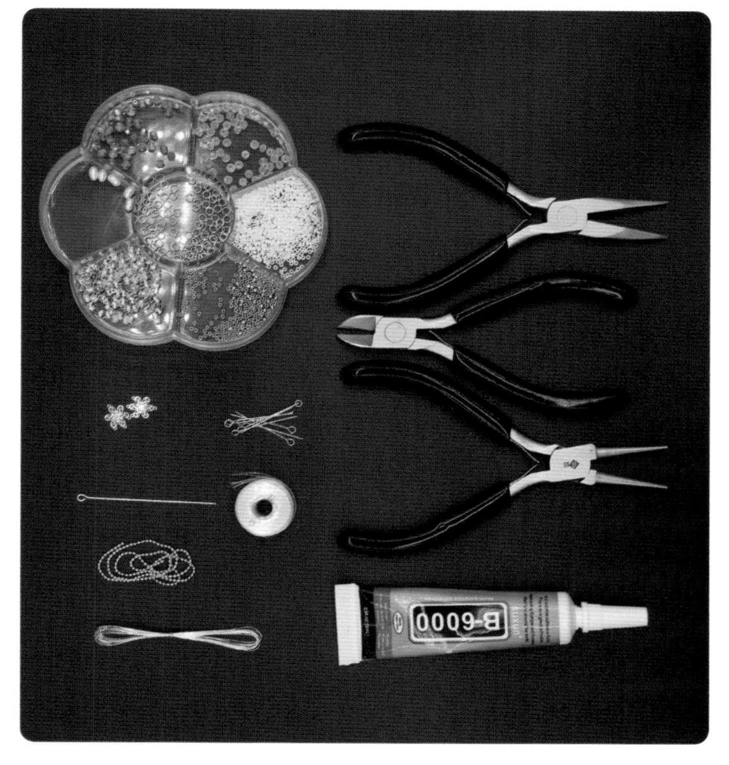

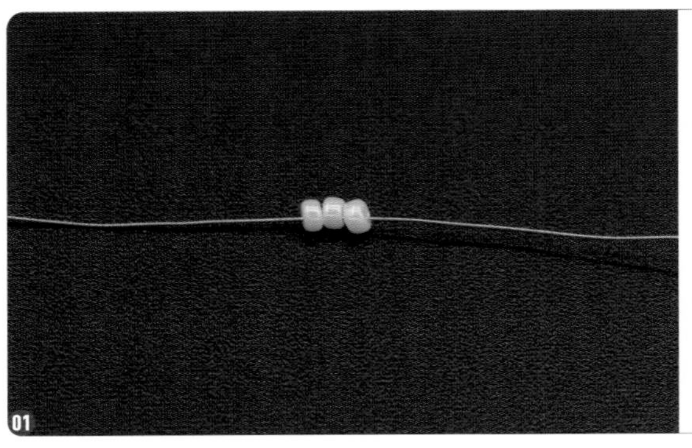
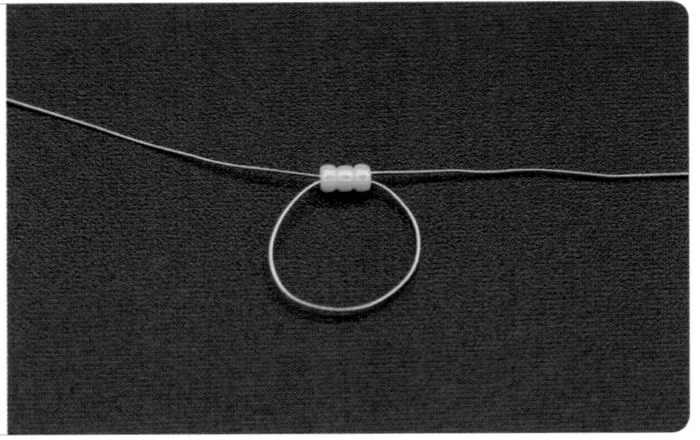

01 将 3 颗 1.5mm 白色米珠穿入铜丝中，并将铜丝一端再次穿入米珠中打成结。

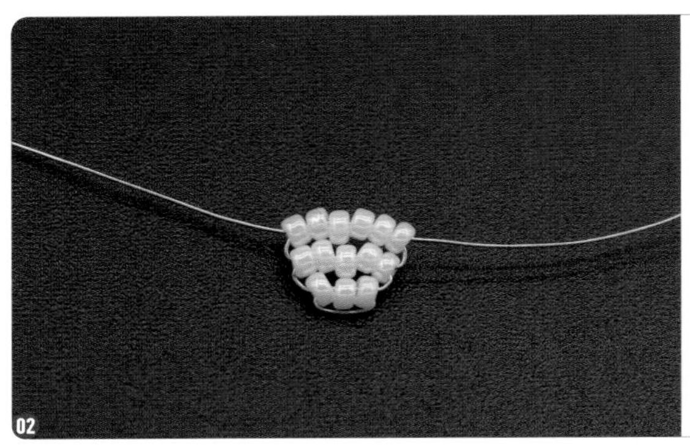
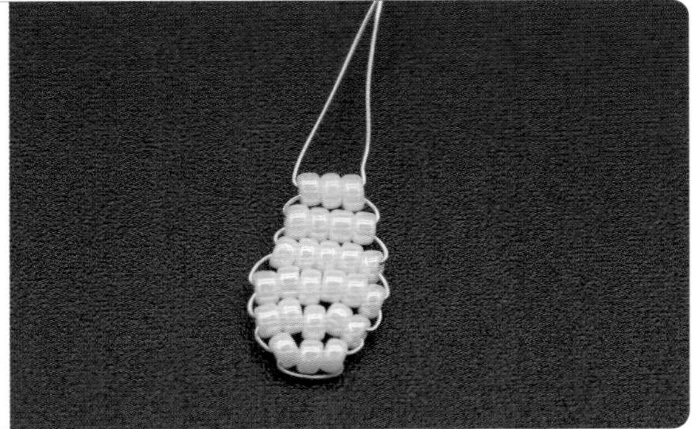

02 以同样的方式依次穿 5、6、5、4、3 颗 1.5mm 白色米珠并逐一打结。

03 在将白色米珠穿完后，穿两颗 2mm 金珠，并拧紧铜丝。蝴蝶上翅膀部分需做两份。

知识延伸

铜丝经反复揉折后容易断裂，在制作时应注意，不要出现过多不必要的揉搓。

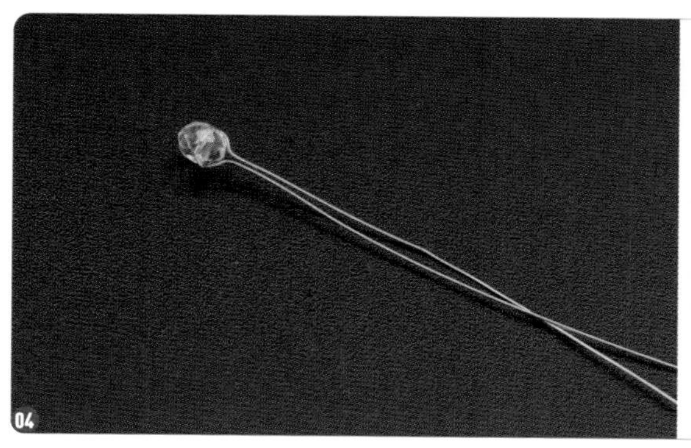

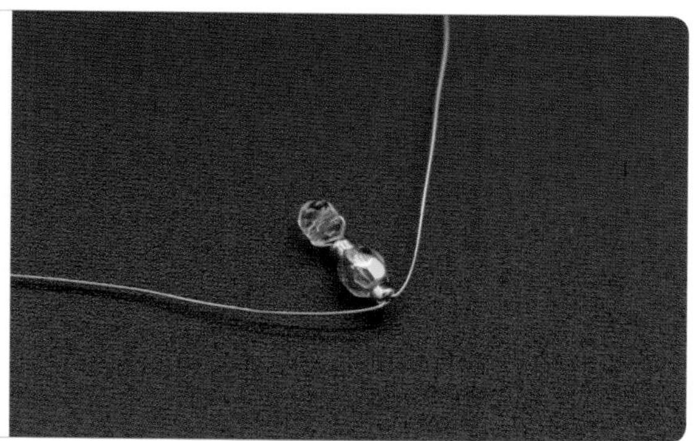

04 剪一根长约 20cm 的铜丝，先穿透明珠，在折叠后将两根铜丝一并穿入 2mm 金珠与 3mm 紫珠中，顺序为金、紫、金。

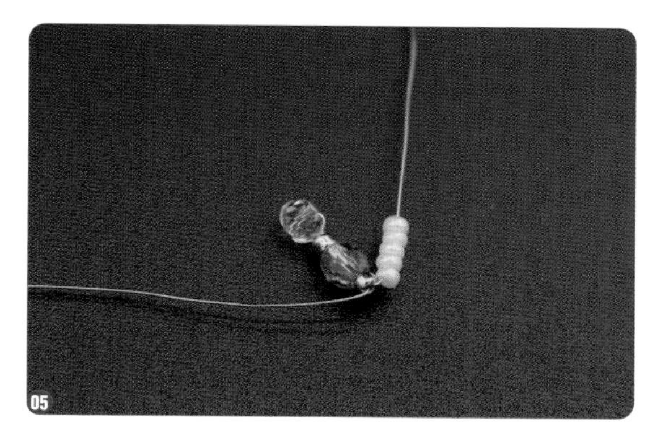

05 在穿好后将两根铜丝分开，并在一根铜丝上穿 5 颗 1.5mm 白色米珠。

06 将穿有 1.5mm 白色米珠的铜丝回穿第 1 颗 2mm 金珠，穿好后拉紧。同理制作另一边。

07 将两根铜丝分别交错穿入 2mm 金珠中，拉紧并拧紧铜丝，同理制作两只下翅膀。

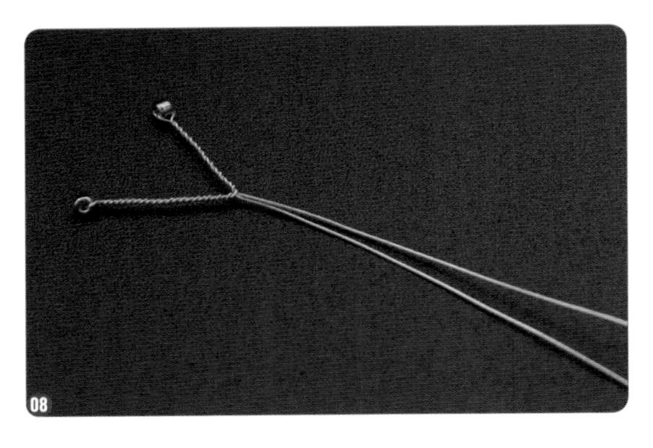

08 将 1 颗 2mm 金珠穿在铜丝上并拧紧，同理制作另一根触须。将制作好的两根触须拧紧合并在一起，留出两根分离的铜丝。

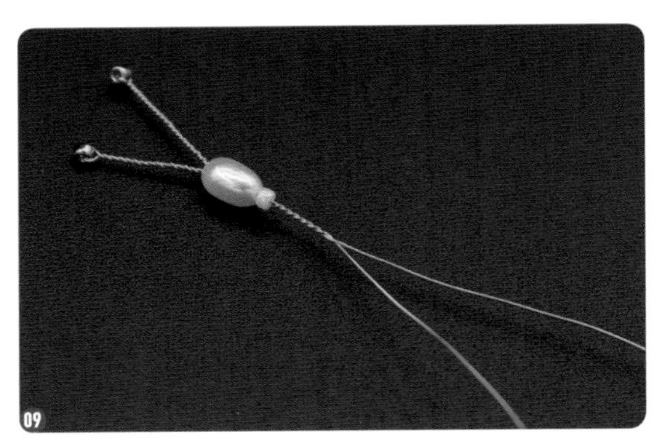

09 穿一颗 3mm × 4mm 珍珠和一颗 2mm 米珠并拧紧。

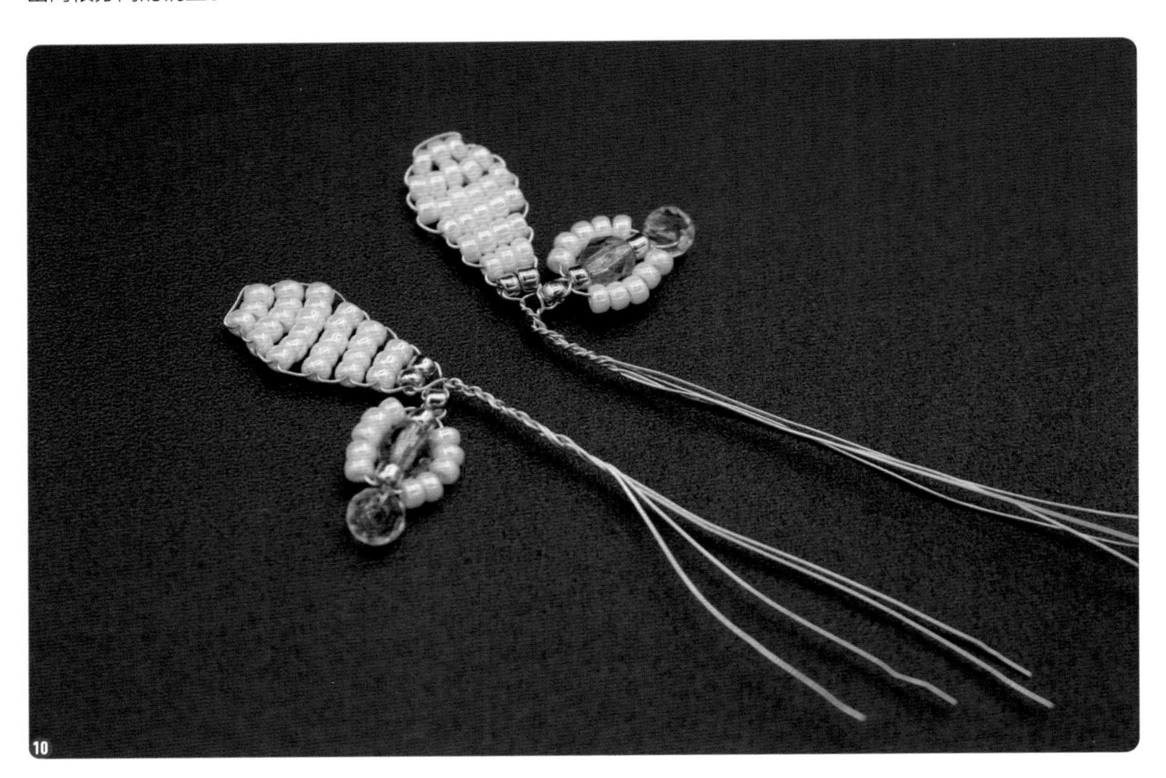

10 将蝴蝶的上下翅膀排列好并拧紧，注意要将铜丝留出一定的长度。

知识延伸

将蝴蝶的触须和身体拧紧后的铜丝都需要留出一定的长度，具体长度需要根据 BJD 的头围、发型等数据具体分析。在制作时，读者可将饰品试戴在 BJD 头上，以供参考。

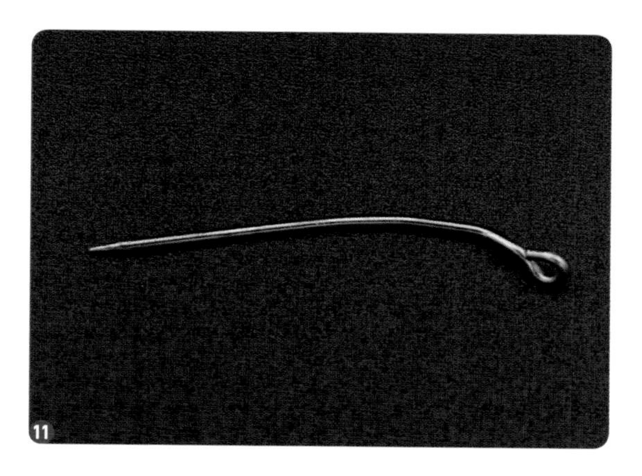

11 将胸针杆的头部微微弯曲，以便进行组装。

12 将蝴蝶的翅膀部分穿入胸针杆的孔中，使用 QQ 线缠绕固定并调整位置。

13 在缠绕好后修剪多余的铜丝，并使用 B-6000 胶水将其再次固定。

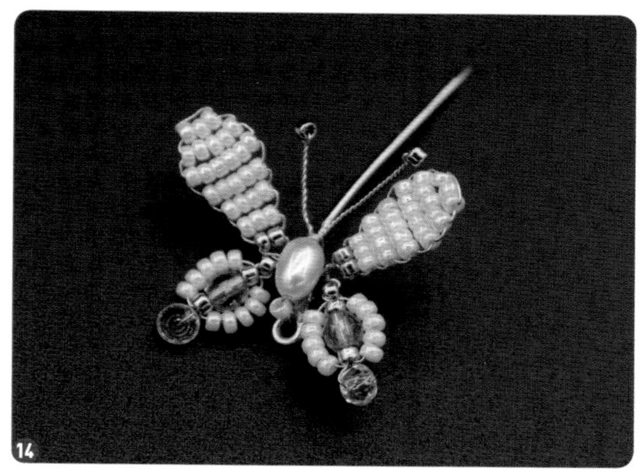

14 将蝴蝶的身体固定在有 B-6000 胶水的位置，并修剪多余的铜丝。至此，蝴蝶步摇的主体部分完成。

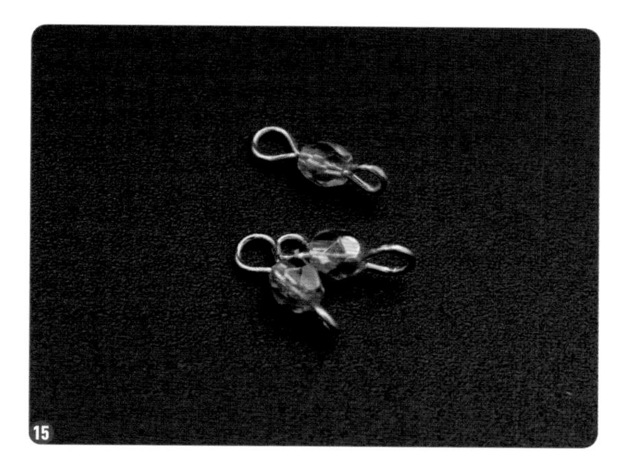

15 用 9 字针穿好 3mm 紫珠，在修剪后折回另一端，做成图示的糖果状。

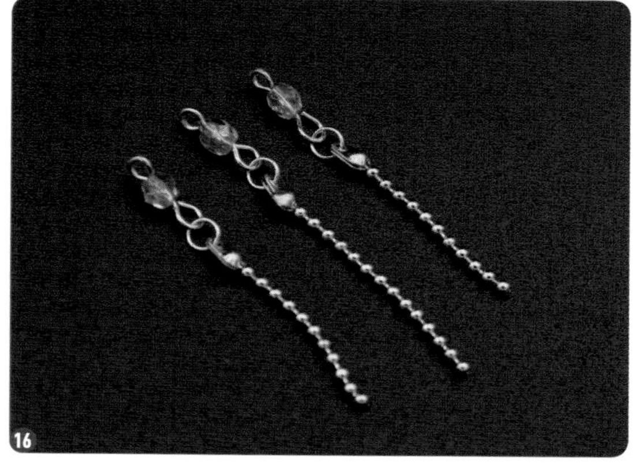

16 使用连接环将豆豆链与珠子部分相连。

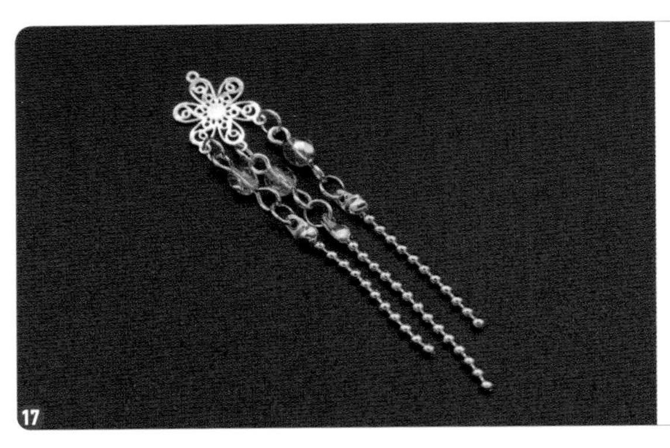

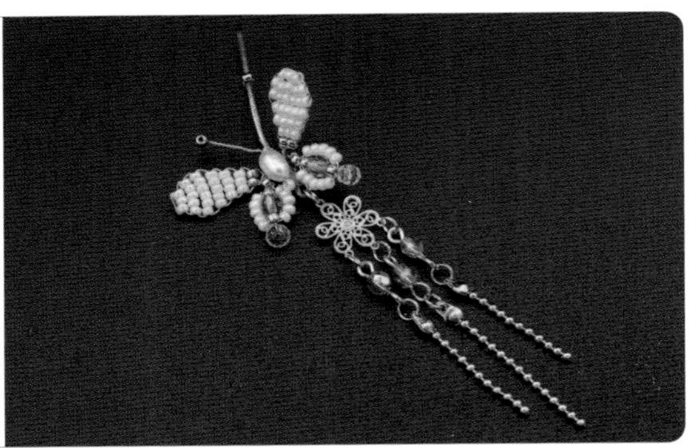

17 与金属花片进行连接，并将流苏整体与蝴蝶步摇的主体部分用连接环连接起来。

知识延伸

流苏的长度与金属花片的大小没有硬性要求，读者可以自行把控，一切以效果为主。

4.3.3 六分 BJD 用辑珠小花发簪

材料和工具：侧剪钳、饰品胶、圆珠针或 T 字针、0.3mm 铜丝、3mm 贝珠、3mm 粉色水晶算盘珠、6mm 花型珠托、2mm 小金珠、3mm 磨砂金珠。

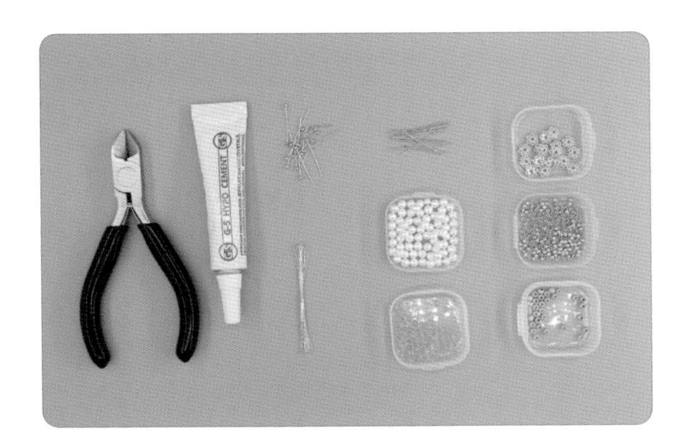

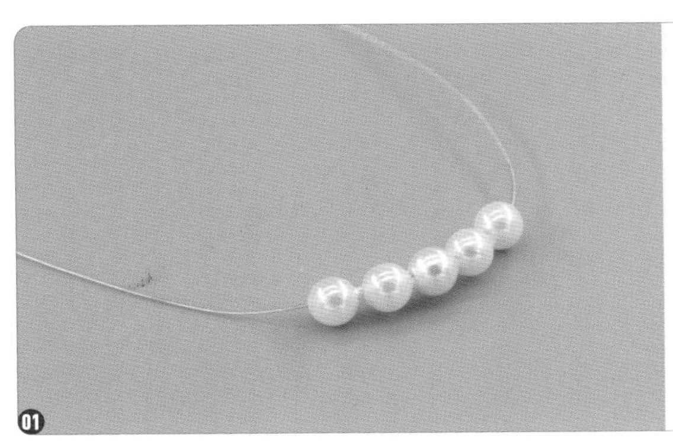

01 剪一根 20cm 长的铜丝，穿 5 颗 3mm 贝珠。将右边的铜丝对着最左边的一颗 3mm 贝珠穿入并拉紧。

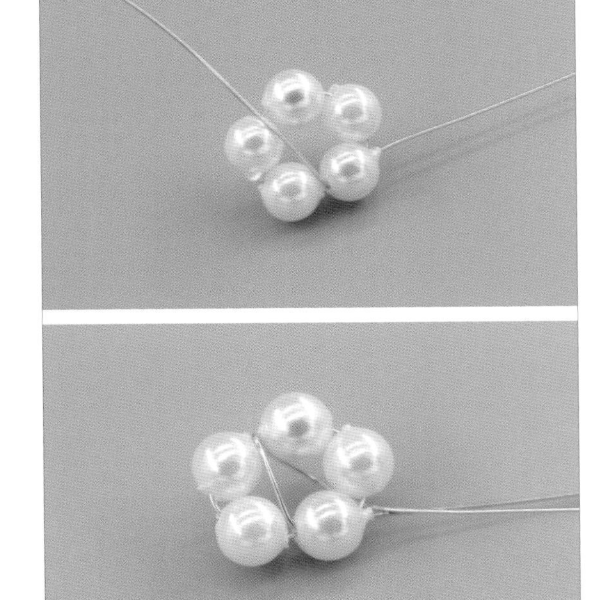

02 调整铜丝，一边留 5cm 左右，另一边按照画五角星的方法绕珠子。

03 在两边都绕出五角星后，将两根铜丝拧紧并剪掉多余的铜丝。

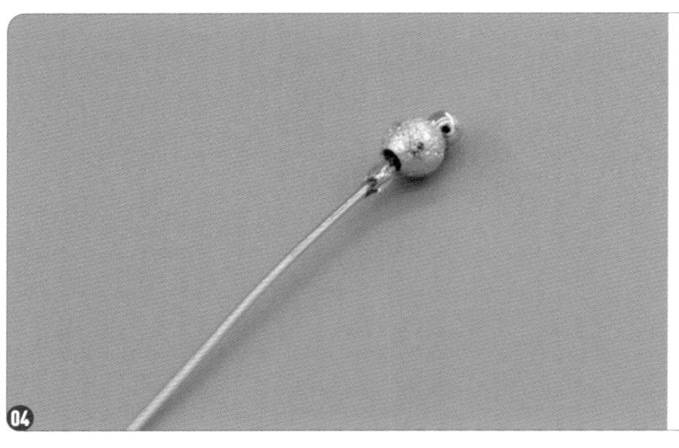

04 拿出一根圆珠针，穿一颗 3mm 磨砂金珠，在 3mm 磨砂金珠底部涂上饰品胶，将圆珠针穿入五角星中间。

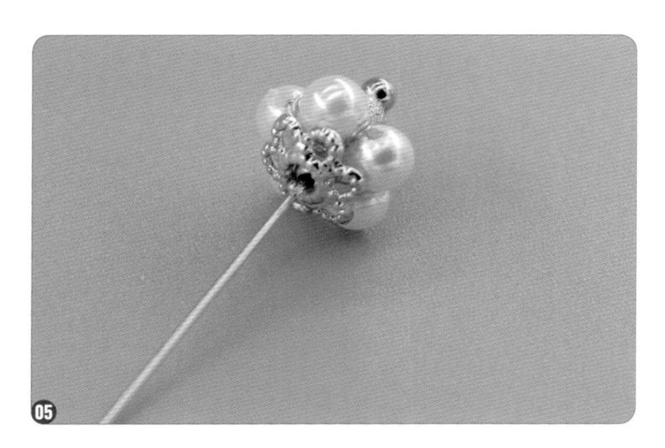

05 使用饰品胶在底部粘一个 6mm 花型珠托，小花发簪就做好了。

06 也可以用不同尺寸、不同材质的其他珠子做这款小花发簪。用同样的方式绑好 5 颗 3mm 粉色水晶算盘珠，直接在 T 字针顶部涂上饰品胶，并穿入五角星中间。

07 在底部粘一颗 2mm 小金珠。

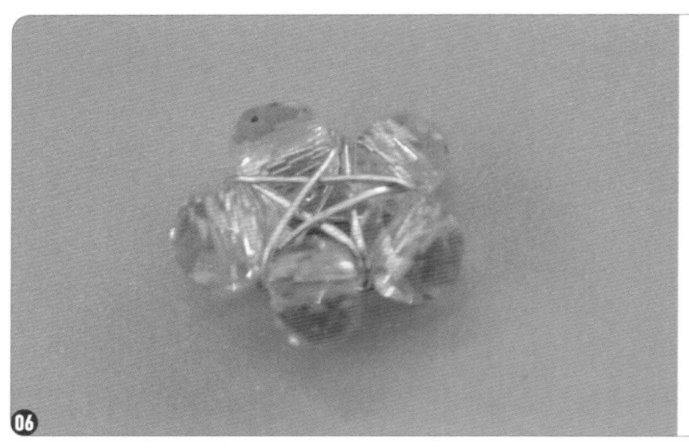
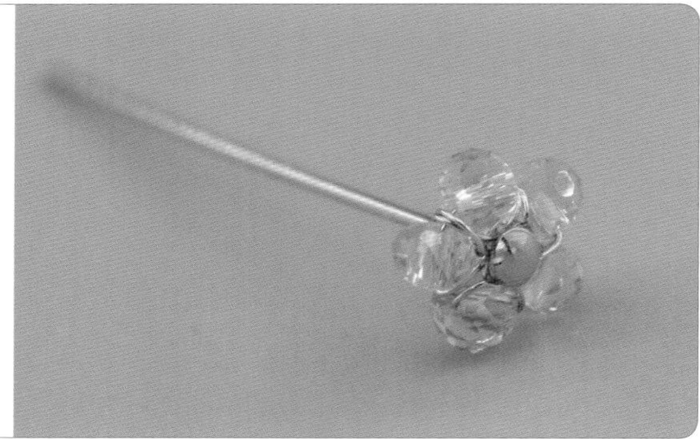
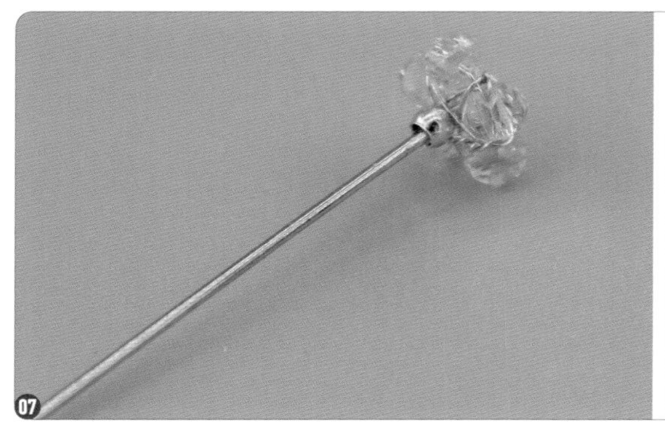

4.3.4 三分 BJD 用辑珠菊花钗

材料和工具：饰品胶、剪刀、侧剪钳、镊子、3mm 小金珠 / 贝珠、1.5mm 米黄色 / 浅黄色 / 黄色米珠、五齿梳、金色绒线、0.2mm 铜丝、琉璃树叶。

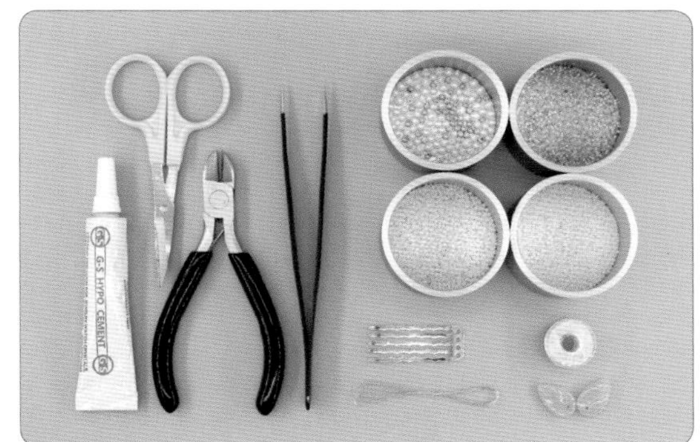

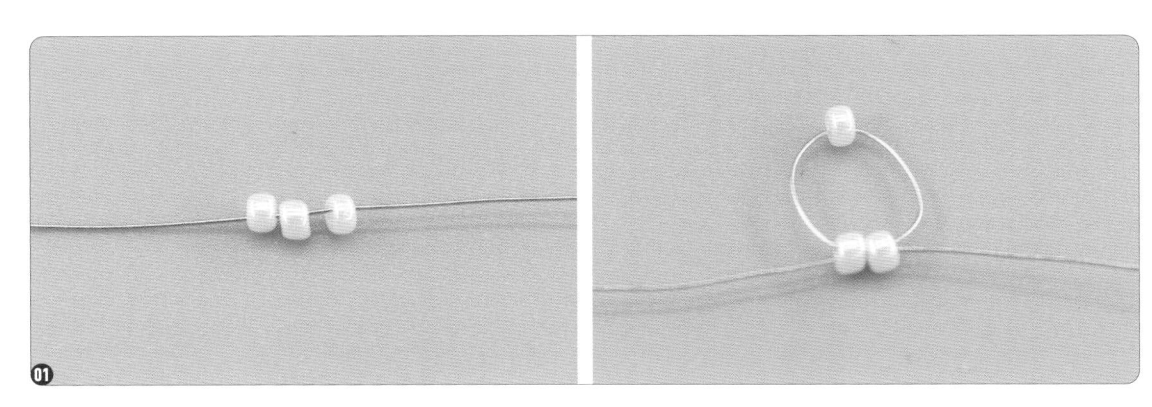

01 剪一根 15cm 长的铜丝，穿 3 颗 1.5mm 米黄色米珠，对穿其中两颗并拉紧铜丝。

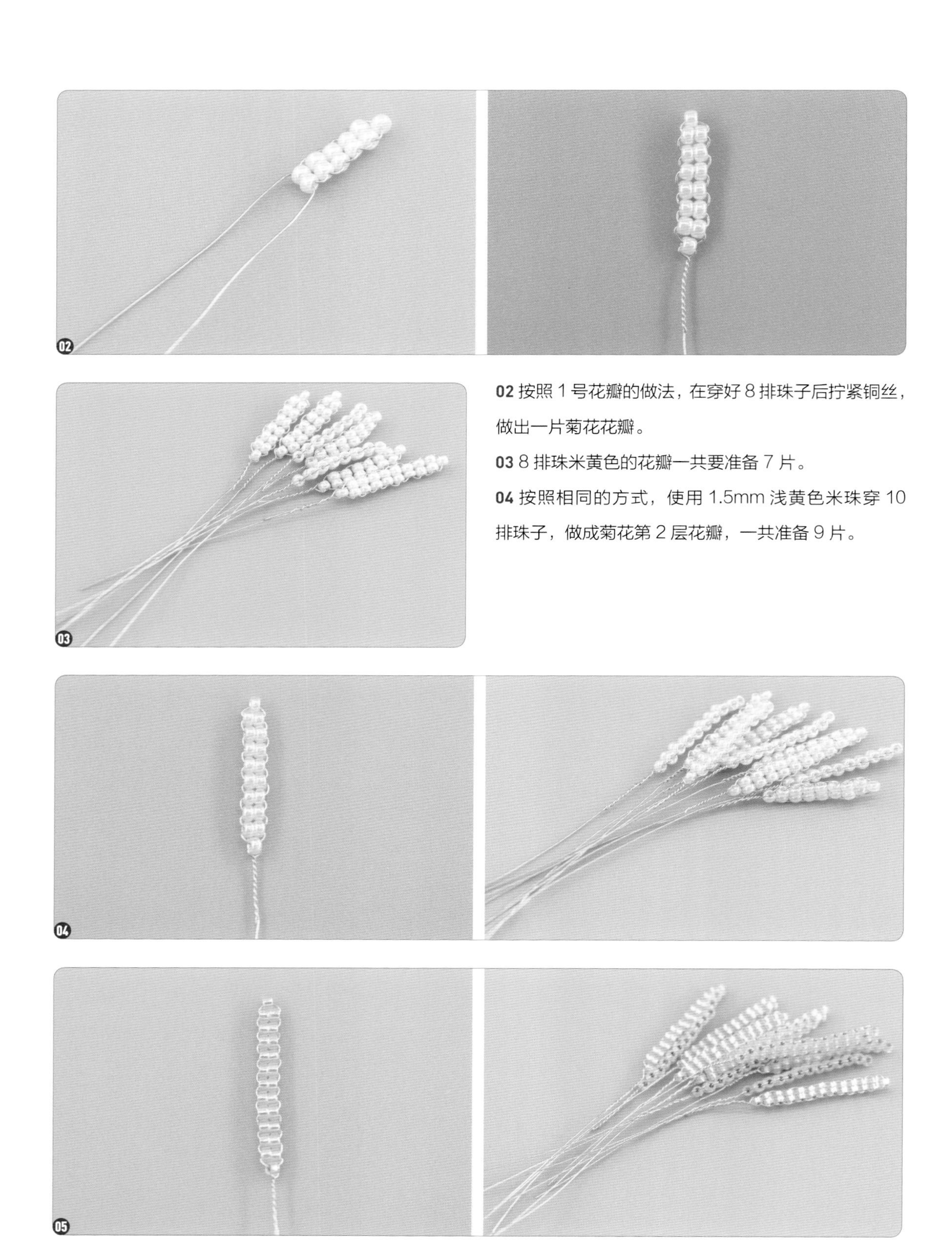

02 按照 1 号花瓣的做法，在穿好 8 排珠子后拧紧铜丝，做出一片菊花花瓣。

03 8 排珠米黄色的花瓣一共要准备 7 片。

04 按照相同的方式，使用 1.5mm 浅黄色米珠穿 10 排珠子，做成菊花第 2 层花瓣，一共准备 9 片。

05 使用 1.5mm 黄色米珠穿 13 排珠子，做成菊花最外层的花瓣，一共准备 11 片。

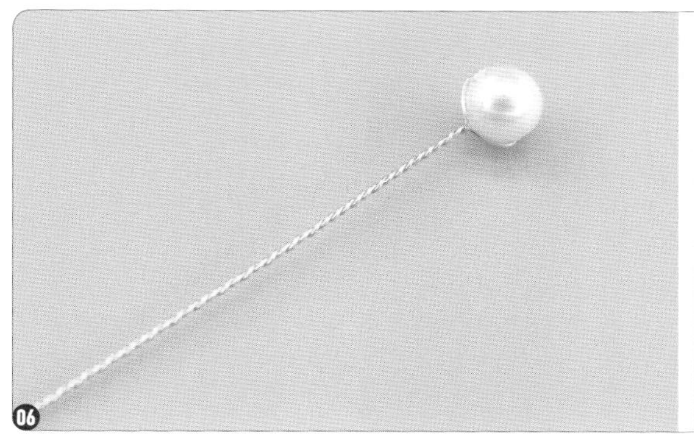

06 剪一根 10cm 长的铜丝，穿一颗 3mm 贝珠做花心。在拧紧底部的铜丝后，用金色绒线将米黄色的第 1 层花瓣均匀地绑在珠子花心周围。

07 依次将浅黄色、黄色花瓣均匀地缠绕在第 1 层花瓣的周围。

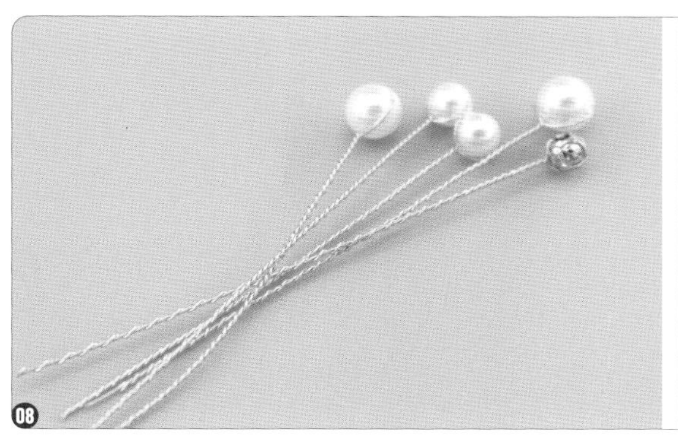

08 用铜丝穿一颗 3mm 小金珠和 4 颗 3mm 贝珠，用铜丝绑两片琉璃树叶。

09 拿出绑好的花朵，将刚刚准备好的珠子和树叶绑在花朵的周围。

10 剪下五齿梳上的两根齿子，作为发钗的主体。

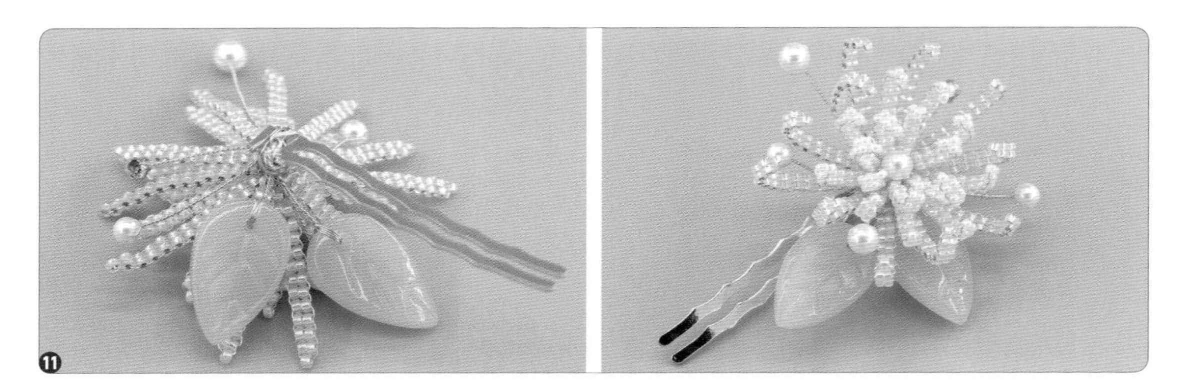

11 剪掉一部分菊花底部的铜丝，将铜丝穿过发钗上的孔，用金色绒线缠绕固定。

第 5 章

串珠工艺

串珠的材料和工具 | 串珠饰品制作案例

5.1 串珠的材料和工具

与辑珠的不同之处在于，串珠连接珠子的主体材料为绳子，在制作中存在着一定的柔软度。因此，串珠并不适合制作对造型要求较高的饰品，但也正是因为串珠绳的柔软性，一些精细、体积较小的配件最好使用串珠工艺进行制作。

普通棉线：优点是比较好找；但是由于其韧度不够，不利于长期保存，因此笔者不建议使用。

专业串珠线：就像它的名字一样，它是用来串珠子的专业用线，各类串珠都适用，而且线很细，穿针较容易。

细鱼线：一般用于串腰链主体部分，优点是无色透明、结实；但由于其不够柔软、比较僵硬，因此笔者不建议用来穿流苏。

弹力串珠线：一般用于串带有弹力的手链。

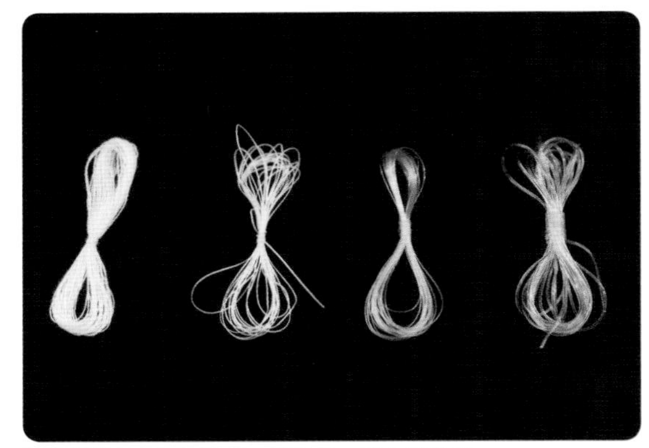

普通棉线、专业串珠线、细鱼线、弹力串珠线

串珠针比手缝针细很多，一般的珠子，使用普通串珠针都可以轻松穿入，2mm 和 1.5mm 的米珠需要很细的针才能穿入。在购买串珠针时，我们可以询问商家可穿入珠子的尺寸。

笔者推荐马牌串珠针，它有 3 种尺寸，可以很轻松地穿入最小的 1.5mm 米珠中。由于其针孔很小，因此我们在穿针时需要非常耐心。

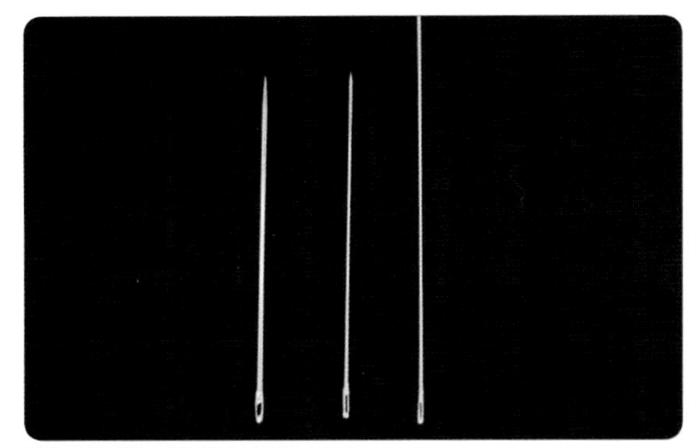

普通手缝针、普通串珠针、马牌串珠针

定位珠的作用和侧包扣一样，都是用来固定串珠的开头和结尾的。

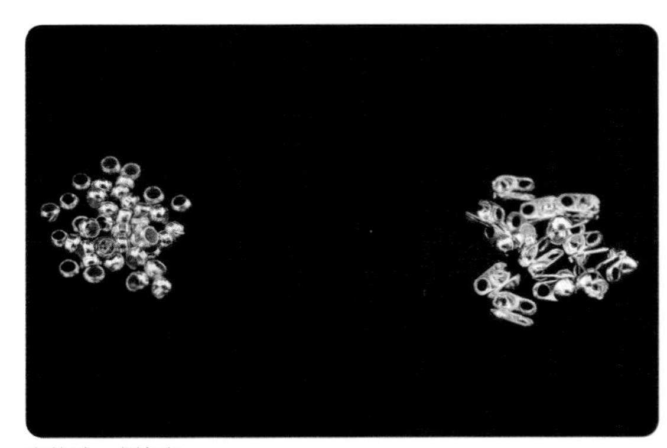

定位珠、侧包扣

5.2 串珠饰品制作案例

本节为大家带来 3 个串珠饰品制作案例。串珠一般用于制作腰链、云肩等增加华丽度的饰品。在制作时，大家需要耐心地串珠子，制作起来比较费时。在串珠后，大家应先尽量整理好穿线中不平整的珠子，再进行下一步，否则等全部部件制作完毕后再进行整理，操作难度会加大。案例中介绍的是给三分及四分 BJD 制作的饰品，同样的制作方法也可以用于其他尺寸的 BJD，但需要改变珠子的大小，以便适配不同的尺寸。

5.2.1 三分 BJD 用串珠腰链

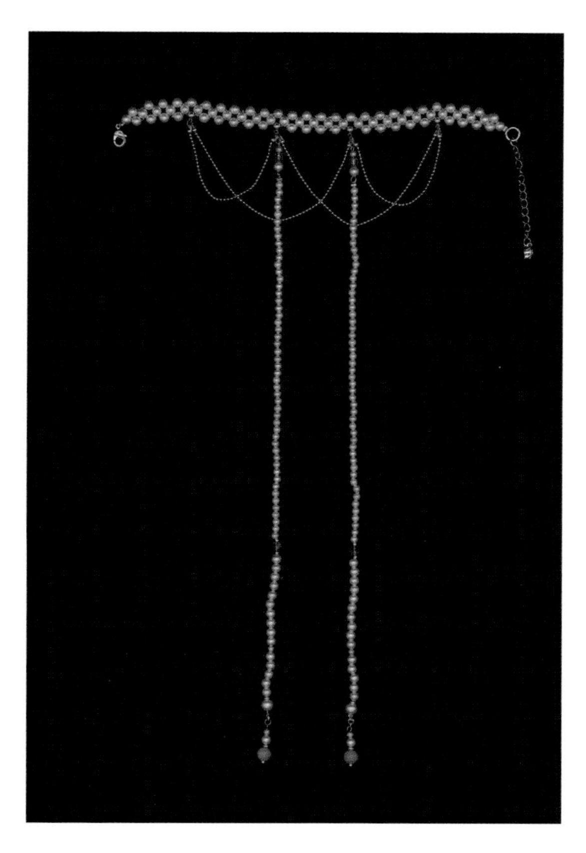

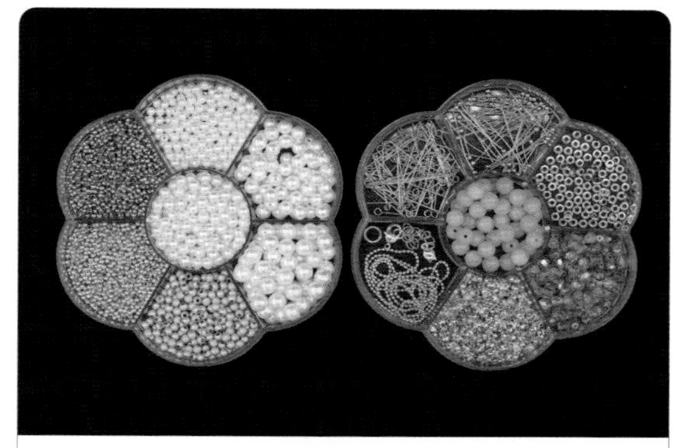

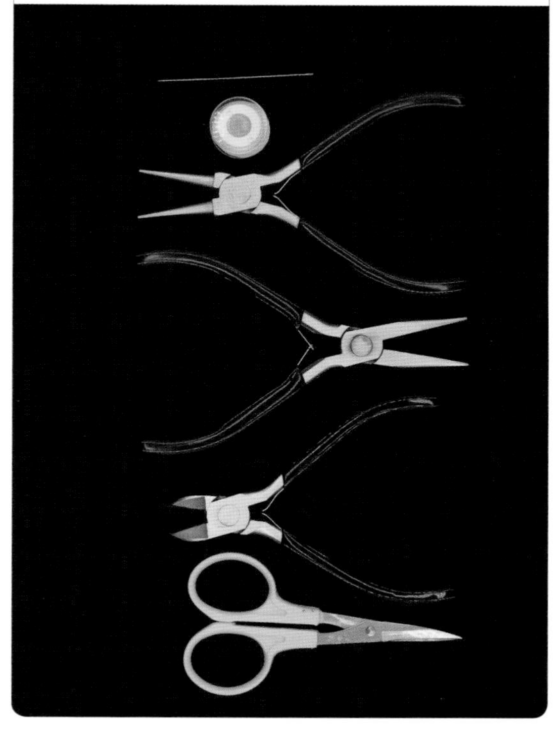

材料和工具：定位珠、2mm 保色金珠、3mm 磨砂金珠、3mm/4mm/5mm/6mm 贝珠、6mm 黄玉髓珠、4mm 捷克琉璃枣珠、4mm 带圈定位珠、侧包扣、6mm 闭口圈、龙虾扣、豆豆链、3mm 开口圈、9 字针、圆珠针、3mm 圆扁珠、串珠针、串珠线、圆嘴钳、尖嘴钳、侧剪钳、剪刀。

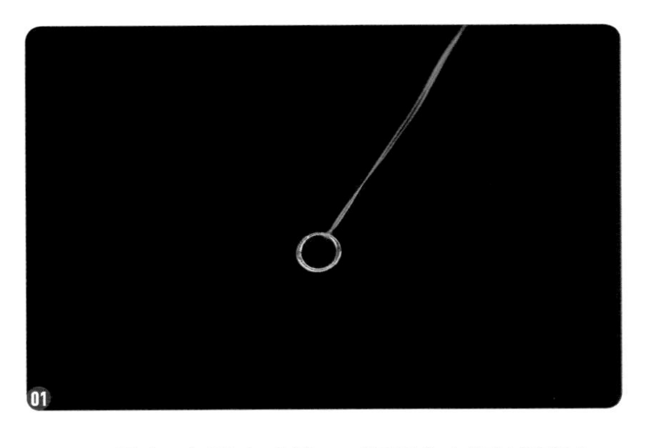

01 取一根 1m 长的串珠线，对折后在中间位置绑上一个 6mm 闭口圈。

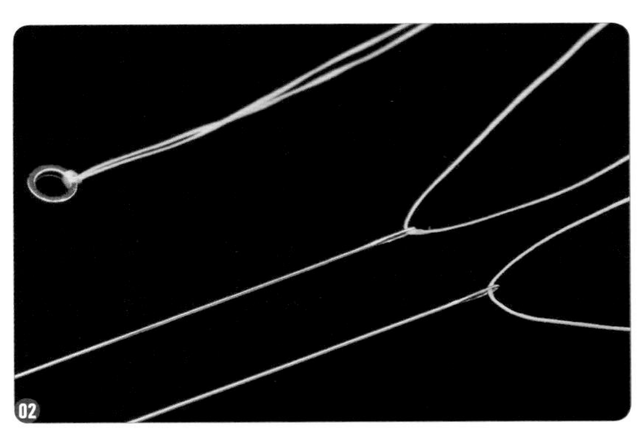

02 在两根串珠线上各穿一根串珠针。

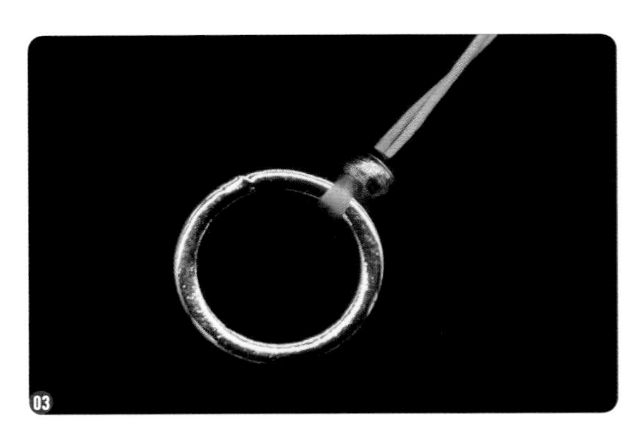

03 将两根串珠针同时穿入一颗定位珠中。

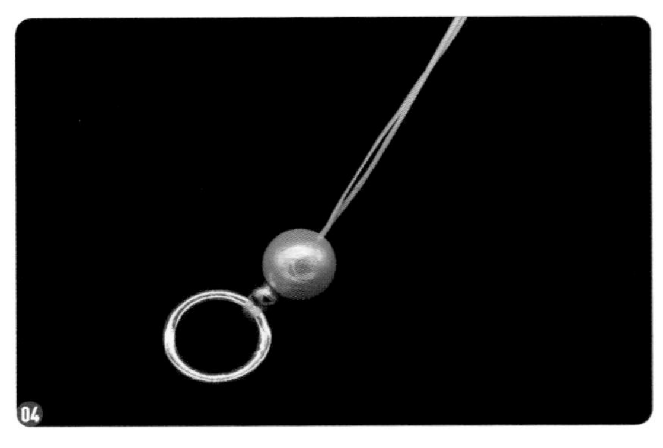

04 将两根串珠针同时穿入一颗 4mm 贝珠中。

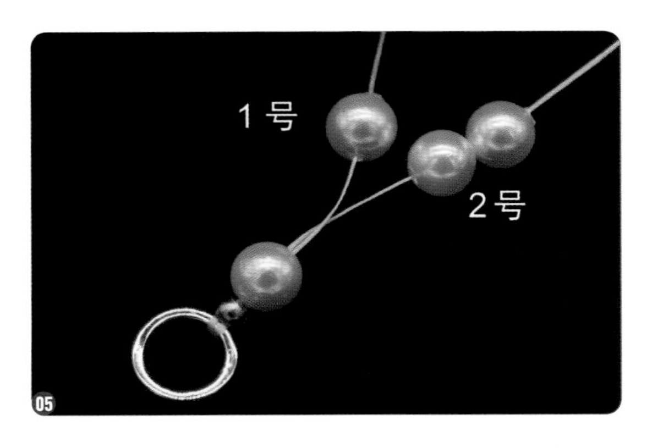

05 将 1 号线穿入一颗 4mm 贝珠中，将 2 号线穿入两颗 4mm 贝珠中。

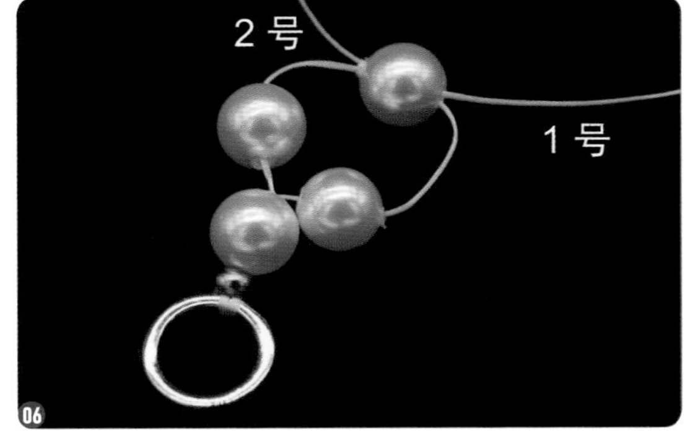

06 将 1 号线对着 2 号线上的第 2 颗贝珠穿出。

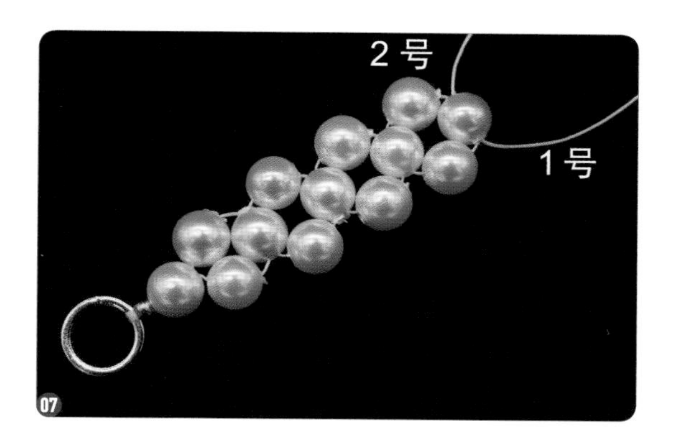

07 重复步骤 05 和步骤 06。

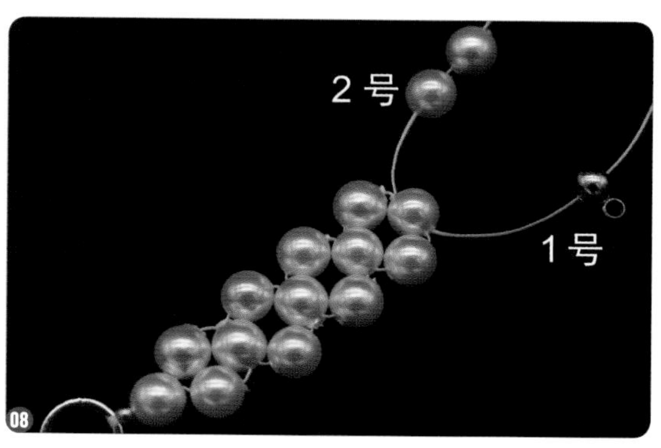

08 测量 BJD 的腰围，然后将腰围均分为 5 份，得到每一份的长度。此条腰链以三分女娃为例，得到的长度为 3.4cm。将珠链穿在 3.4cm 处。将 1 号线穿入一颗 4mm 带圈定位珠中，将 2 号线穿入两颗 4mm 贝珠中。

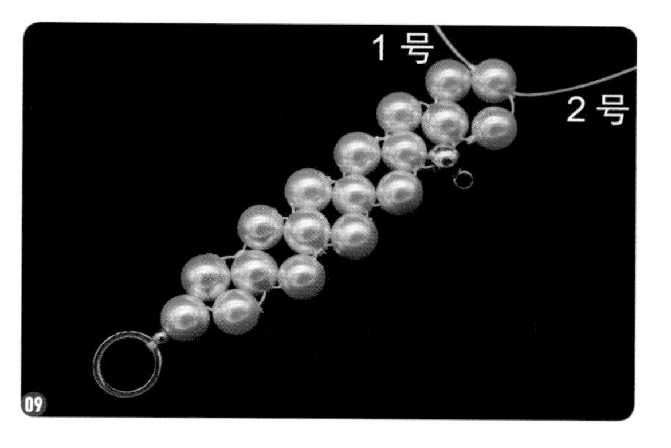

09 将 1 号线对着 2 号线上的第 2 颗贝珠穿出。

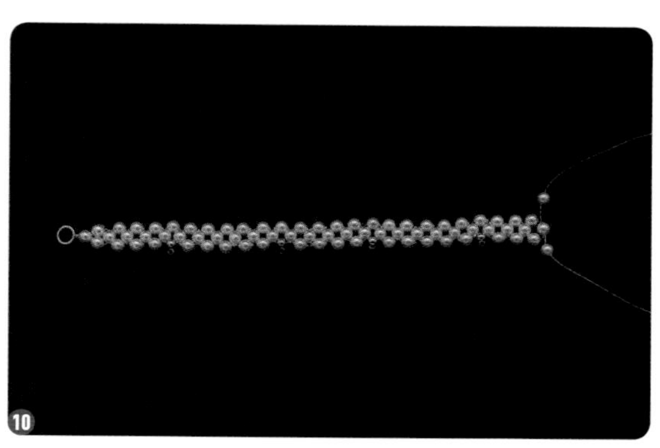

10 同理，在每一份 3.4cm 处都穿一颗 4mm 带圈定位珠，一共穿 4 颗。注意：4mm 带圈定位珠要穿在同一边。

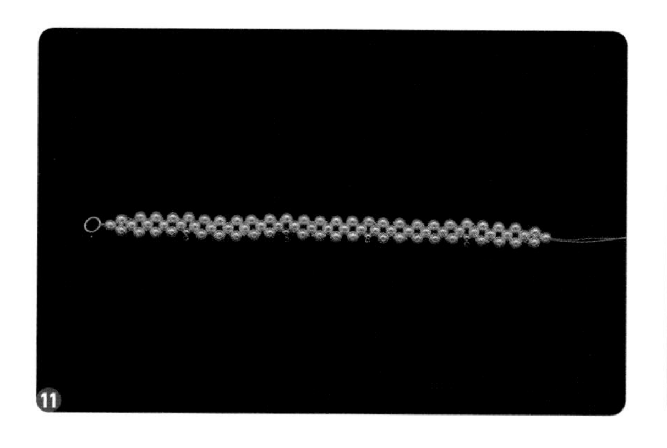

11 将末端的两根线同时穿入一颗 4mm 贝珠中。

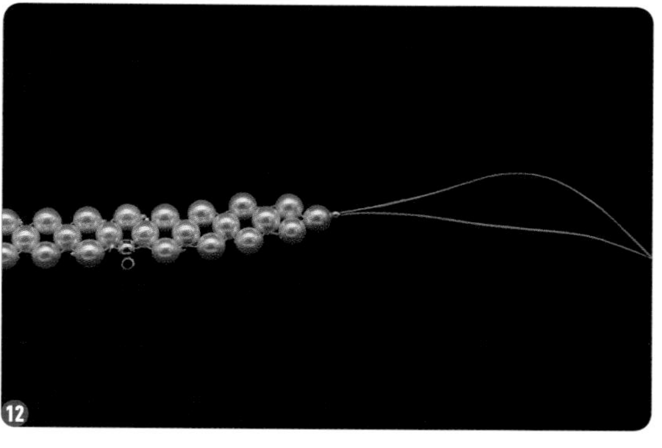

12 穿一颗定位珠。

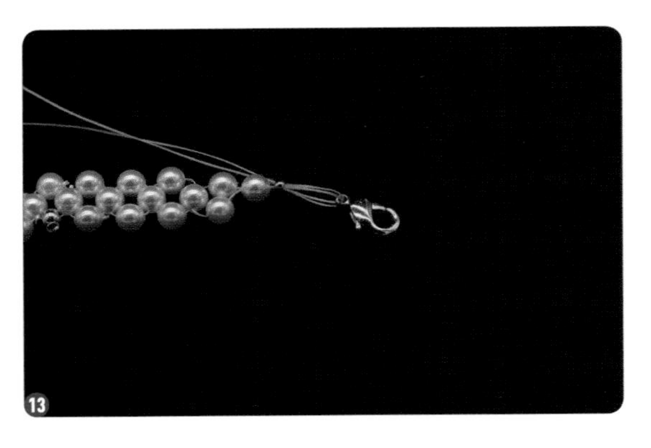

13 穿一个龙虾扣，将线穿回定位珠并打结。

14 剪掉多余的线头，用定位扣遮住打好的结，用尖嘴钳将两头的定位扣夹扁固定。

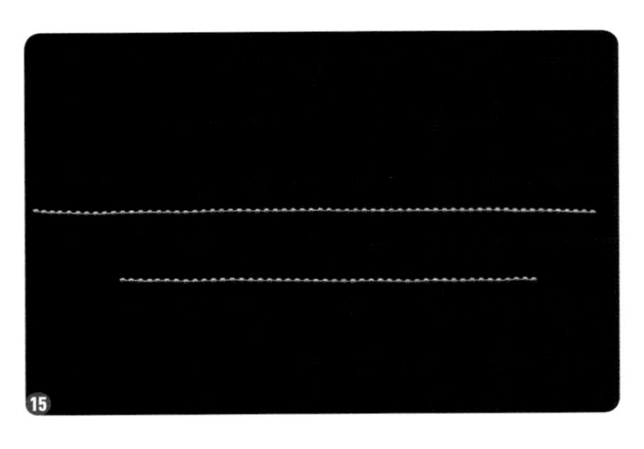

15 剪两根 8cm 和两根 10cm 长的豆豆链。

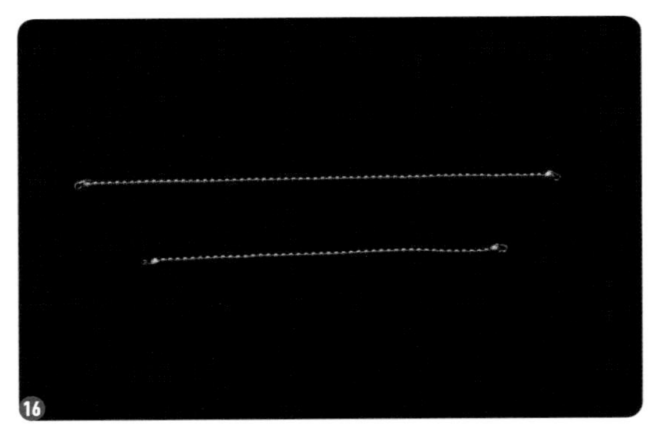

16 用侧包扣将 4 根豆豆链的两端都包裹起来。

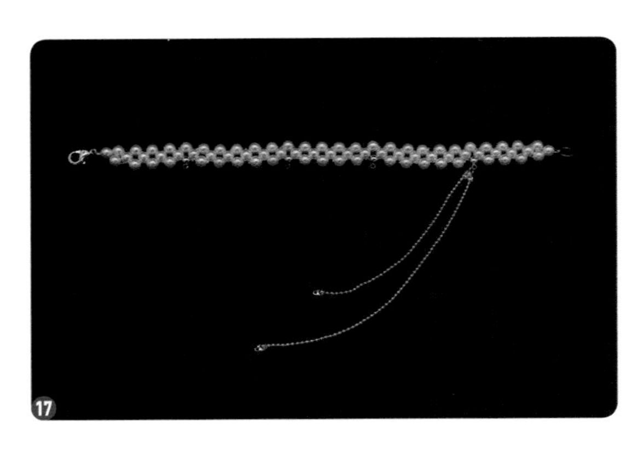

17 用 3mm 开口圈将一长一短两根豆豆链连接到 4mm 带圈定位珠上。

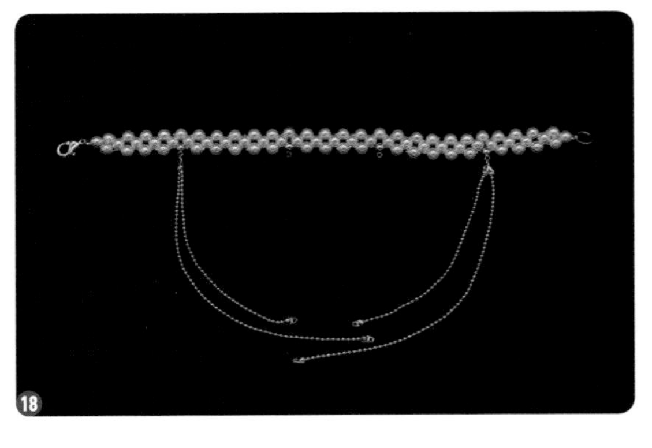

18 将剩余两根豆豆链连接在另一边的 4mm 带圈定位珠上。

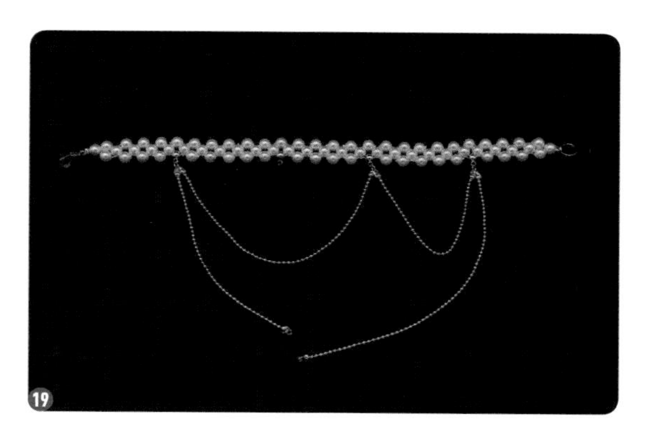

19 用 3mm 开口圈把左边长的豆豆链和右边短的豆豆链连接在右边第 2 颗 4mm 带圈定位珠上。

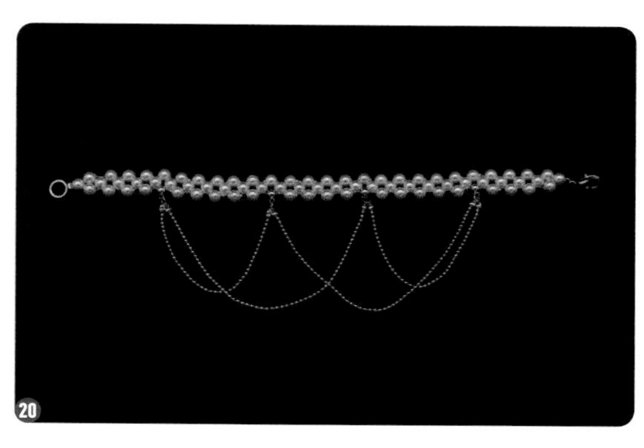

20 将剩余的两根豆豆链再次用 3mm 开口圈连接在左边第 2 颗 4mm 带圈定位珠上。

21 拿出圆珠针，依次穿一颗 6mm 黄玉髓珠、一颗 3mm 圆扁珠、一颗 4mm 贝珠、一颗 3mm 磨砂金珠，穿两份。

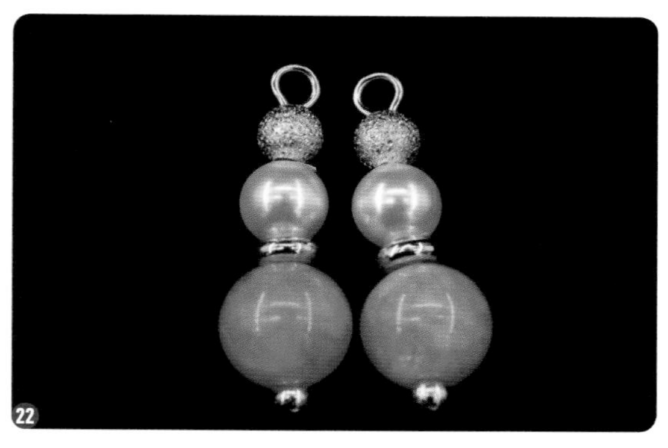

22 用尖嘴钳剪掉圆珠针多余的部分，再用圆嘴钳将圆珠针剩余的部分弯出一个环，作为吊坠。

23 拿出两根 9 字针，依次穿一颗 4mm 贝珠、一颗 4mm 捷克琉璃枣珠、一颗 3mm 磨砂金珠。

24 做出两个连接用的吊坠。

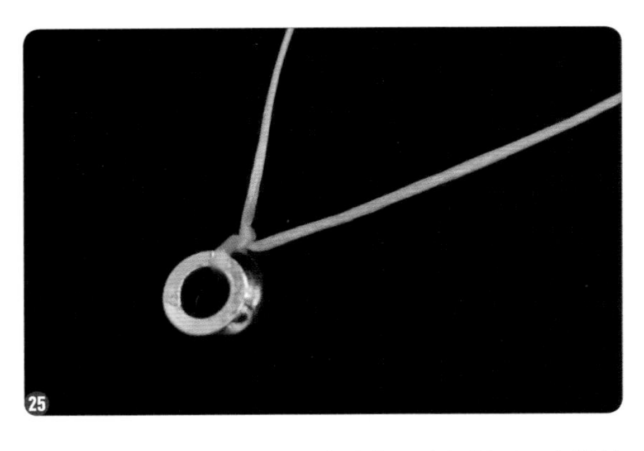

25 取一根长 50cm 左右的串珠线，穿好针后，在线的尾端绑一个 6mm 闭口圈。

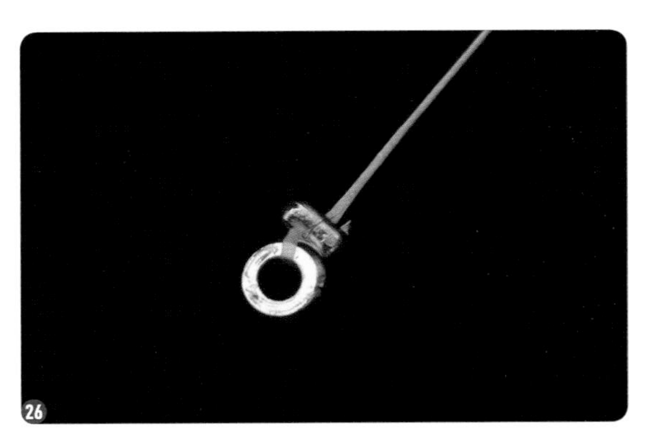

26 剪掉多余的线头，穿一颗定位珠并夹扁。

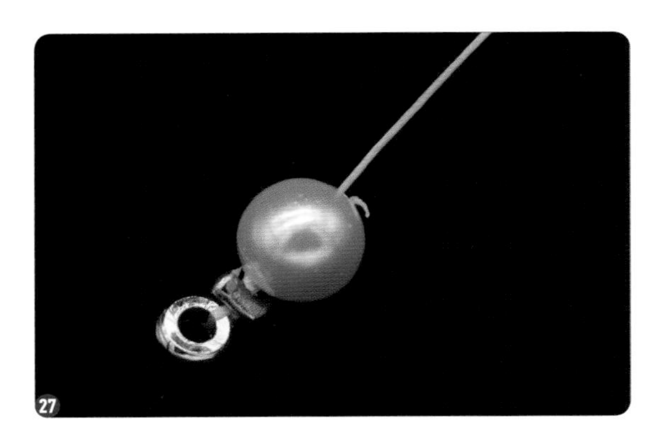

27 穿一颗 5mm 贝珠。

28 穿一颗 3mm 圆扁珠和 5 颗 4mm 贝珠。

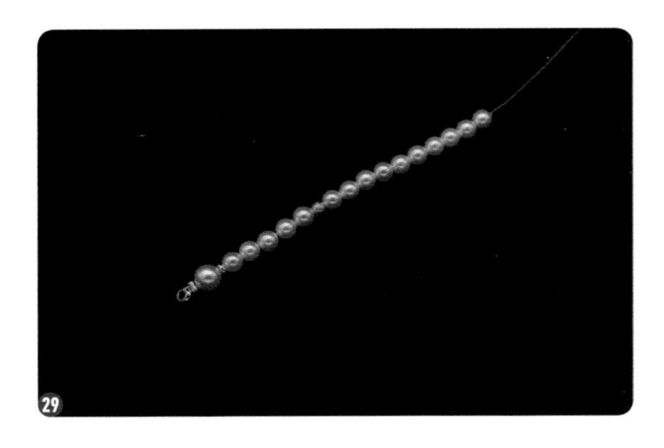

29 穿一颗 3mm 磨砂金珠和 10 颗 4mm 贝珠。

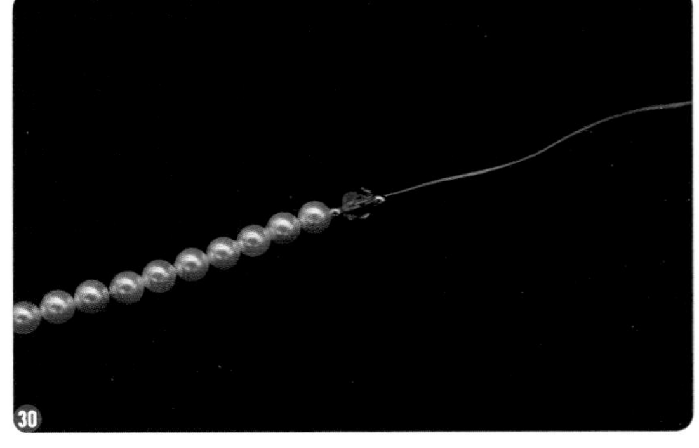

30 穿两颗 2mm 保色金珠和一颗 4mm 捷克琉璃枣珠。

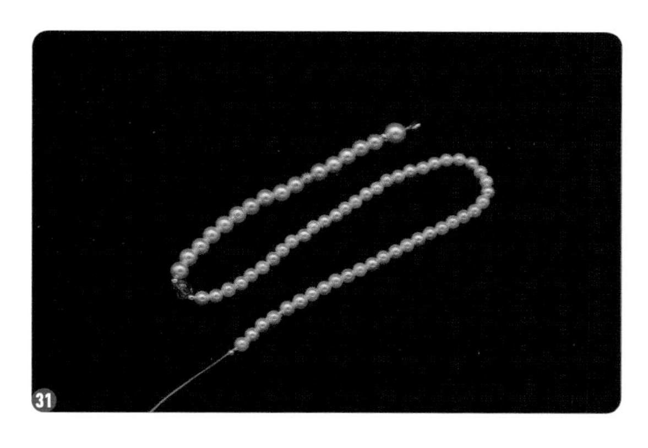

31 穿 50 颗 3mm 贝珠，穿一颗定位珠作为结尾。

32 将穿好的珠链绑在前面做好的连接吊坠上。

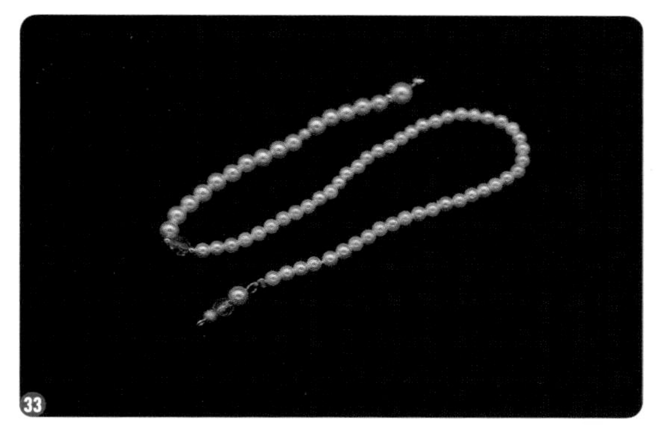

33 将线头穿回定位珠，在剪掉线头后将定位珠夹扁。

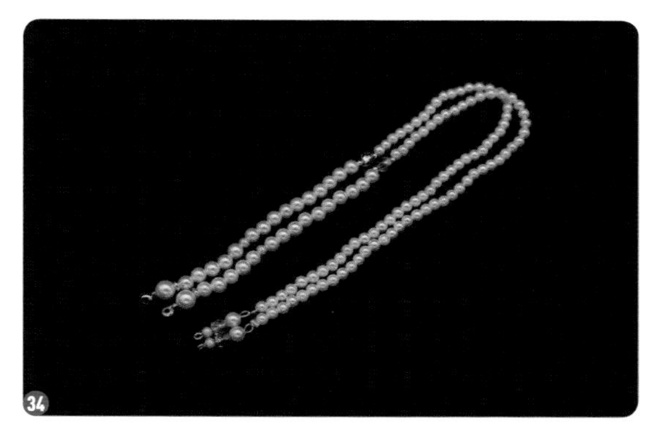

34 用同样的方法制作第 2 条珠链（珠链的长度可根据 BJD 的身高改变）。

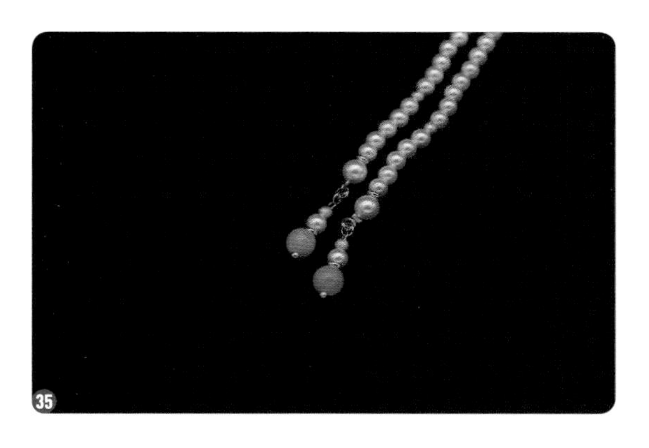

35 将两个吊坠用 3mm 开口圈固定在珠链一端的 6mm 闭口圈上。

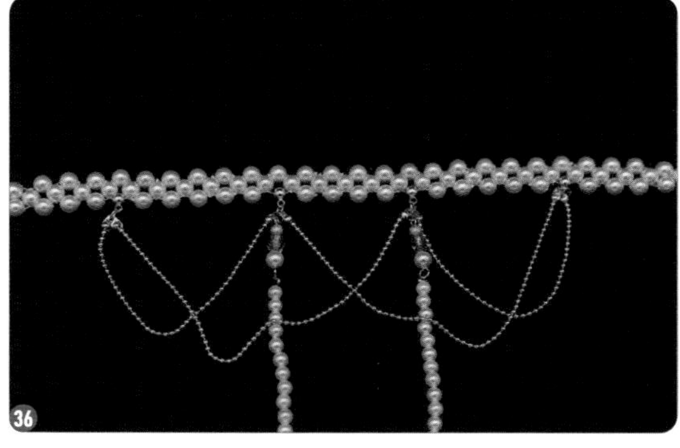

36 将穿好的两条珠链固定在中间的两颗 4mm 带圈定位珠上。

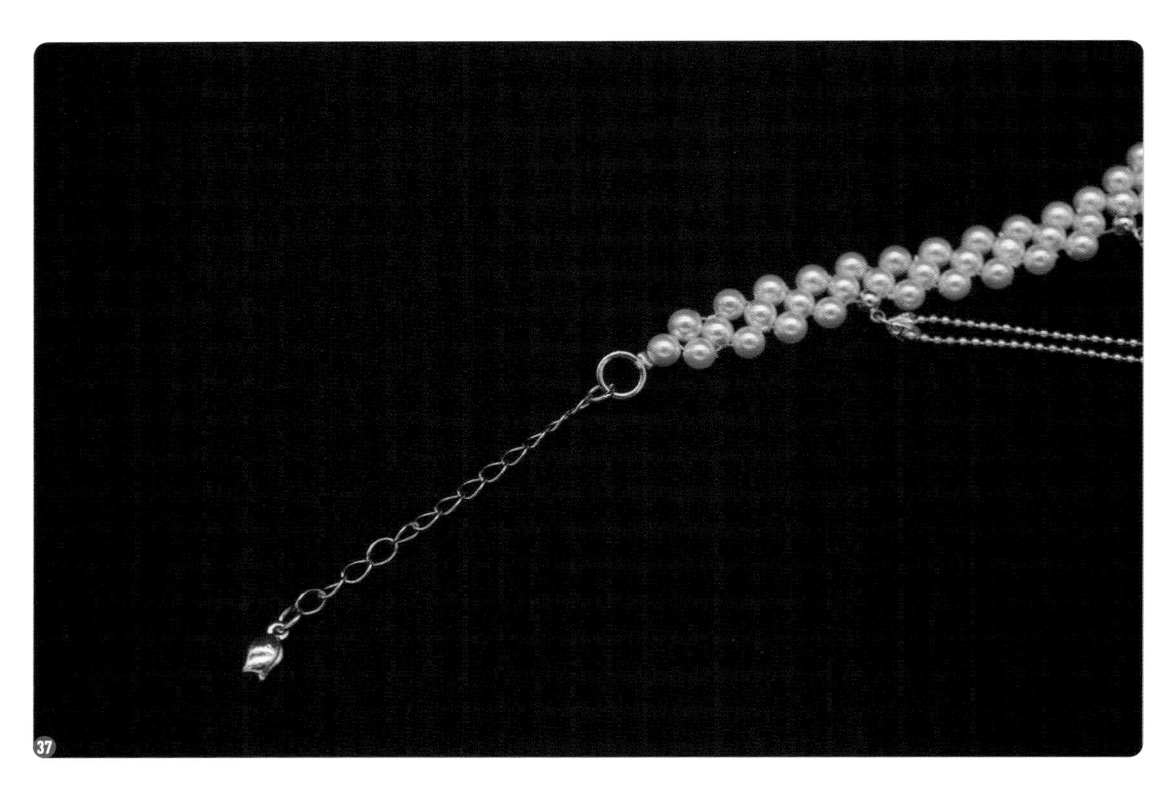

37 把延长链和珠链上的 6mm 闭口圈连接在一起。

5.2.2 四分 BJD 用串珠云肩

材料和工具：1.5mm/2mm 米珠、3mm/4mm 贝珠、定位珠、2mm 保色金珠、3mm 磨砂金珠、串珠针、专业串珠线、龙虾扣、4mm 闭口圈、剪刀、尖嘴钳。

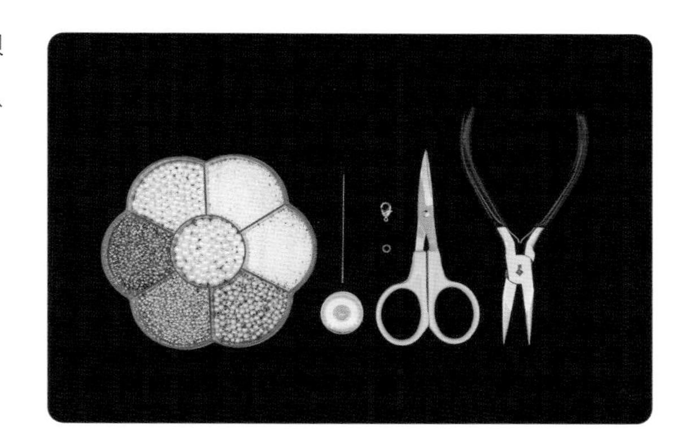

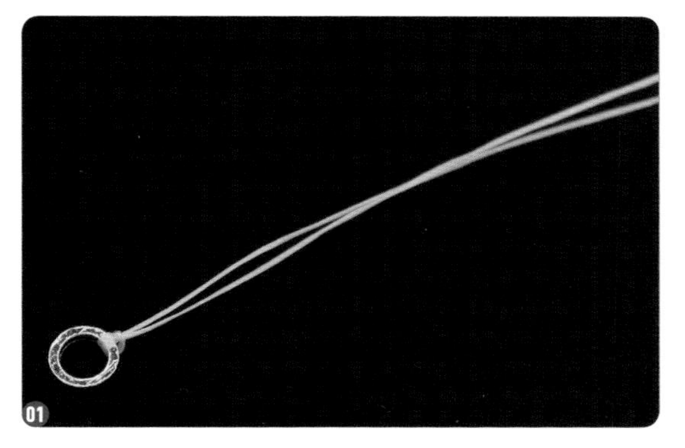

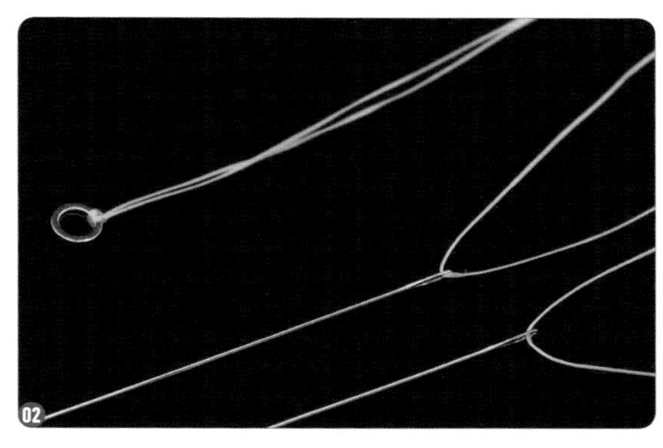

01 取一根 2m 长的专业串珠线，从中间对折，并将对折位置捆在 4mm 闭口圈上。

02 在专业串珠线两端各穿一根串珠针。

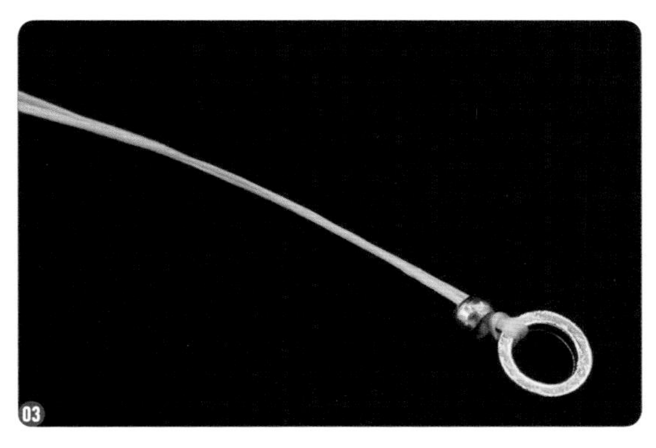

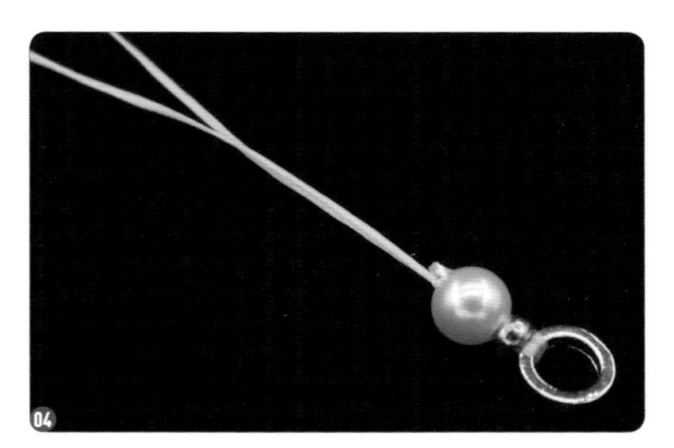

03 穿一颗定位珠。

04 穿一颗 3mm 贝珠。

05 将两根串珠针分开，在 1 号线上穿两颗 3mm 贝珠，在 2 号线上穿一颗 4mm 贝珠。

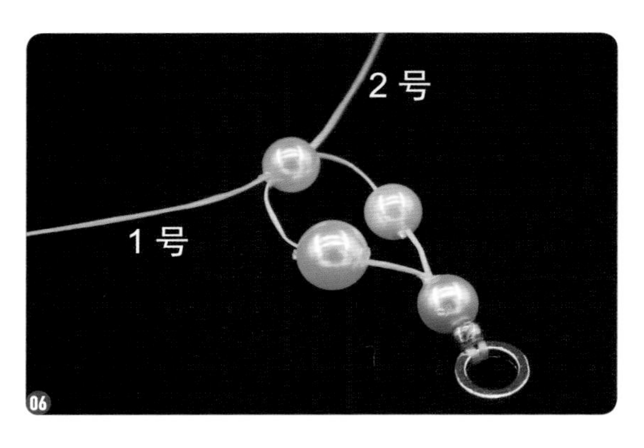

06 将 2 号线从 1 号线穿出的位置，交错穿入 1 号线上第 2 颗 3mm 贝珠中。

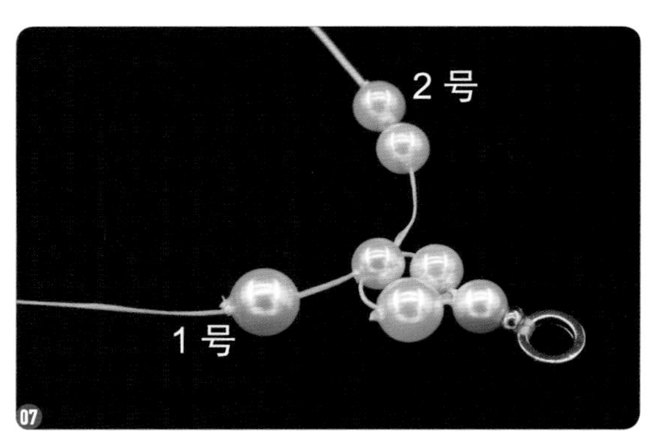

07 在 2 号线上穿两颗 3mm 贝珠，在 1 号线上穿一颗 4mm 贝珠。

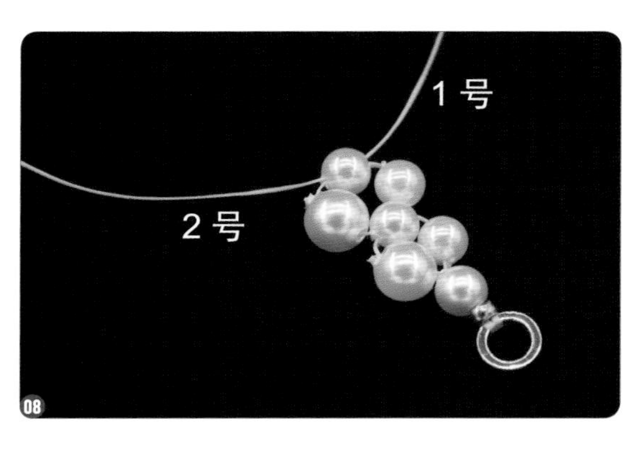

08 将 1 号线从 2 号线穿出的位置，交错穿入 2 号线上第 2 颗 3mm 贝珠中。

09 在 1 号线上穿两颗 3mm 贝珠，在 2 号线上穿一颗 4mm 贝珠。以此类推，共穿 16 颗 4mm 贝珠。

10 将 1 号线和 2 号线同时穿入最后一颗 3mm 贝珠中。

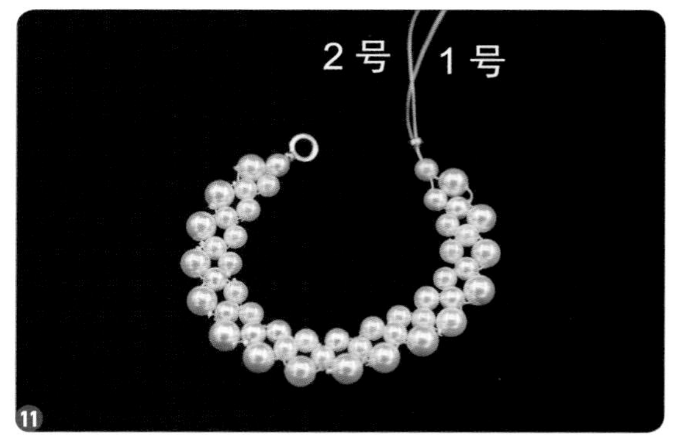

11 穿一颗定位珠。

12 将两根线穿入龙虾扣的孔中，并再次从定位珠中穿出。

13 将 2 号线放在一边，在 1 号线上依次穿 5 颗 2mm 米珠、一颗 2mm 保色金珠、5 颗 2mm 米珠、一颗 3mm 磨砂金珠、5 颗 2mm 米珠、一颗 2mm 保色金珠、5 颗 2mm 米珠、一颗 2mm 保色金珠。

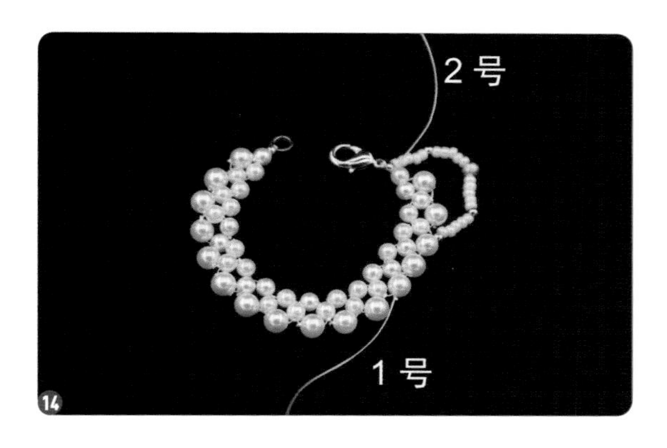

14 将 1 号线从第 3 颗 4mm 贝珠右边穿入，从第 5 颗 4mm 贝珠左边穿出。

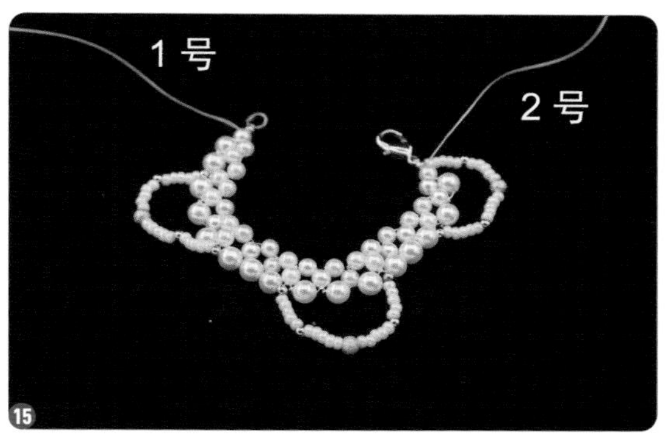

15 重复步骤 14，将 1 号线从左边最后一颗 4mm 贝珠内穿出。

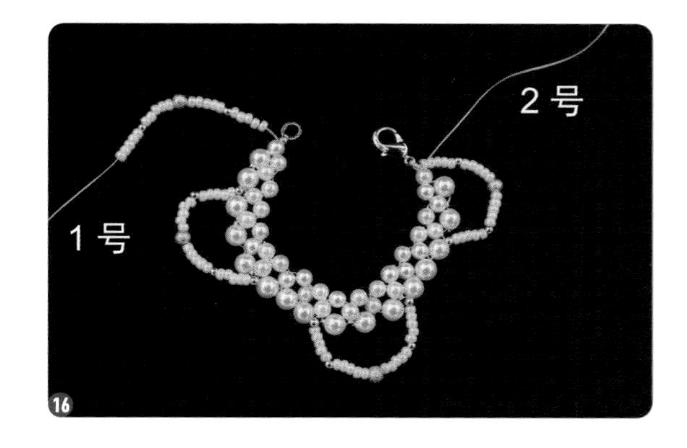

16 在 1 号线上依次穿 5 颗 2mm 米珠、一颗 2mm 保色金珠、5 颗 2mm 米珠、一颗 3mm 磨砂金珠、5 颗 2mm 米珠、一颗 2mm 保色金珠、5 颗 2mm 米珠、一颗 2mm 保色金珠。

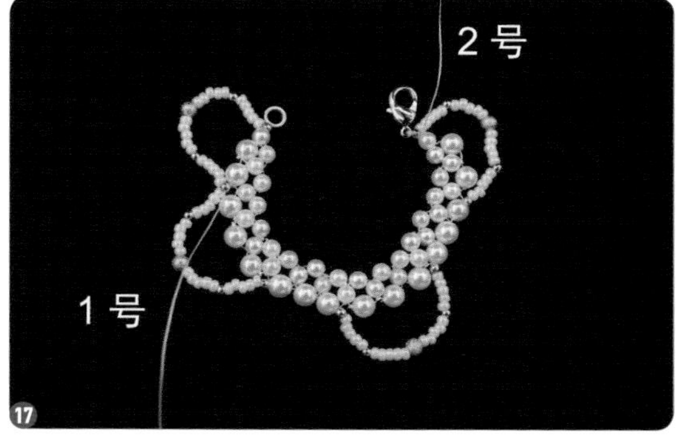

17 将 1 号线穿入图示的 2mm 保色金珠中。

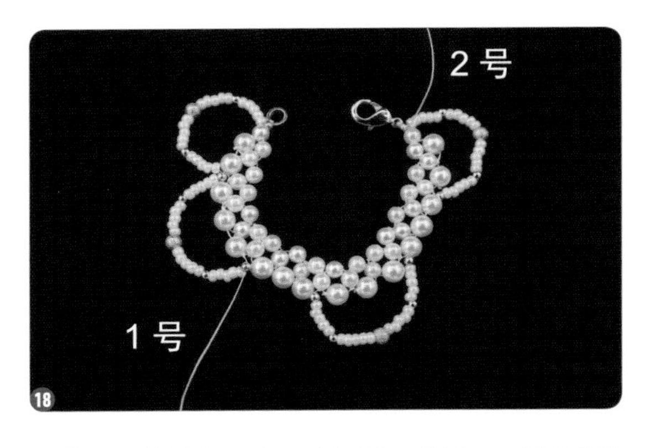

18 将 1 号线从 3 颗 4mm 贝珠和一颗 2mm 保色金珠中穿出。

19 重复步骤 16~18，共穿 6 个小环。

20 将 1 号线穿入定位珠中，并在龙虾扣上绕一圈，再次穿入定位珠中并打结。用尖嘴钳将定位珠夹扁，剪断 1 号线。

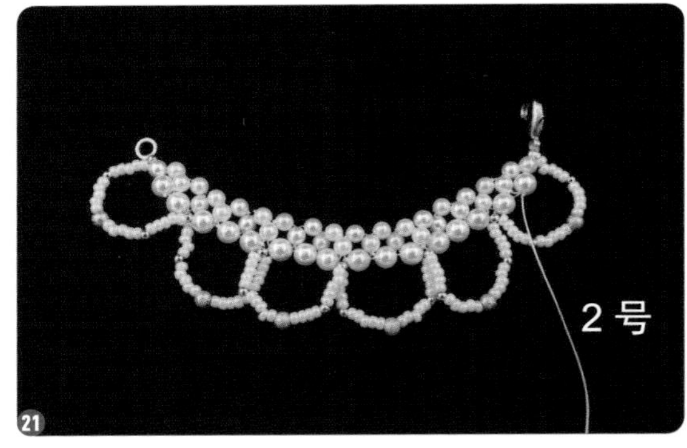

21 将 2 号线从第 1 颗 4mm 贝珠中穿出。

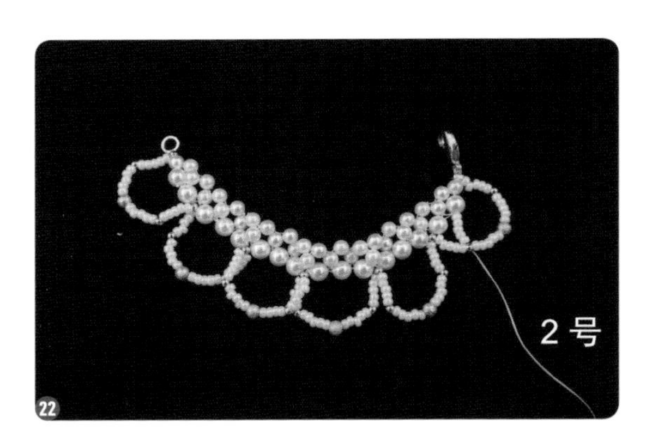

22 在 2 号线上穿 5 颗 2mm 米珠，穿入图示的第 1 个环的 2mm 金珠中。

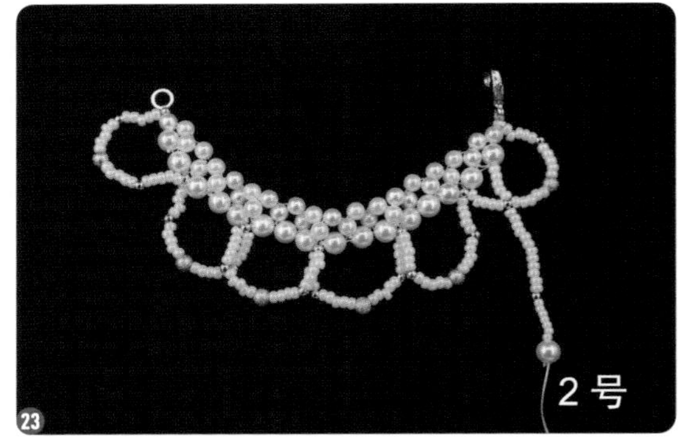

23 在 2 号线上依次穿 12 颗 2mm 米珠、一颗 2mm 保色金珠、7 颗 1.5mm 米珠、一颗 4mm 贝珠。

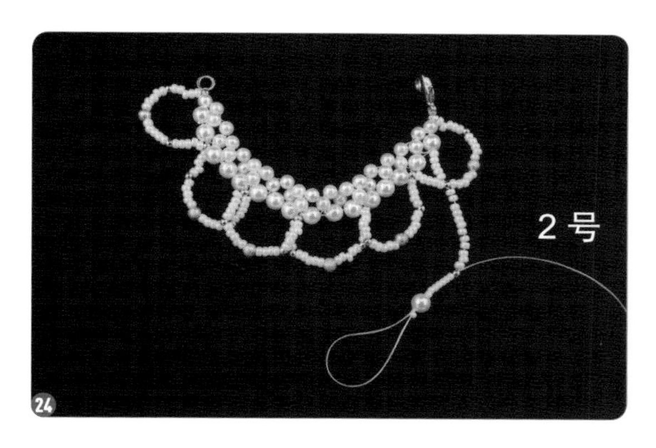

24 穿一颗 1.5mm 米珠，将 2 号线回穿。

25 在 2 号线上穿 12 颗 2mm 米珠，并将 2 号线穿入第 2 个环的 2mm 保色金珠中。

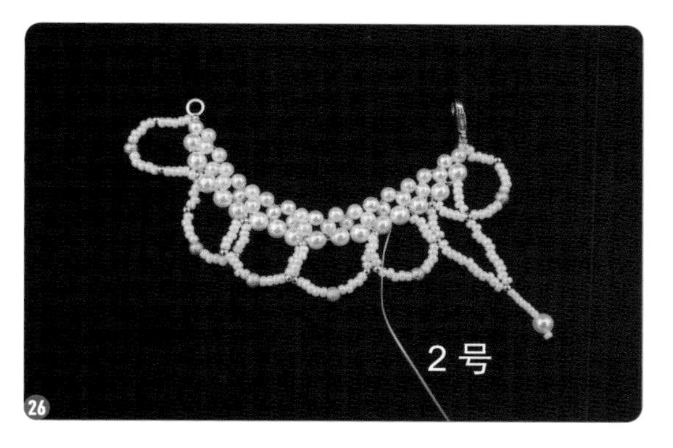

26 将 2 号线穿入第 4 颗 4mm 贝珠中。

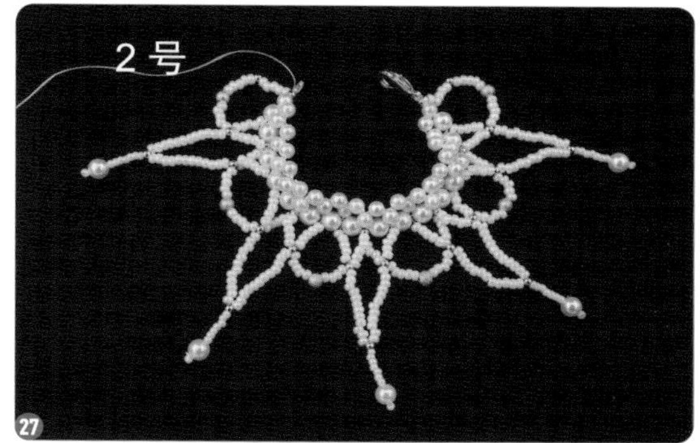

27 重复步骤 23 ~ 26，将 2 号线从左边的定位珠中穿出。

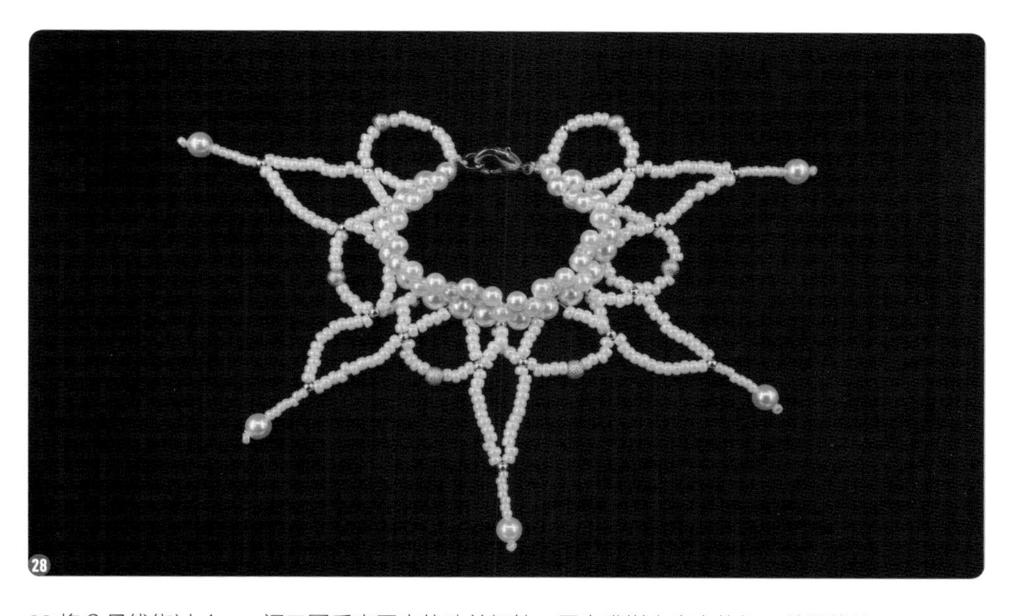

28 将 2 号线绕过 4mm 闭口圈后穿回定位珠并打结，用尖嘴钳夹扁定位扣，剪断线头。

5.2.3 三分 BJD 用串珠手链

材料和工具：4mm 珠子、开口圈、不规则金珠、带圈定位珠、皓石吊坠、弹力串珠线、剪刀、尖嘴钳。

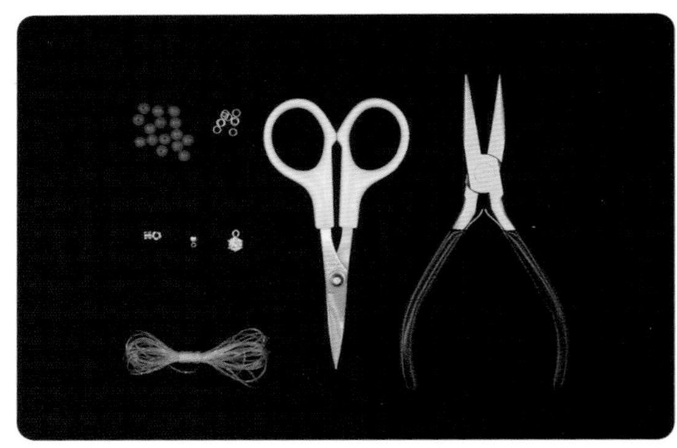

01 测量 BJD 手腕的围度，用弹力串珠线按照自己喜欢的顺序穿上大小和颜色各不相同的珠子。

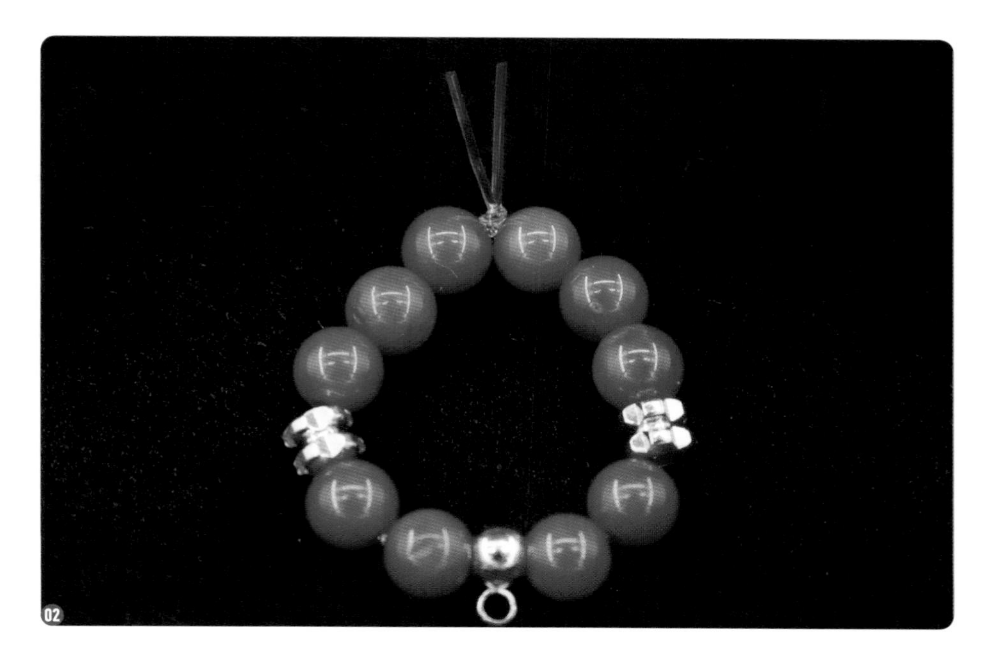

02 用尺子量出手链的长度。手链的长度只能比 BJD 的手腕围度长，不能短。将弹力串珠线打结，剪掉多余的线头。

03 用开口圈将皓石吊坠连接到带圈定位珠上。

第 6 章

热缩片工艺

热缩片的基础操作 | 热缩片饰品制作案例

6.1 热缩片的基础操作

通用材料和工具：UV 胶、小容器、闪粉、刷子、丸棒、笔刀、白色铅笔、圆嘴钳、侧剪钳、剪刀、尖嘴钳、海绵垫、UV 灯、热风枪、0.3mm 铜丝、锥子。

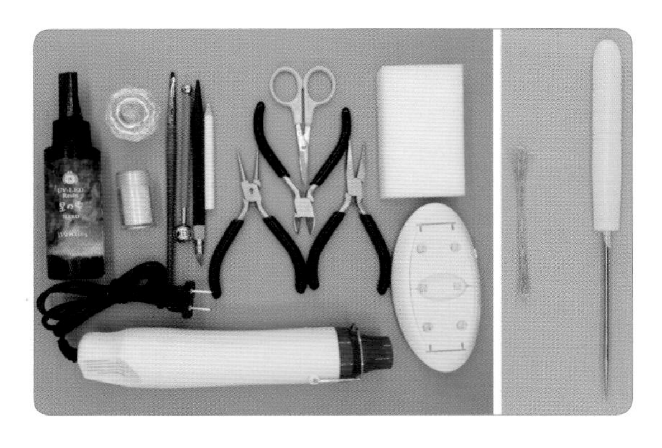

由于不同热缩片的缩率不同，在制作之前，我们可以剪一小块热缩片进行热缩前后对比，来得到准确的缩率。

热缩片的缩率大约为 1：2，热缩片的原尺寸为 5cm × 3.5cm，热缩后的尺寸为 2.3cm × 1.6cm。

热缩片应选择一面打磨过的，如果购买的是未打磨过的，就需要自己用砂纸打磨，因为打磨后才容易上色。因为是给 BJD 用的，所以选择厚度为 0.15mm 和 0.2mm 的热缩片比较合适。

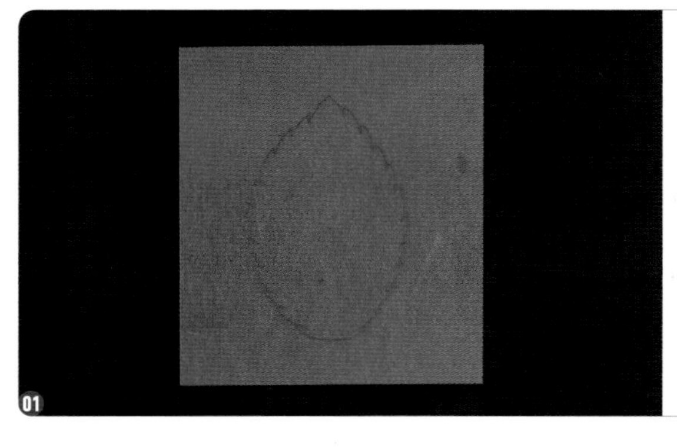

01 用白色铅笔在热缩片打磨过的一面上描出图纸形状，用剪刀沿着描好的线将热缩片剪下来。用普通铅笔也可以，在画完后需要用橡皮擦将铅笔印擦干净或在裁剪时直接剪掉。

02 用笔刀在热缩片打磨过的一面上划出叶子或者花瓣的脉络，划出痕迹即可，不要用力太大，以免划透。再用笔刀在叶子底部打两个小孔。

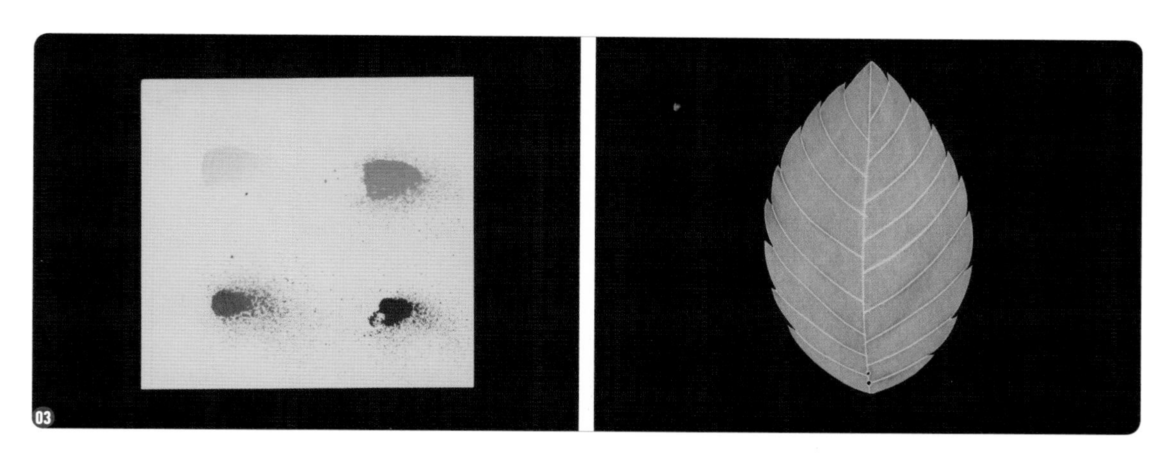

03 用笔刀将需要用的色粉刮成粉末，用手指或棉签蘸取白色色粉，均匀涂抹在热缩片打磨过的一面上。

04 按照颜色由浅到深的顺序，依次用色粉涂抹出渐变效果。剪一根长 10cm 左右的 0.3mm 铜丝，穿过叶子底部的小孔并拧紧。

05

05 将准备好的热缩片放在海绵垫上，拿出丸棒放在一边备用，用锥子轻轻按住热缩片，打开热风枪对着热缩片吹，热缩片卷曲后再伸展开就是吹好了。吹好后趁热用丸棒将热缩片按出叶子的弧度，这个操作一定要快，必须在热缩片完全冷却前完成。如果形状不理想，那么可用热风枪吹软后再次做造型。定好型后用刷子扫掉叶子表面的浮粉，并刷上一些闪粉。

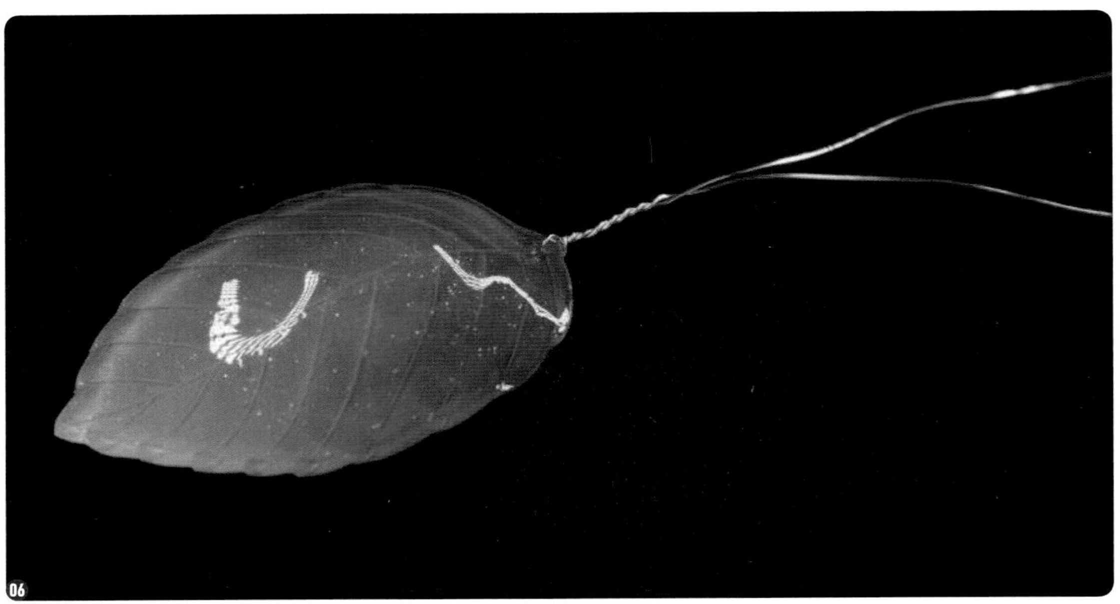
06

06 用UV胶涂抹包裹叶子，正面、反面、侧面边缘都要包裹住，将叶子放在UV灯下照干。若没有UV胶和UV灯，则可以直接用透明指甲油代替。

6.2 热缩片饰品制作案例

热缩片工艺给制作精细、体积较小的饰品提供了很大的方便，再加上颜色和形状可以自由掌控的特点，受到了广大手工制作者的喜爱。本节所提到的花朵制作案例也是用前文所讲到的剪影手法进行部件刻画的，读者可以用剪影的方法将日常生活中看到的花朵形态运用到饰品的制作中。在画热缩图片时，手工制作者需要沉下心来慢慢画，初学者在这一步时可能会有些困难，需要反复练习。在剪下热缩图片时，手工制作者一定要细心修剪边缘，否则会影响作品的整体效果。

6.2.1 三分 BJD 用热缩荷花步摇

材料和工具：热缩片通用材料和工具、热缩片、色粉、金属小莲蓬、莲花连接片、0.3mm/0.4mm 铜丝、3mm 开口圈、4mm 贝珠、4mm 粉色玉髓珠、9 字针、3mm 小金珠、O 字链、圆珠针、3mm 磨砂金珠、绿色绒线、胸针杆。

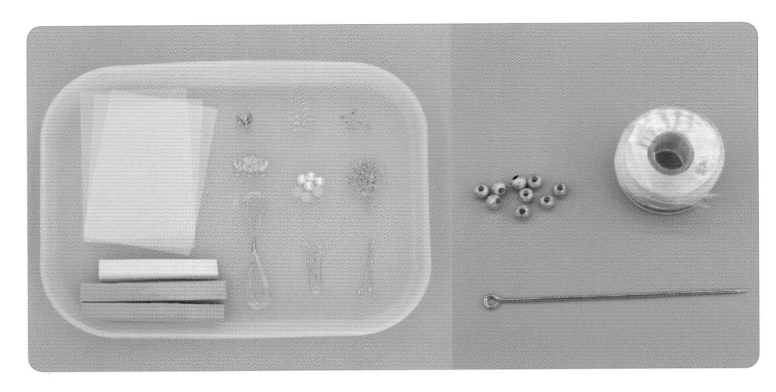

01 用白色铅笔在热缩片上画出一片小号的六瓣花瓣、两片大号的六瓣花瓣和一片三瓣花瓣，并沿着画好的线剪下来。

02 用笔刀在荷花花瓣上划出脉络痕迹，并在花瓣中间钻出小孔。

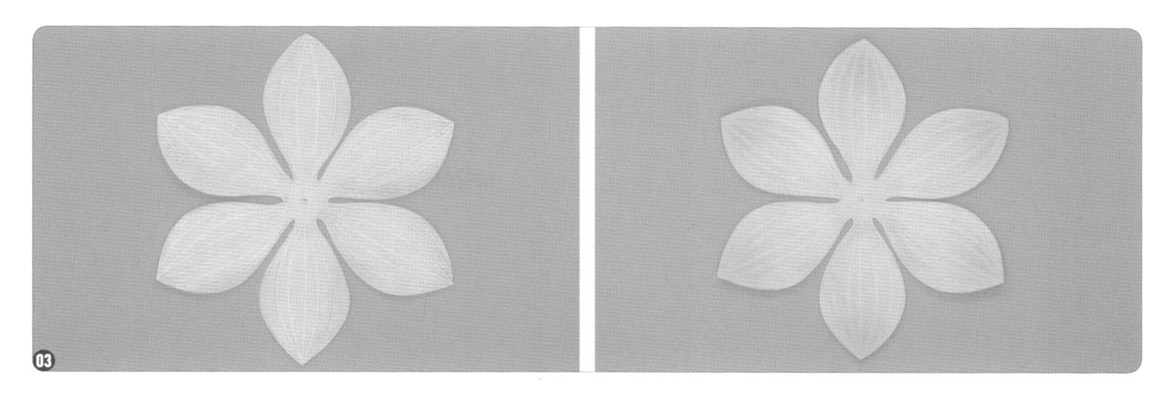

03 用白色色粉给花瓣上底色，按照颜色由浅到深的顺序将所有花瓣都涂成渐变色。

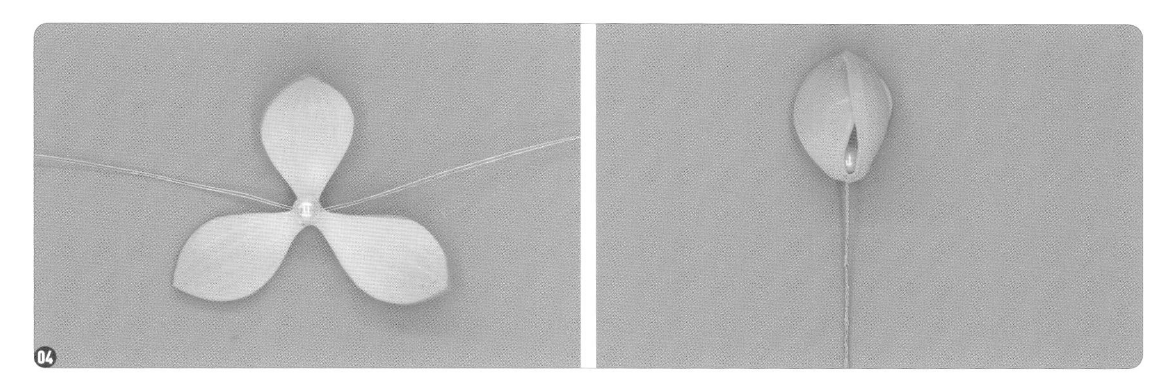

04 剪一根长 10cm 左右的 0.3mm 铜丝，穿一颗 4mm 贝珠并穿过三瓣花瓣中间的小孔。用热风枪将热缩片吹至完全展开不卷曲为止，趁热用手将三瓣花瓣捏出花苞的形状（怕烫的可以戴防烫手套）。

05 用热风枪将六瓣花瓣按从小到大的顺序全部吹好，并用丸棒辅助捏出花瓣的形状。

06 剪出 5 根 2.5cm 长的 0.3mm 铜丝，中间用一根长铜丝捆住。将长铜丝穿过金属小莲蓬吊坠底下的小孔，并缠绕固定。

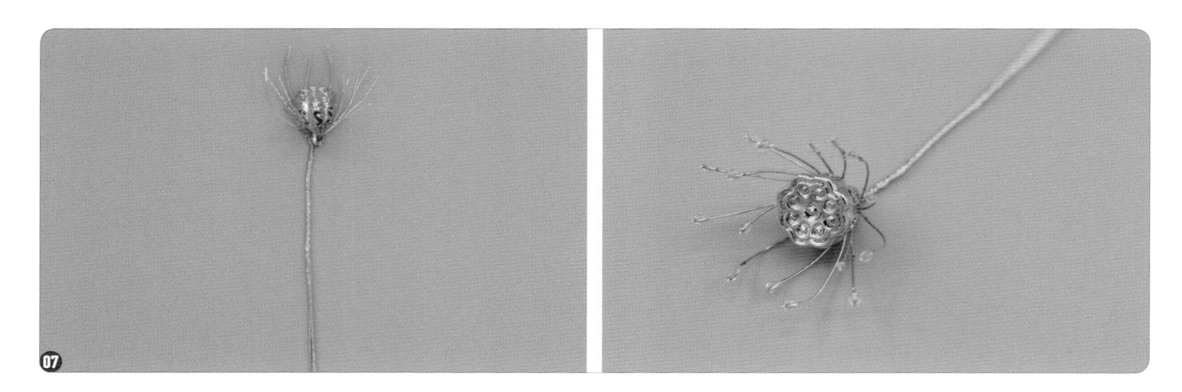

07 把所有铜丝都掰开，整理成花蕊的形状，用侧剪钳修剪一下花蕊的长度。用刷子蘸取 UV 胶，涂抹在每根花蕊上，并用 UV 灯照干。

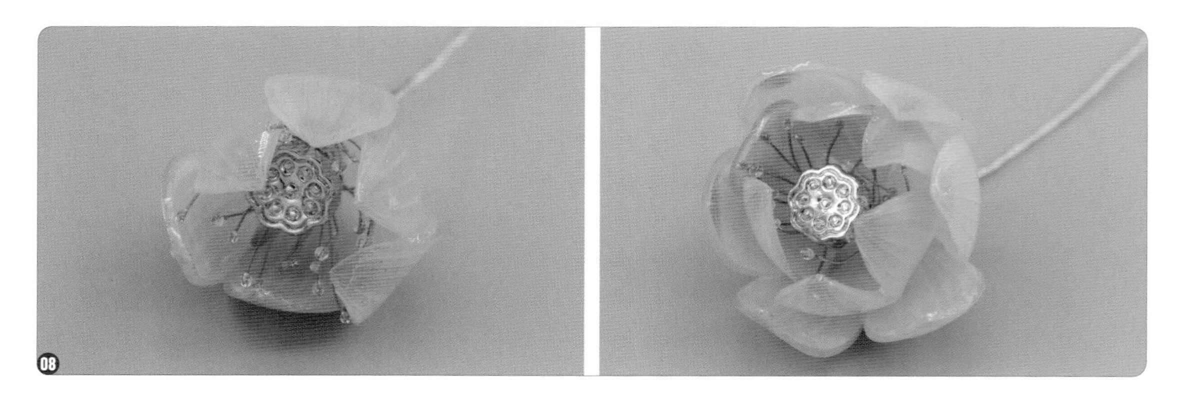

08 把金属小莲蓬底下的铜丝从花瓣中间的小孔穿过去，在花瓣上涂满 UV 胶并照干。穿入第 2 层花瓣，涂满 UV 胶并照干。

09 继续穿入第3层花瓣，涂满UV胶并照干。

10 剪一根10cm长的0.4mm铜丝，对折后在中间弯出一个小环，将剩余的铜丝拧成麻花状。剪两根15cm长的0.3mm铜丝，穿一颗4mm贝珠和一颗3mm磨砂金珠，将多余的铜丝拧成麻花状。

11 将做好的铜丝环和两颗用铜丝绑好的珠子用绿色绒线缠绕在一起。用绿色绒线继续缠绕，把荷花和花苞组合在一起。

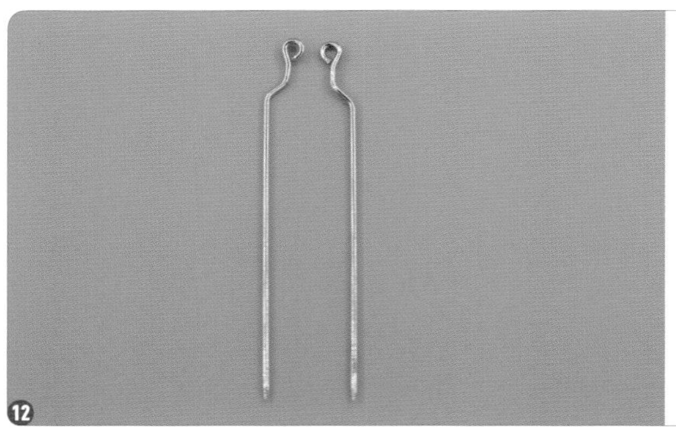
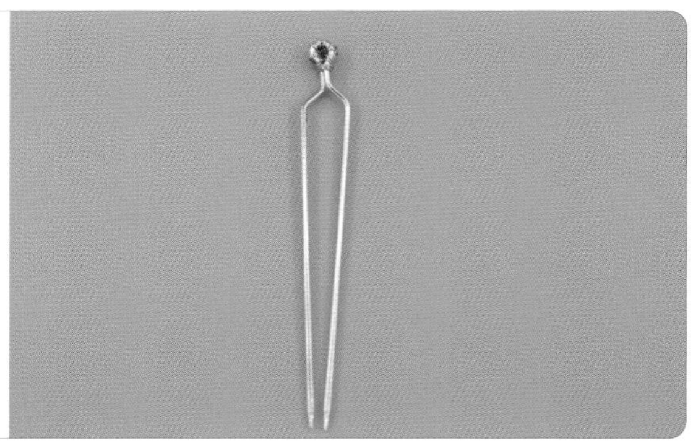

12 拿出两根胸针杆，用尖嘴钳弯出图示的形状。用铜丝把两根胸针杆组合捆绑在一起。

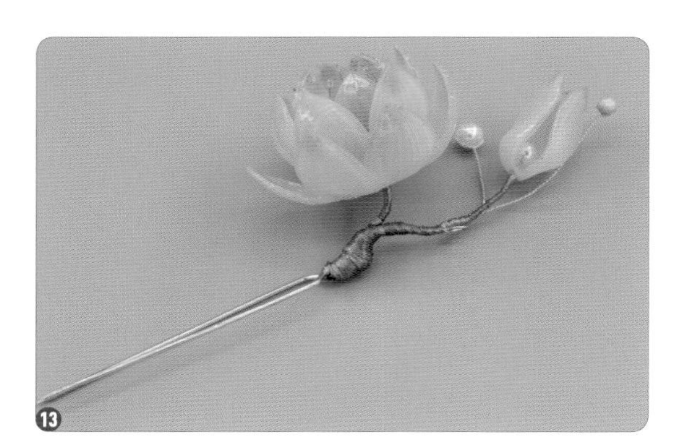

13 剪掉多余的铜丝，用绿色绒线把荷花和胸针杆连接在一起，尽量多缠绕几圈来固定。

14 用圆珠针穿一颗 4mm 粉色玉髓珠和一颗 3mm 小金珠。将圆珠针修剪到合适的长度，用圆嘴钳将剩余的圆珠针弯成圆环状。按照同样的方式，制作3个吊坠。

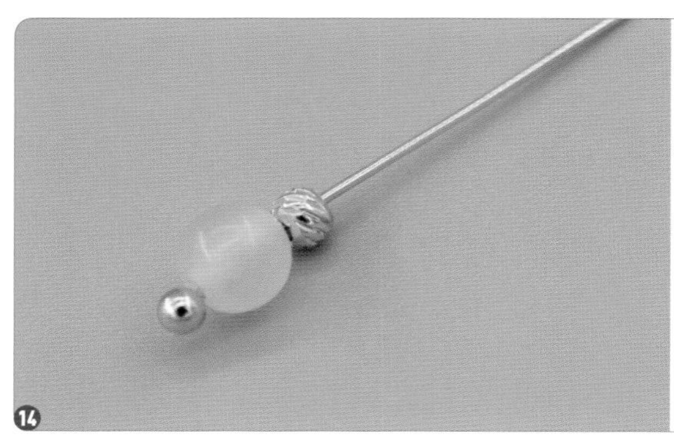
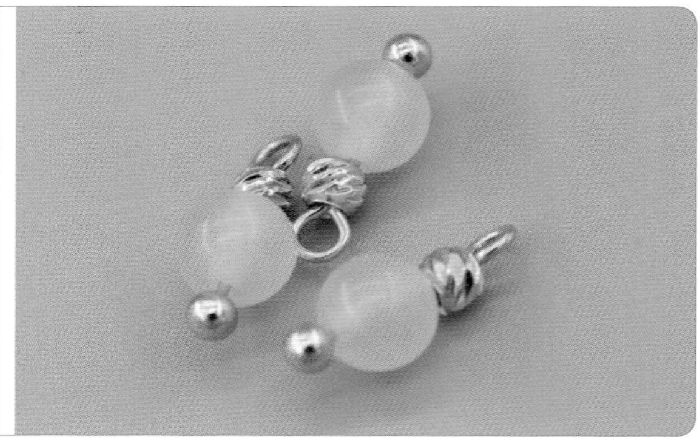

15 用一根 9 字针穿一颗 4mm 贝珠和一颗 3mm 小金珠，做一个连接吊坠。

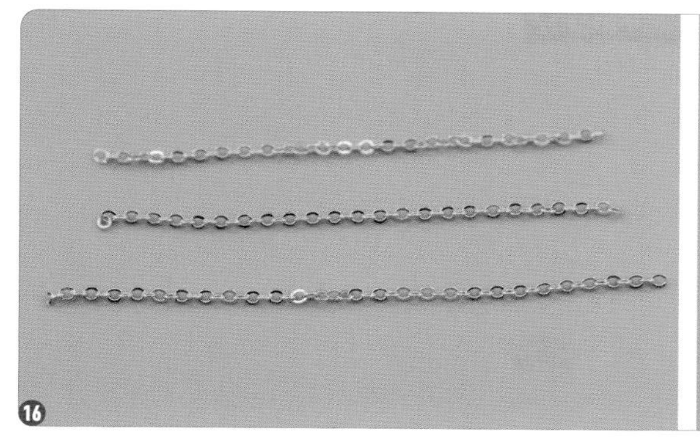

16 剪两根 4cm 长的 O 字链和一根 5cm 长的 O 字链，将做好的吊坠和 3 根 O 字链用 3mm 开口圈组合在一起，并连接到莲花连接片上。

17 将做好的莲花连接片部分连接到花苞上的圆环上。

6.2.2 四分 BJD 用热缩桂花发钗

材料和工具：热缩片通用材料和工具、绿色和黄色马克笔、2mm 小金珠、金色绒线、胸针杆、0.3mm 铜丝、热缩片。

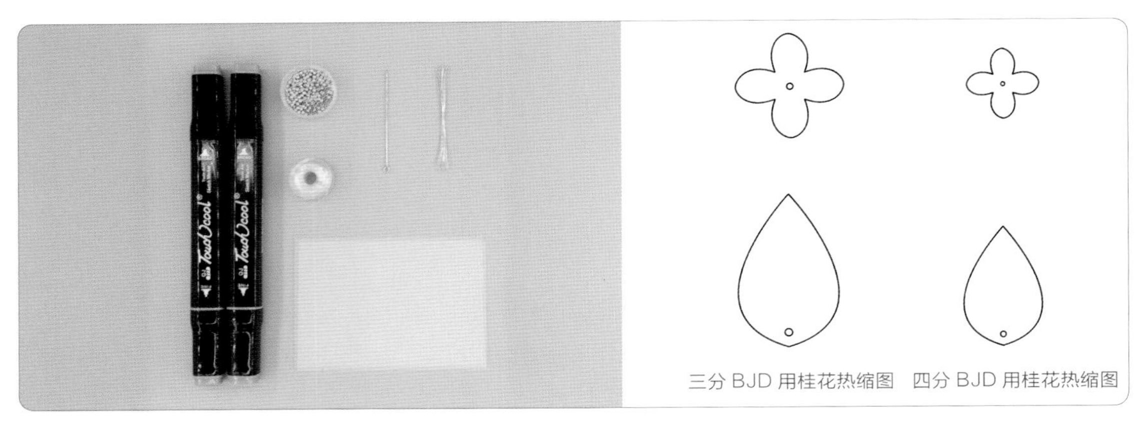

三分 BJD 用桂花热缩图　四分 BJD 用桂花热缩图

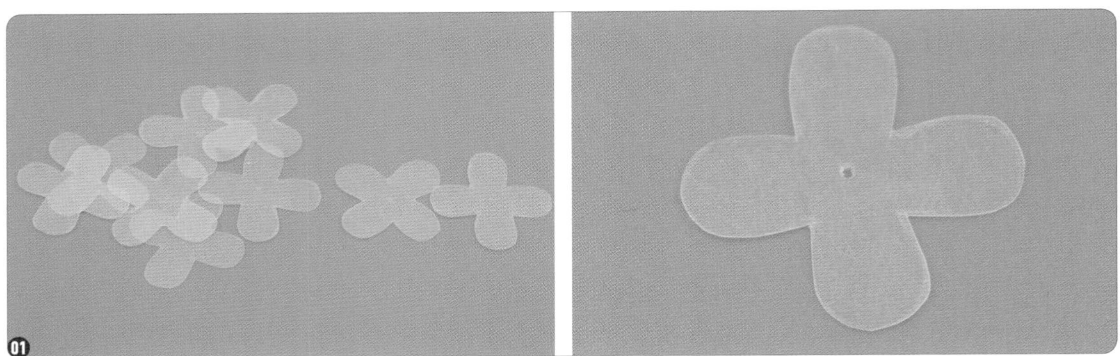

01 用白色铅笔在热缩片上画出 9 片桂花花瓣，将所有画好的桂花花瓣都沿边缘剪下，并在每片桂花花瓣中间用笔刀钻出小孔。

02 用黄色马克笔给全部的桂花花瓣上色。剪 9 根 10cm 长的铜丝，穿一颗 2mm 小金珠后再穿过桂花花瓣。

03 按照图纸剪一片叶子，用笔刀划出叶子的脉络，并在叶子底部钻出小孔。

04 用绿色马克笔给叶子上色，在叶子底部的小孔中穿一根 10cm 长的铜丝。

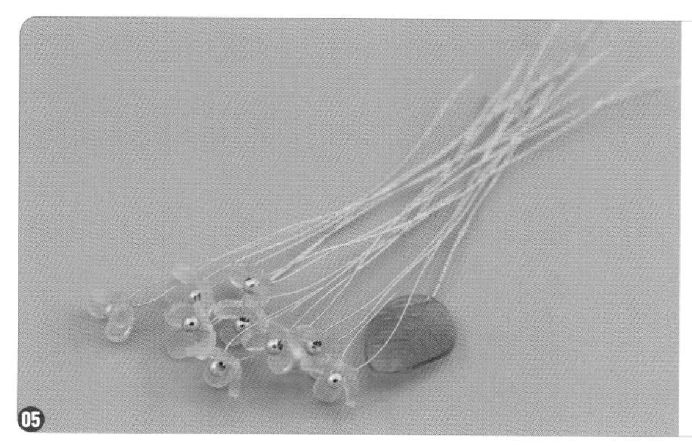

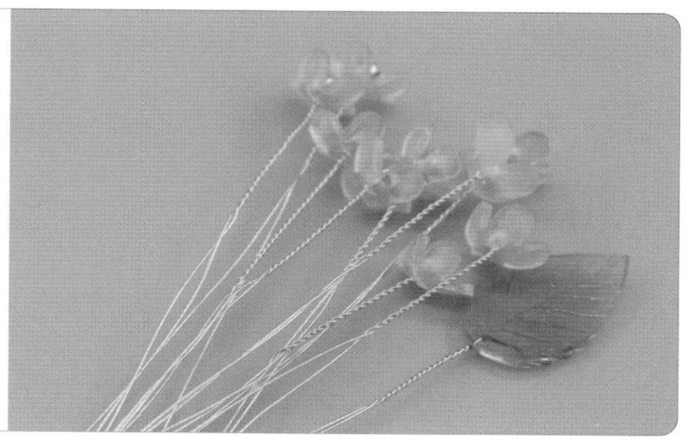

05 将所有桂花花瓣和叶子热缩片都吹软，用手指辅助弯成需要的叶子和小花的形状。将底部的铜丝全部拧成麻花状（大概 2cm），在热缩片上涂抹 UV 胶并用 UV 灯照干。

06 因为这次做的是四分 BJD 用小发簪，胸针杆的长度略长，所以要用侧剪钳剪掉 1cm，并用尖嘴钳在尾部将簪杆往回折一小截。

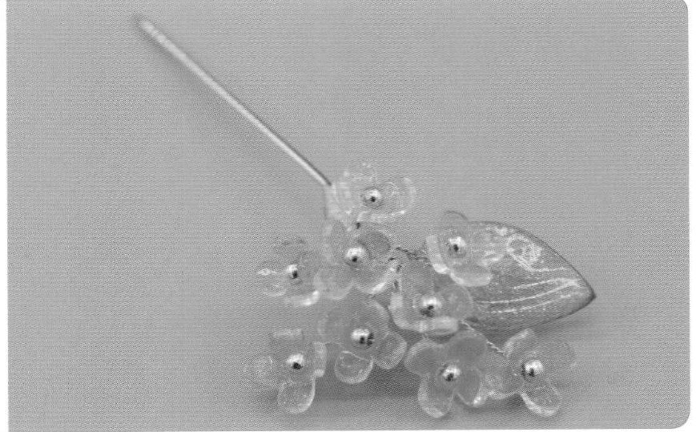

07 按照自己喜欢的排列方式将叶子和桂花全部捆在一起，用金色绒线把缠绕好的花枝和剪好的簪杆绑在一起。

6.2.3 三分 BJD 用热缩人鱼耳挂

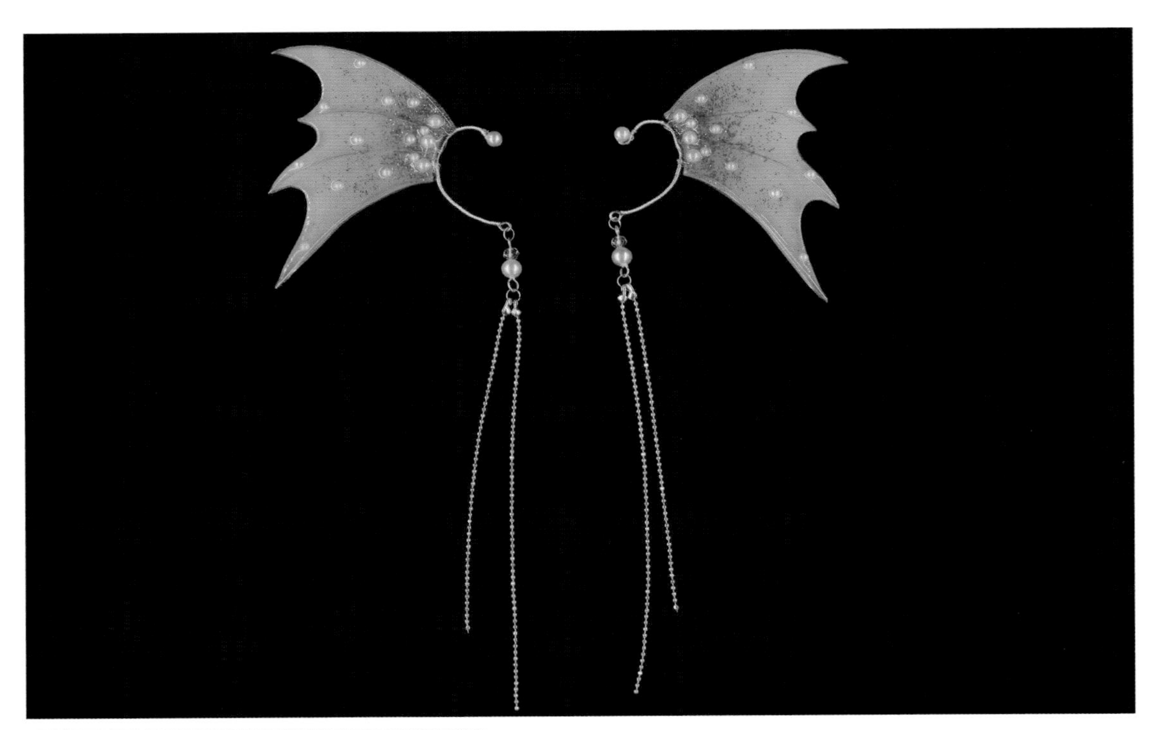

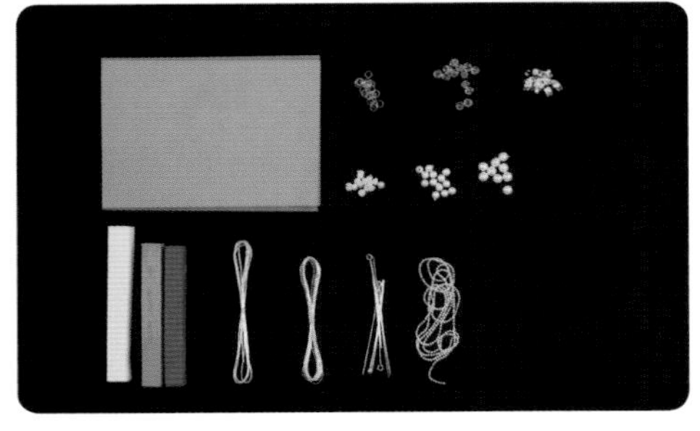

材料和工具：热缩片通用材料和工具、热缩片、3mm 开口圈、3mm 水晶算盘珠、侧包扣、3mm/4mm 贝珠、平底珍珠、色粉、0.3mm/0.4mm 铜丝、9 字针、豆豆链。

01 用白色铅笔在热缩片上画出左右两片人鱼耳的图形并剪下。用笔刀划出纹路，并在图纸标注位置处钻出 3 个小孔。

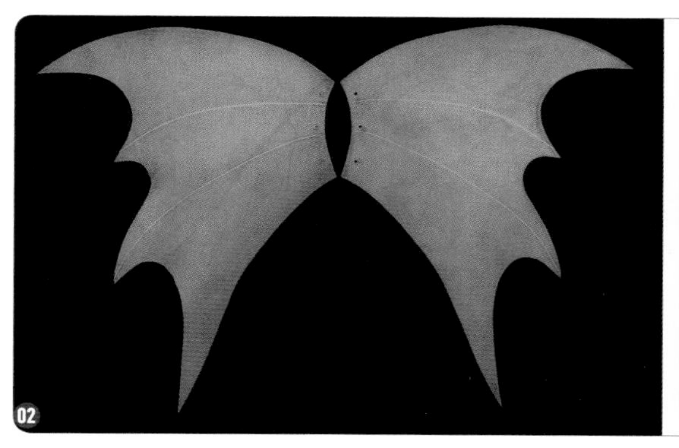

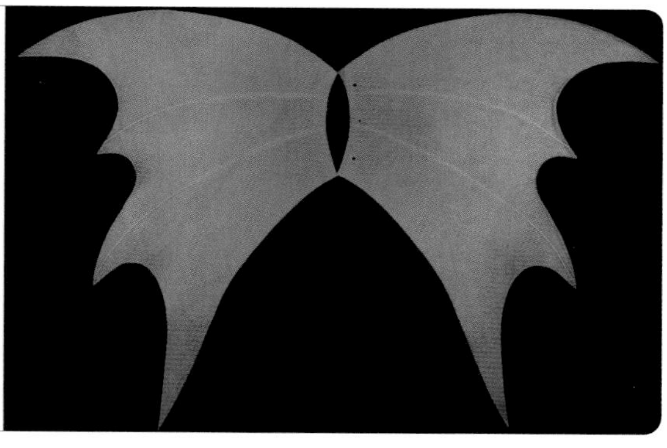

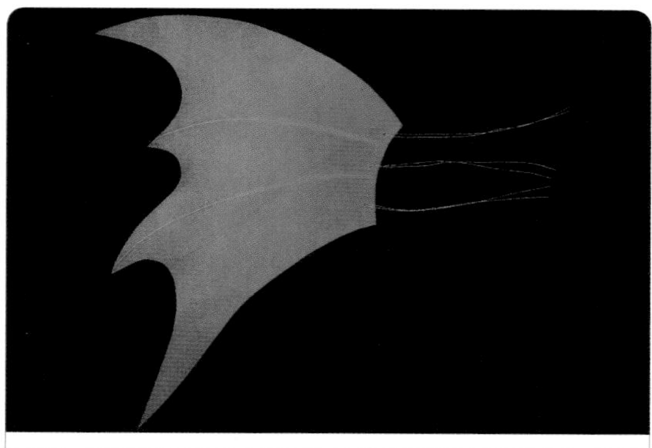

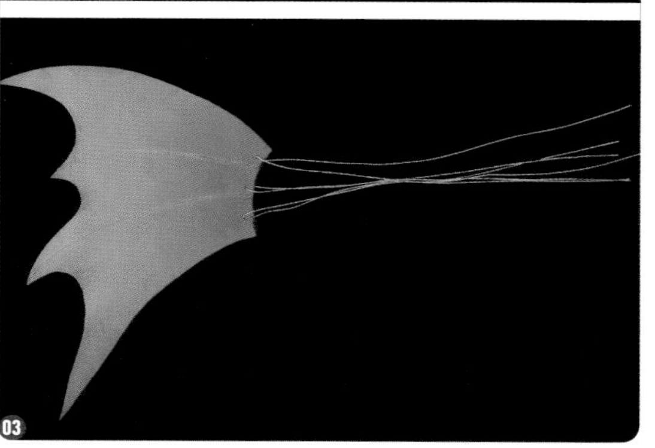

02 用白色色粉均匀涂抹打底，用蓝色和紫色色粉涂抹出蓝紫渐变色。

03 在每个小孔中都穿一根 10cm 长的 0.3mm 铜丝。用热风枪将热缩片吹至不再卷曲，趁热放在桌子上压平。

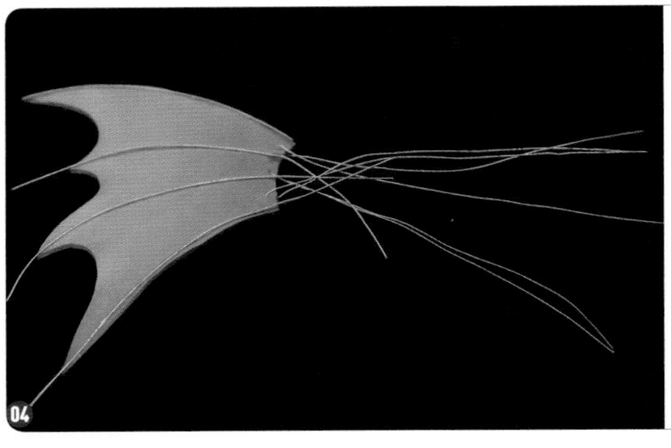

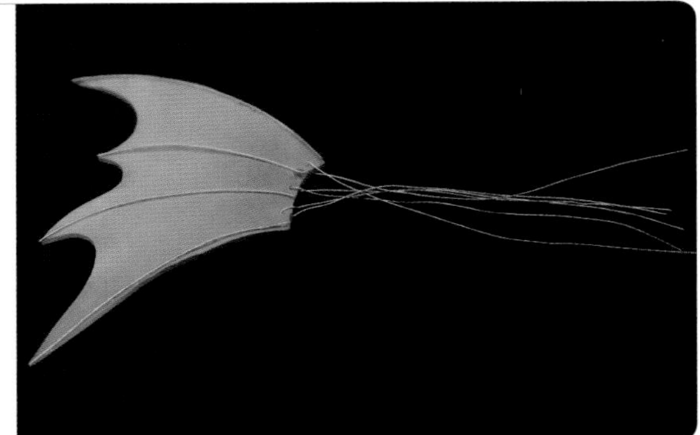

04 用 UV 胶粘 4 根 0.4mm 铜丝，并剪掉多余的铜丝。

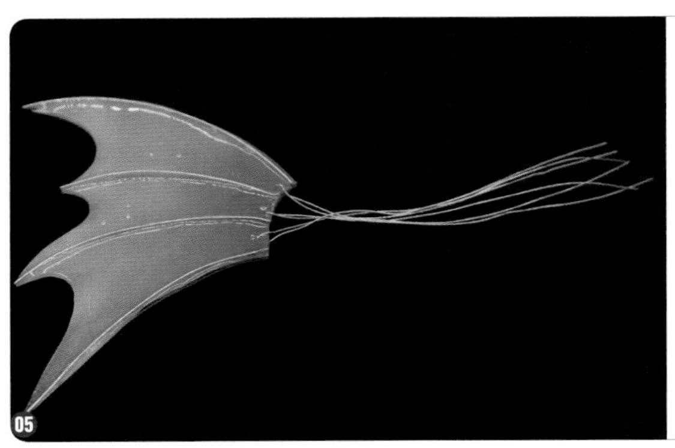

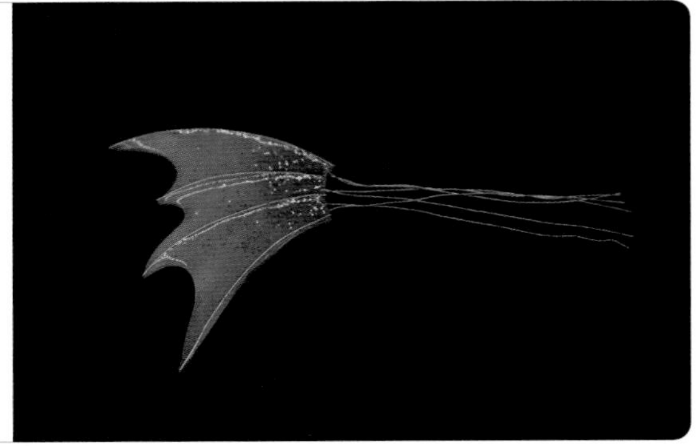

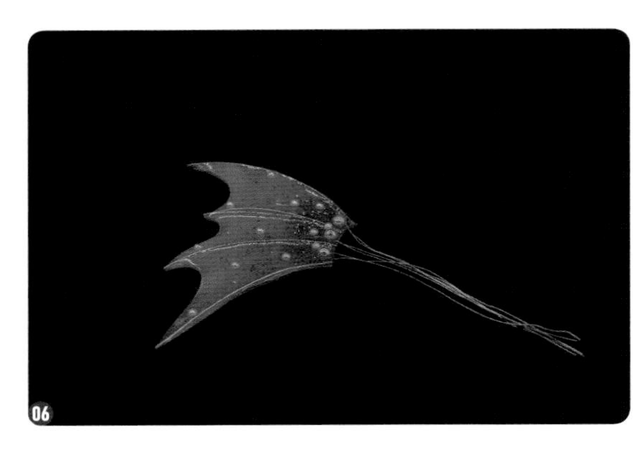

05 在热缩片表面涂满 UV 胶，洒上紫色闪粉，并用 UV 灯照干。

06 用 UV 胶粘一些平底珍珠作为装饰，将热缩片的正面和反面都涂满 UV 胶并用 UV 灯照干。

07 剪一根 0.4mm 铜丝，按照 BJD 的耳朵形状弯折，并在两头弯出小环，做成耳挂。剪一根 20cm 长的 0.3mm 铜丝，穿一颗 3mm 贝珠。

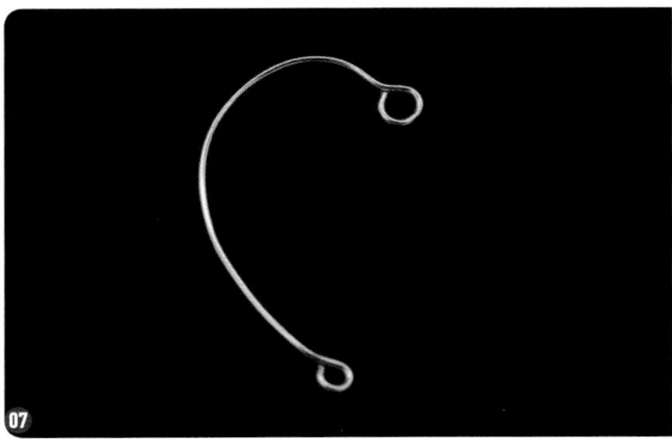

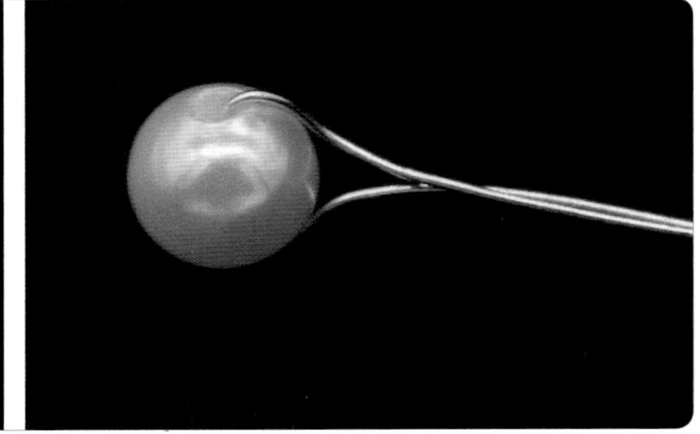

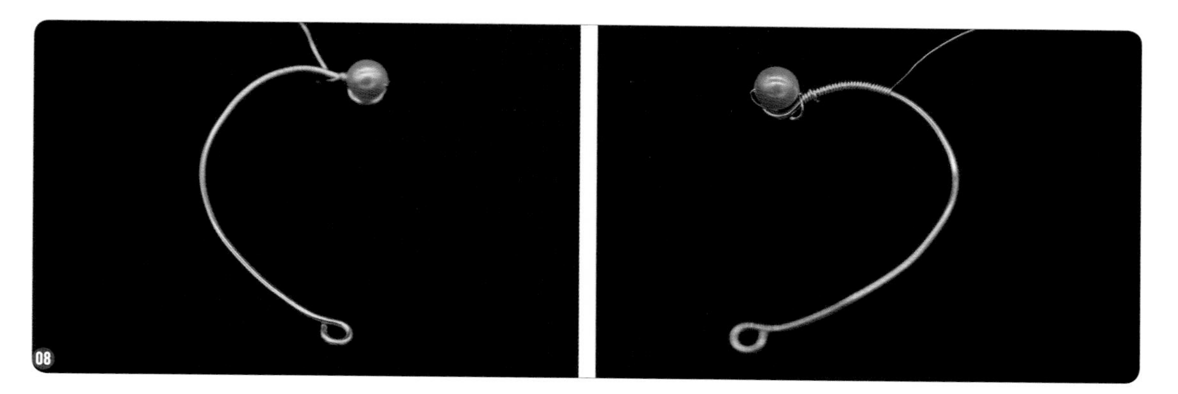

08 将捆住 3mm 贝珠的铜丝穿过耳挂上端的小环，并用铜丝紧密缠绕耳挂。

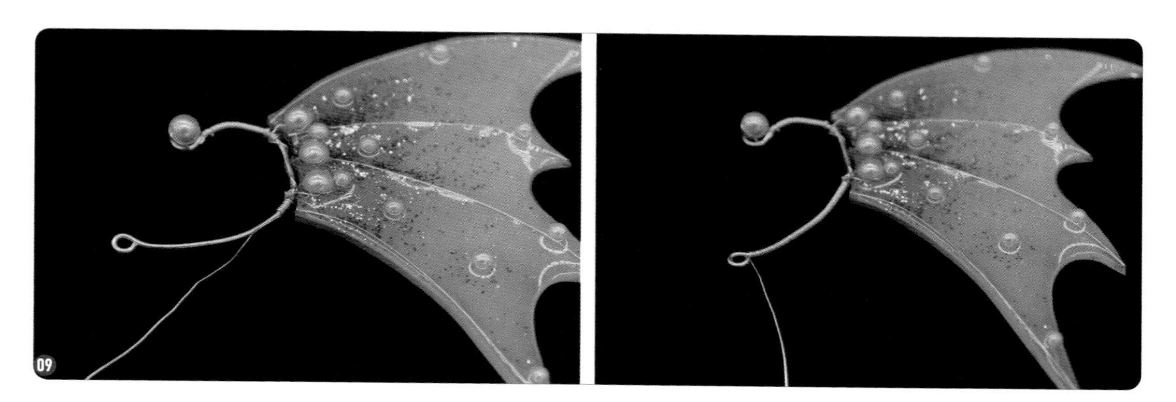

09 用热缩片上的 3 根铜丝将热缩片和耳挂捆在一起，剪掉多余的铜丝。继续用铜丝缠绕耳挂，直至缠完为止，并剪掉多余的铜丝。将所有有铜丝断口的位置都涂上 UV 胶并用 UV 灯照干，防止铜丝刮伤 BJD。在照干后，可用手指抚摸所有接口处，若摸到不平整刮手处，则继续涂抹 UV 胶并用 UV 灯照干。

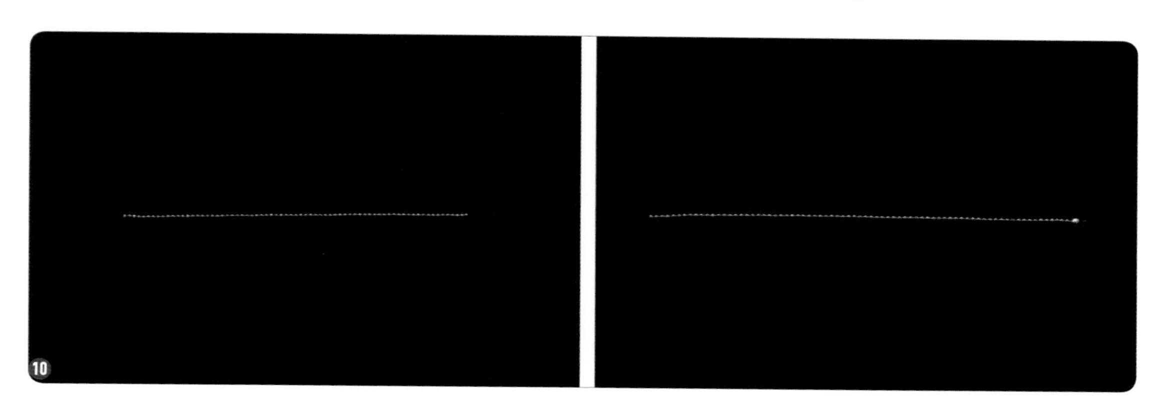

10 剪一根 8cm 长和一根 10cm 长的豆豆链，将每根豆豆链的一端都用侧包扣包住。

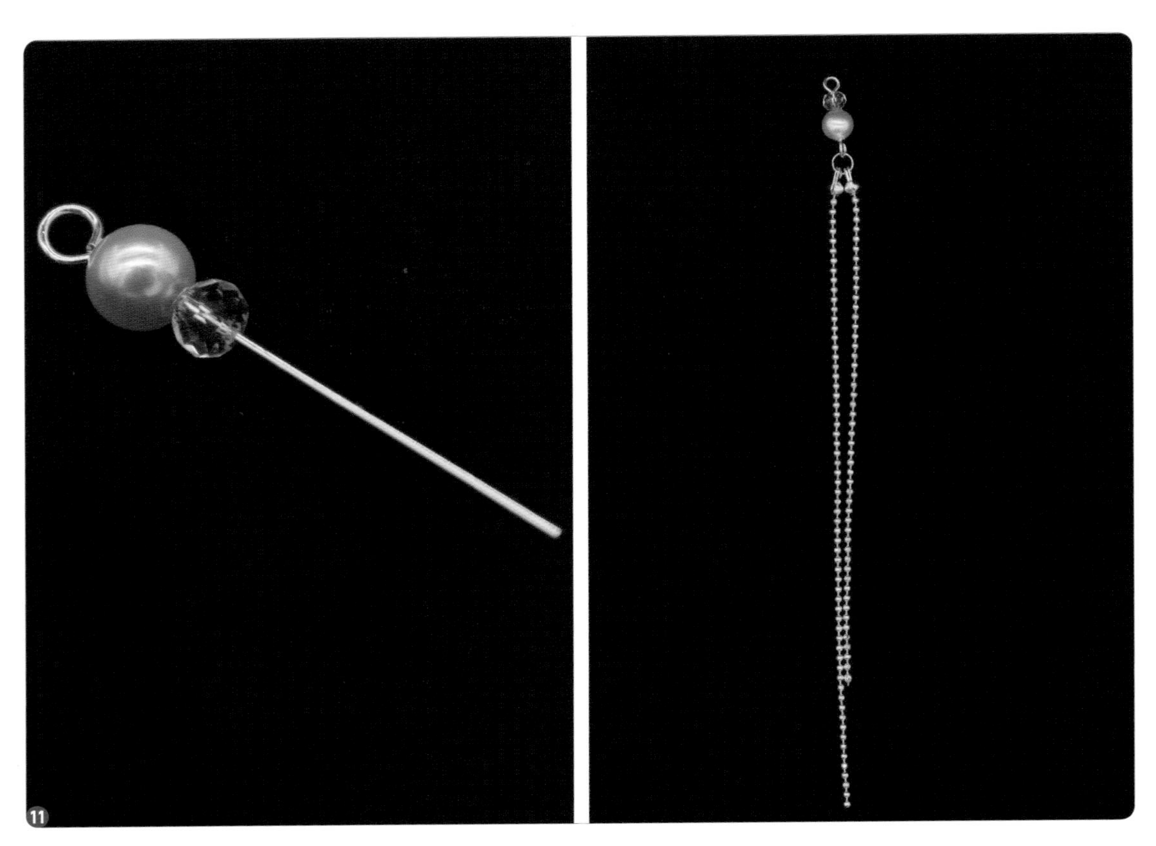

11 用 9 字针穿一颗 4mm 贝珠和一颗 3mm 水晶算盘珠，做成一个连接吊坠。用 3mm 开口圈把连接吊坠组合到一起。

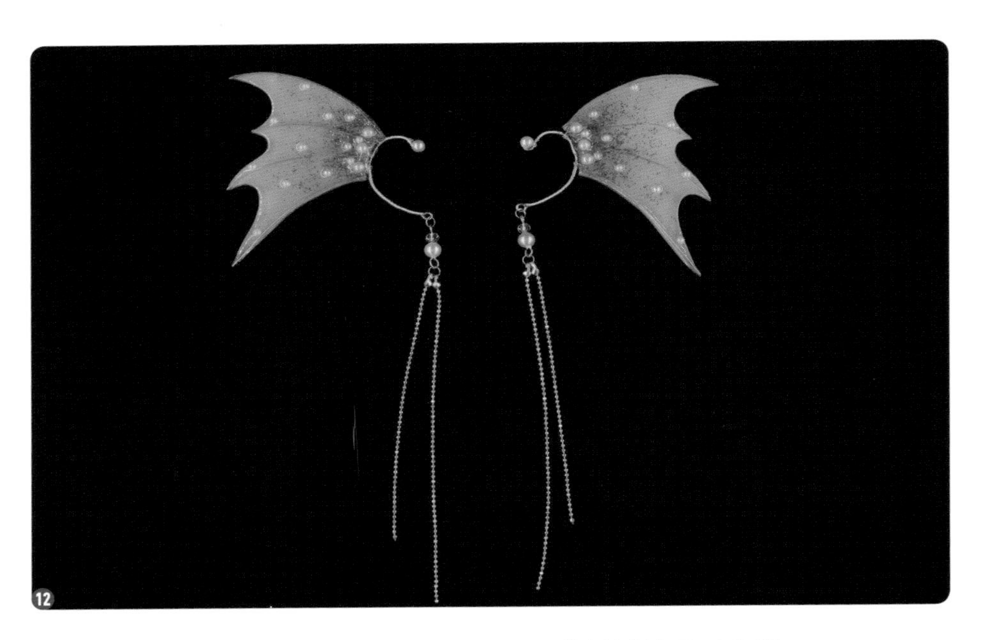

12 把做好的吊坠连接在耳挂底部的圆圈上。按照相同的方法制作另一只耳挂。

第 7 章

金属花片堆叠工艺

头冠制作案例 | 女款头饰制作案例 | 项链制作案例 | 古风耳环制作案例

装饰链制作案例 | 面帘制作案例 | 手持饰品制作案例

7.1 头冠制作案例

头冠的制作难度在饰品中属于较大的，大家需要在熟悉前文的制作技艺后多进行练习。给小尺寸 BJD 制作头冠受制于金属花片材料的大小，因此大多数头冠都是给大尺寸 BJD 制作的。本节讲述叔叔 BJD 用古风头冠、叔叔 BJD 用异域风头链、三分和叔叔 BJD 用圣母环、六分 BJD 用串珠皇冠的制作过程，大家需要在有一定手工制作基础的情况下进行练习，装饰性材料的大小和形状可以根据自己的喜好随意替换。

7.1.1 叔叔 BJD 用古风发冠

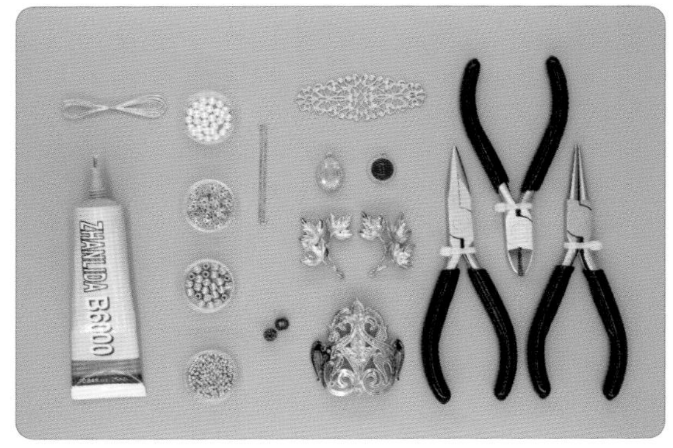

材料和工具：0.2mm 铜丝、B6000 饰品胶、4mm 半孔贝珠、6mm 花型珠托、4mm 金色南瓜珠、2mm 小金珠、胸针杆、6mm 红色捷克琉璃古董珠、长条形打底花片、12mm × 10mm 锆石吊坠、10mm 红玛瑙吊坠、金属枫叶、皇冠形打底花片、圆嘴钳、侧剪钳、尖嘴钳。

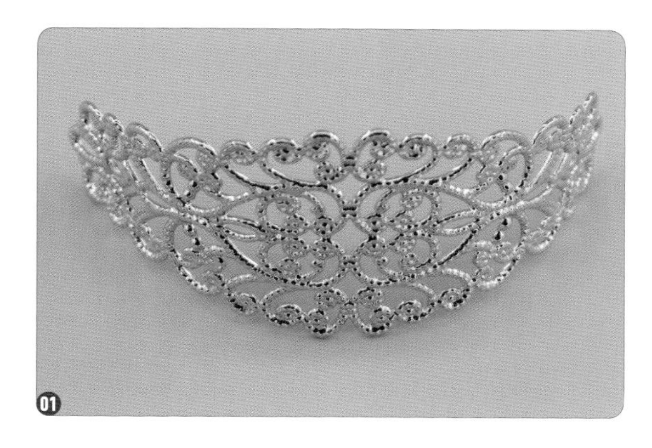

01 将长条形打底花片弯成弧形。

02 用侧剪钳将 12mm × 10mm 锆石吊坠顶部的圆环剪掉，并在其周围用铜丝穿一圈 4mm 半孔贝珠。

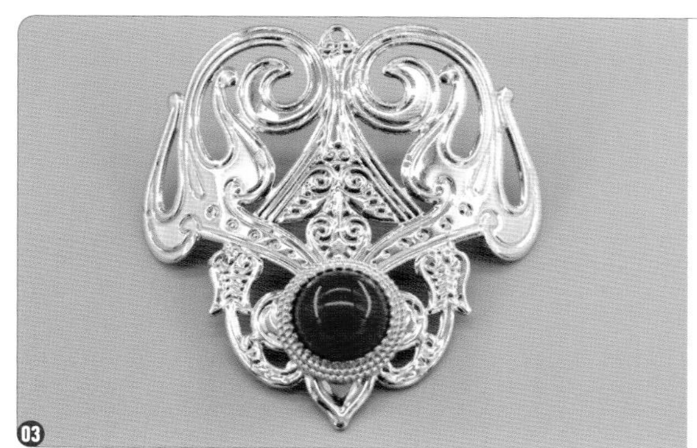

03 用侧剪钳剪掉 10mm 红玛瑙吊坠上的圆环，用 B6000 饰品胶将其粘在皇冠形花片上。在皇冠形花片后面涂上 B6000 饰品胶，待 B6000 饰品胶干透后将皇冠形花片贴在长条形打底花片上，做成发冠的底座。

04 将 12mm × 10mm 锆石吊坠和金属枫叶粘在发冠底座上，发冠的主体就完成了。

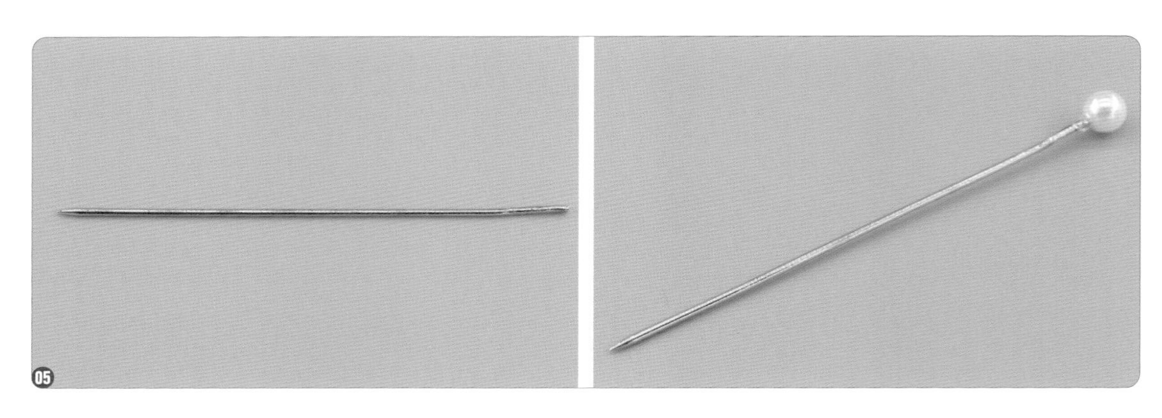

05 将准备好的两根胸针杆顶部的圆环掰直，用 B6000 饰品胶在顶部各粘一颗 4mm 半孔贝珠。

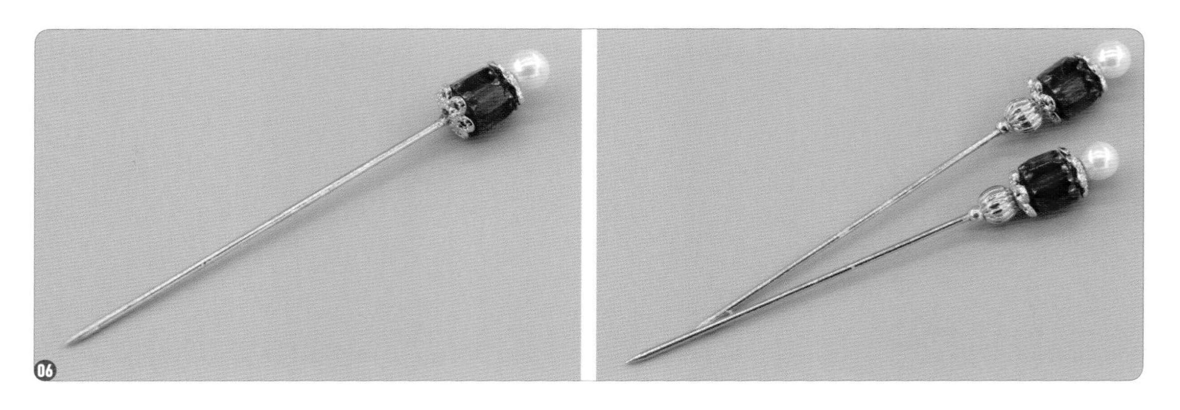

06 在胸针杆上涂上 B6000 饰品胶，依次穿一片 6mm 花型珠托、一颗 6mm 捷克琉璃古董珠、一片 6mm 花型珠托、一颗 4mm 金色南瓜珠、一颗 2mm 小金珠，固定发冠的两根发簪就完成了。

7.1.2 叔叔 BJD 用异域风头链

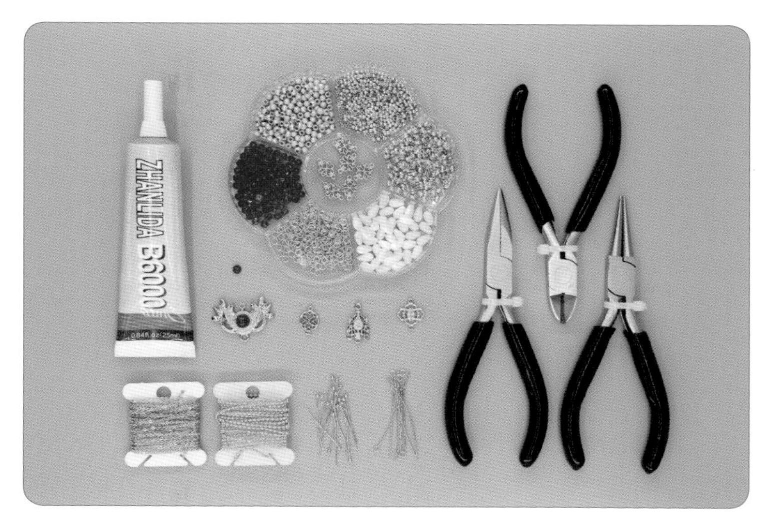

材料和工具：B6000 饰品胶、O 字链、葫芦链、红色宝石连接片、3mm 红色戒面、圆形连接片、三角锆石连接片、云纹连接片、圆珠针、9 字针、水滴形贝珠、3mm 开口圈、3mm 红色水晶算盘珠、3mm 磨砂金珠、2mm 小金珠、侧包扣、四叶草连接片、尖嘴钳、侧剪钳、圆嘴钳。

01 用 B6000 饰品胶将 3mm 红色戒面粘在圆形连接片的中间位置。

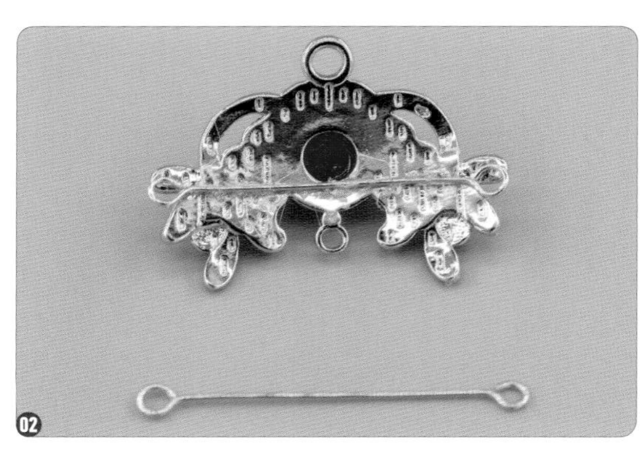

02 对比红色宝石连接片的长度，将 9 字针的另一端也弯成一个环，用 B6000 饰品胶粘在图示的位置。

03 将红宝石连接片和圆形连接片用 3mm 开口圈组合起来。

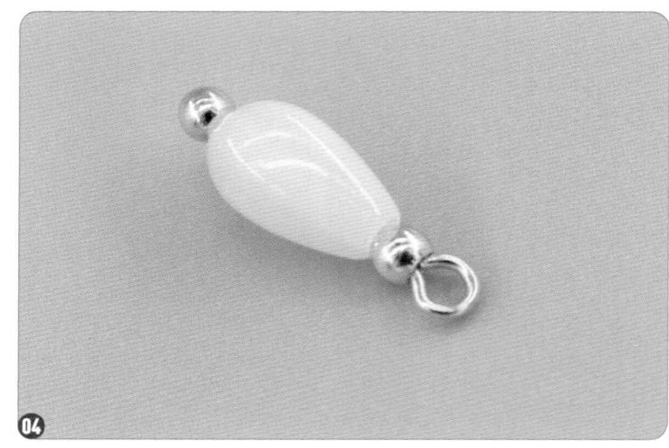

04 拿出一根圆珠针，穿一颗水滴形贝珠和一颗 2mm 小金珠，做成一个小吊坠。

05 将水滴形贝珠小吊坠连接到圆形连接片上。

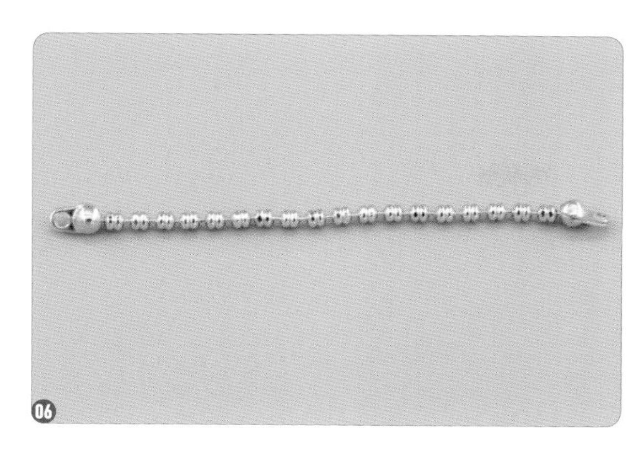

06 剪一根 4cm 长的葫芦链，将两端都用侧包扣包住。

07 将葫芦链的一端连接在红宝石连接片上，将另一端连接一个四叶草连接片。

08 剪两根 10cm 长的 O 字链，在两根 O 字链的一端各连接一个四叶草连接片。

09 将 O 字链的另一端连接在图示的红宝石连接片的位置。

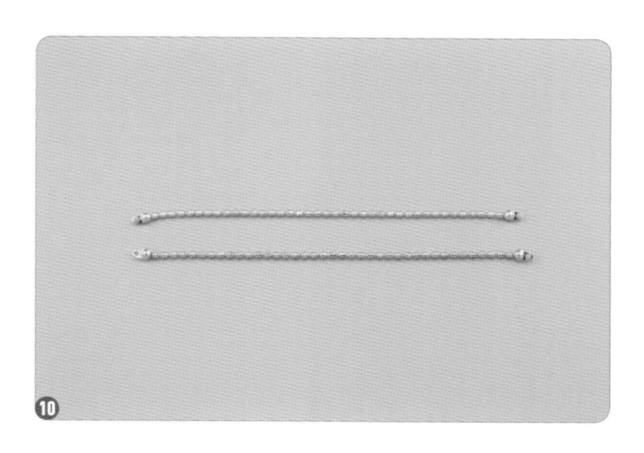

10 剪两根 7cm 长的葫芦链，将两端都用侧包扣包住。

11 将葫芦链的一端粘在红宝石连接片背后的 9 字针上。

12 将葫芦链的另一端连接在 O 字链上的四叶草连接片上。

13 另一边也以相同的方式连接。

14 剪两根 2cm 长的葫芦链，将两端都用侧包扣包住。

15 将 3 片四叶草连接片连接在一起。

16 剪一根 6cm 长的葫芦链，将两端都用侧包扣包住，将一端连接在中间的四叶草连接片上，将另一端连接一个云纹连接片。

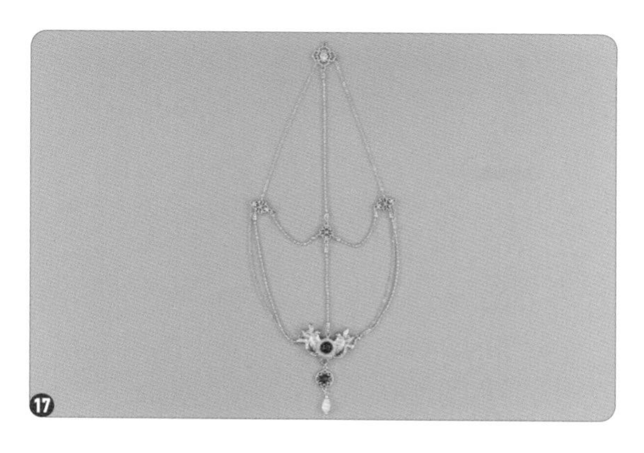

17 剪两根 7cm 长的 O 字链，分别连接在两边的四叶草连接片和云纹连接片上。

18 用圆珠针依次穿一颗水滴型贝珠、一颗 3mm 红色水晶算盘珠、一颗 3mm 磨砂金珠，制作 5 个吊坠。

19 在三角锆石连接片上挂 3 个做好的吊坠。

20 将挂好吊坠的三角锆石连接片连接在云纹连接片上。

21 剪两根 6cm 长的 O 字链，挂上剩下的两个吊坠。

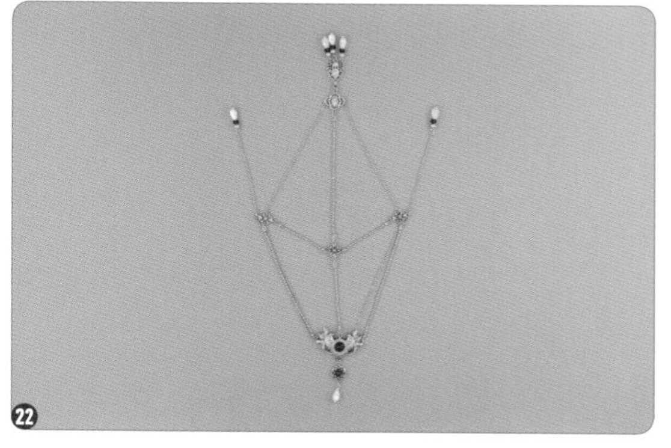

22 将挂好吊坠的 O 字链分别连接在两边的 O 字链上。

7.1.3 三分和叔叔 BJD 用圣母环

材料和工具：2mm 宽的白色真丝丝带、2mm 小金珠、3mm 开口圈、侧包扣、3mm 磨砂金珠、4mm 贝珠、6mm 黄色爆花晶圆珠、0.2mm 铜丝、0.6mm 批花线、钢丝发箍、太阳花锆石、锆石小吊坠、1.2mm 竹节链、3mm 锆石链、菱形锆石吊坠、圆形金属花片、圆嘴钳、侧剪钳、尖嘴钳、饰品胶。

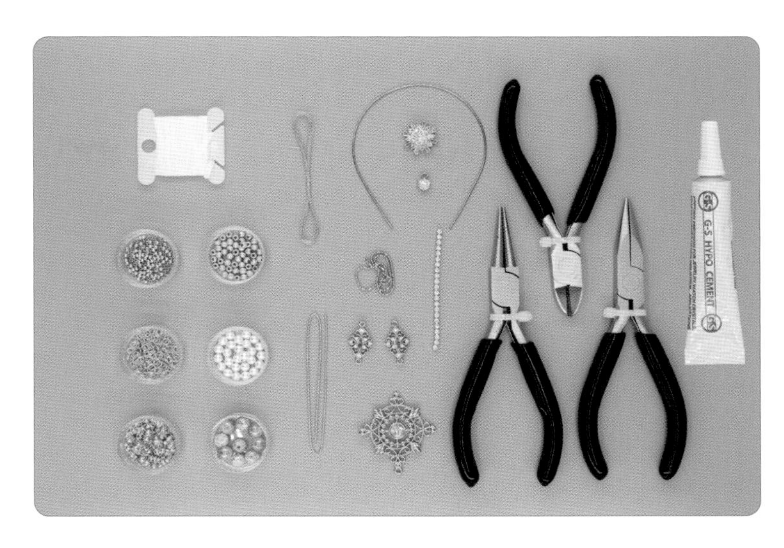

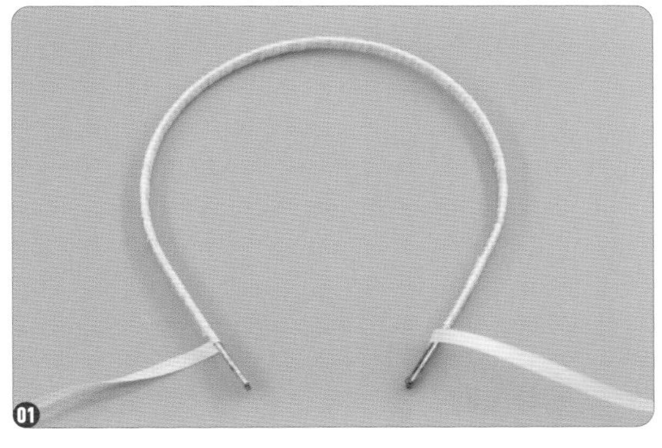

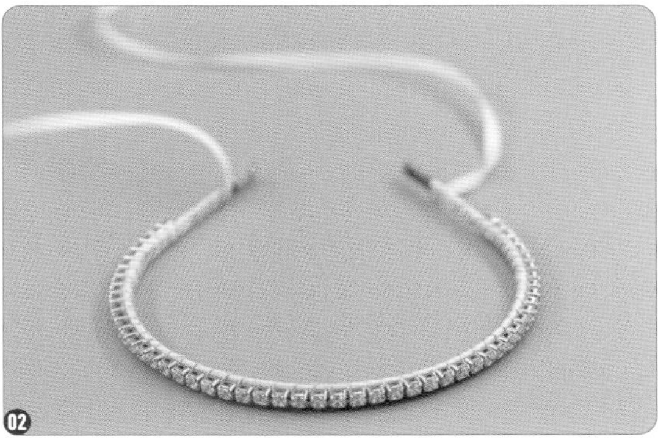

01 在钢丝发箍上涂上饰品胶，用白色真丝丝带缠绕发箍。两端各留出 1cm 的长度不缠，并各留 15cm 长的丝带。

02 测量钢丝发箍缠好丝带部分的长度，剪同样长度的 3mm 锆石链。用铜丝沿着 3mm 锆石链的缝隙，将 3mm 锆石链缠在钢丝发箍上。

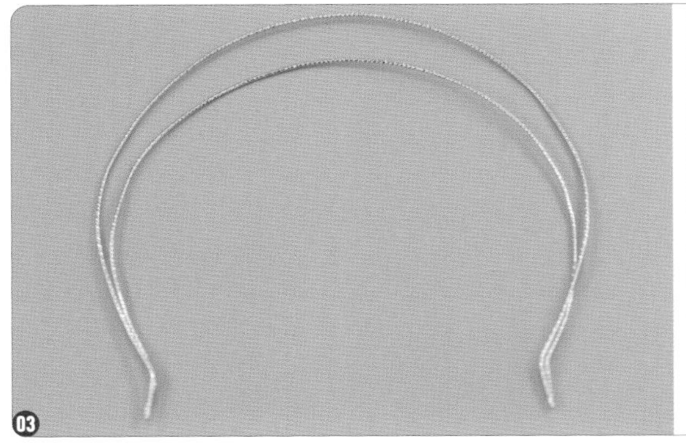

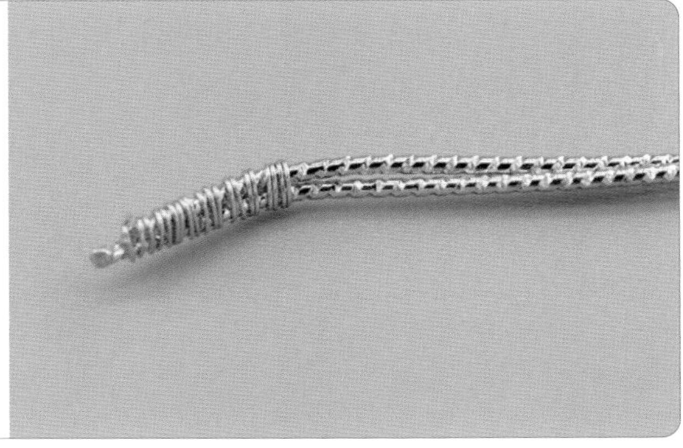

03 剪一根 20cm 和一根 23cm 长的 0.6mm 批花线，弯成图示的形状，并用铜丝将两根 0.6mm 批花线的一端缠起来。

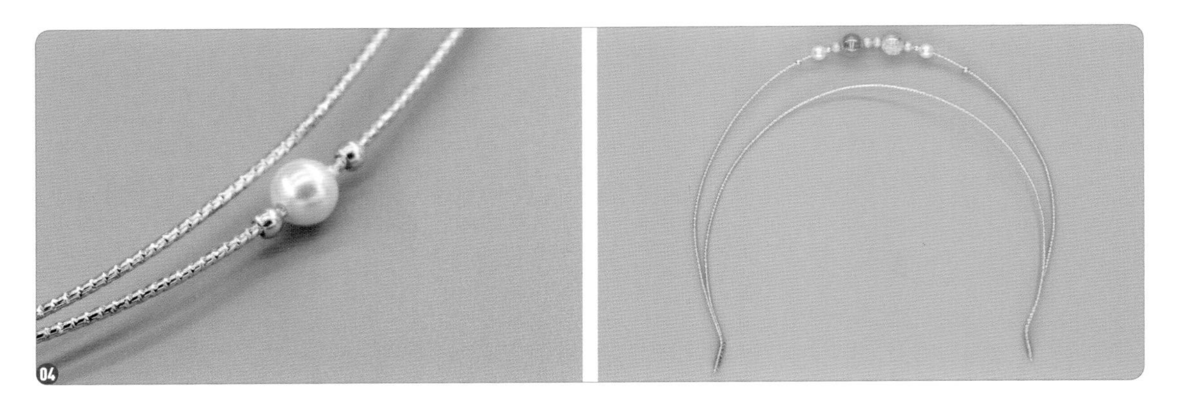

04 在 23cm 长的 0.6mm 批花线上穿 12 颗珠子（4 颗 2mm 小金珠、4 颗 3mm 磨砂金珠、两颗 4mm 贝珠、两颗 6mm 黄色爆花晶圆珠，用铜丝将两根批花线的另一端也缠起来。

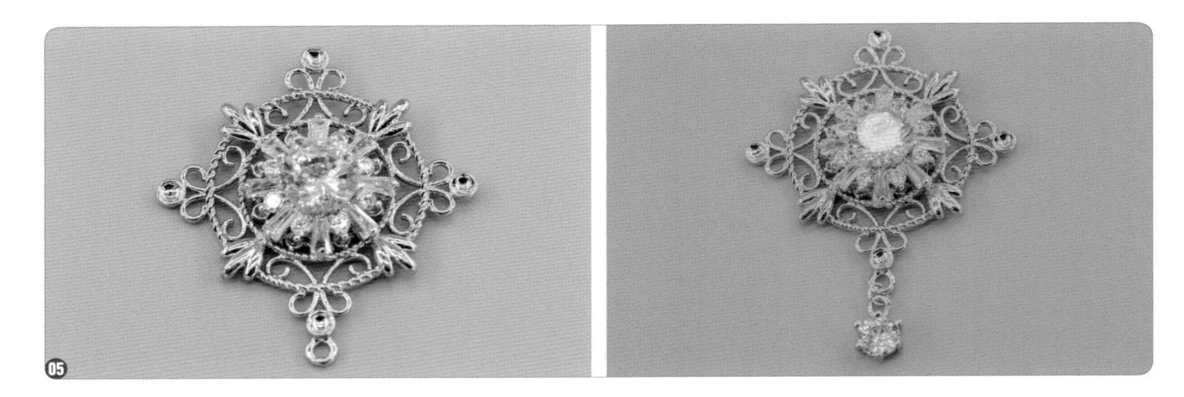

05 在太阳花锆石背面涂上饰品胶，将其粘在圆形金属花片上。用 3mm 开口圈将锆石小吊坠连接在圆形金属花片底部的吊环上。

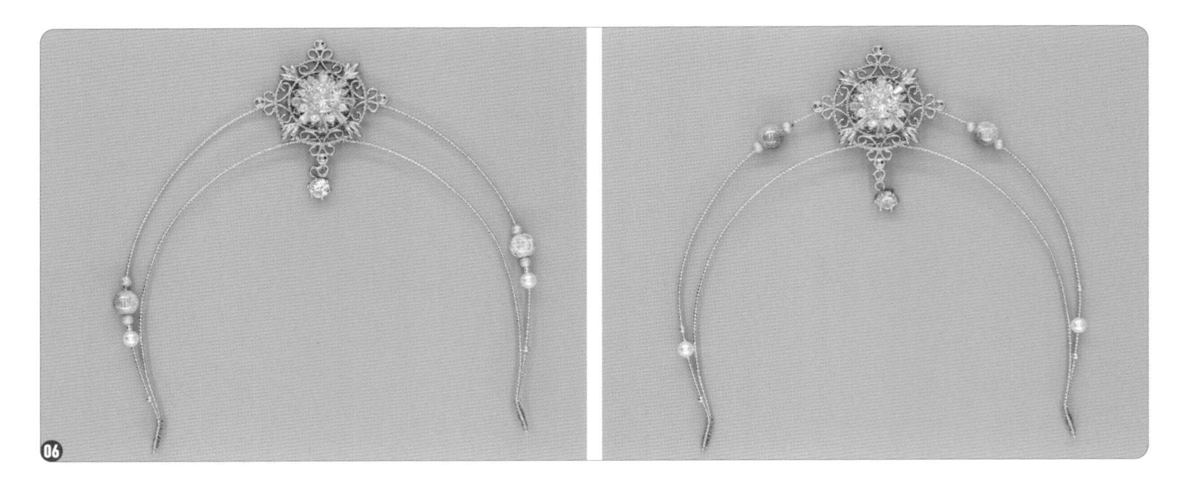

06 找到批花线圆环的中心点，把圆形金属花片绑在两根 0.6mm 批花线上，并用饰品胶将两颗 3mm 磨砂金珠和一颗 6mm 黄色爆花晶圆珠固定在两边与圆形金属花片相隔 1cm 处。

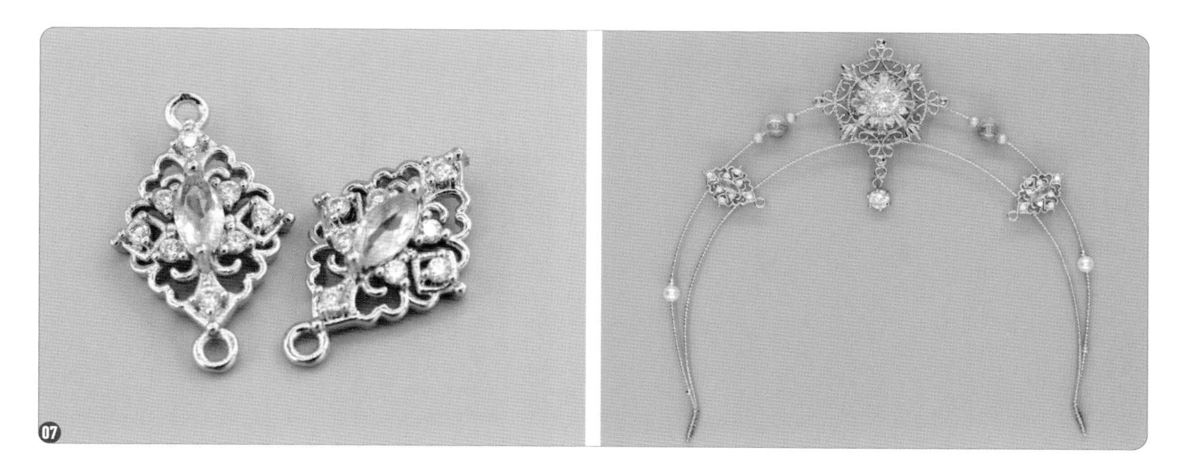

07 剪掉菱形锆石吊坠上方的吊环，并将菱形锆石吊坠绑在两根 0.6mm 批花线上。在与菱形锆石吊坠相隔 1cm 处涂上饰品胶，固定剩下的 3 颗珠子（两颗 2mm 小金珠和一颗 4mm 贝珠，左右两端各 3 颗）。

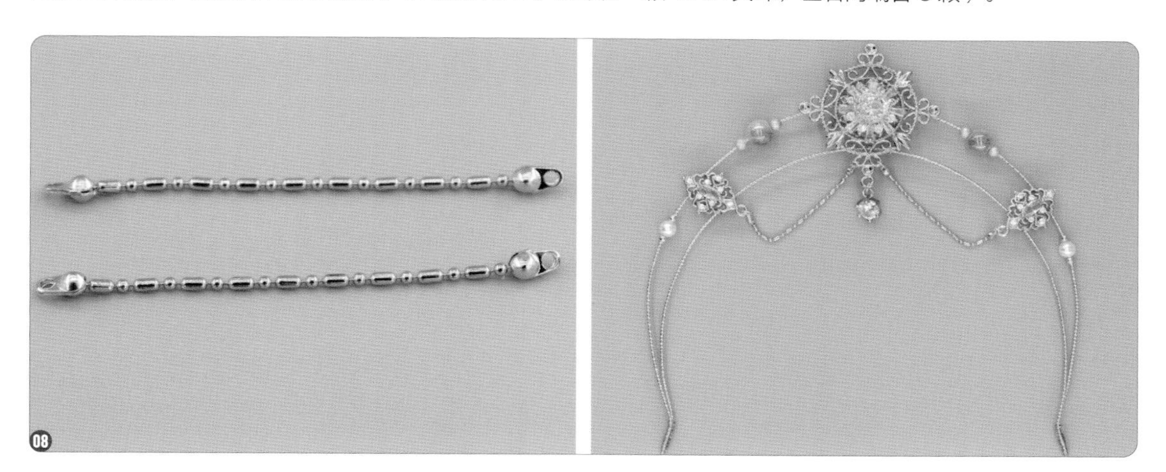

08 剪两根 2.5cm 长的 1.2mm 竹节链，将两端都用侧包扣包住，并连接在圆形金属花片和菱形锆石吊坠上。

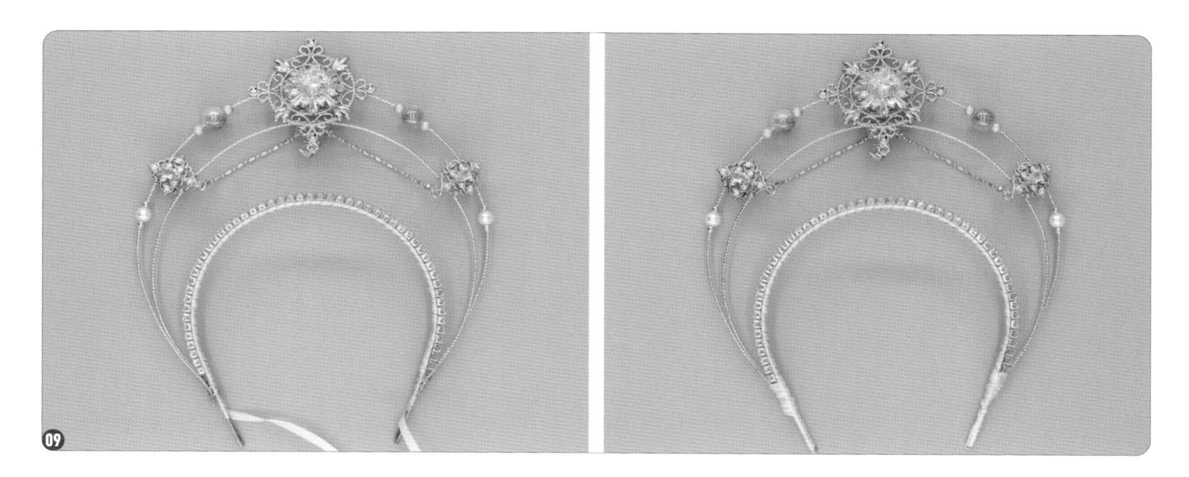

09 将做好的圣母环两端用铜丝绑在钢丝发箍上，用剩余的白色真丝丝带缠绕遮挡住接口，在结尾处涂上饰品胶，防止白色真丝丝带脱落。待饰品胶干透后，剪掉多余的白色真丝丝带。

7.1.4 六分 BJD 用串珠皇冠

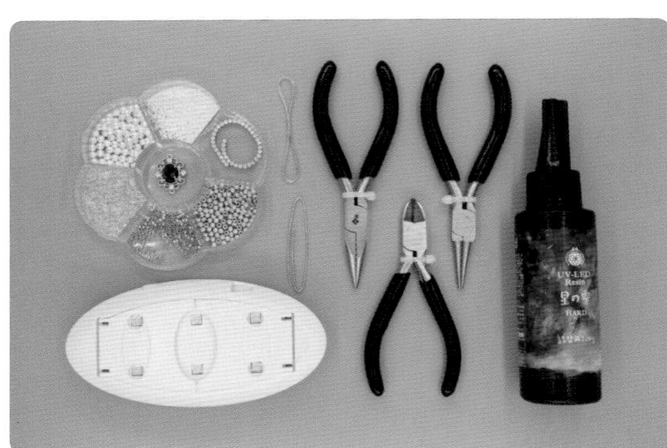

材料和工具：紫色锆石吊坠、2mm 水晶算盘珠、3mm 贝珠、1.5mm 米珠、2mm 锆石链、3mm 磨砂金珠、2mm 小金珠、0.2mm 铜丝、0.6mm 批花线、UV 灯、尖嘴钳、侧剪钳、圆嘴钳、UV 胶。

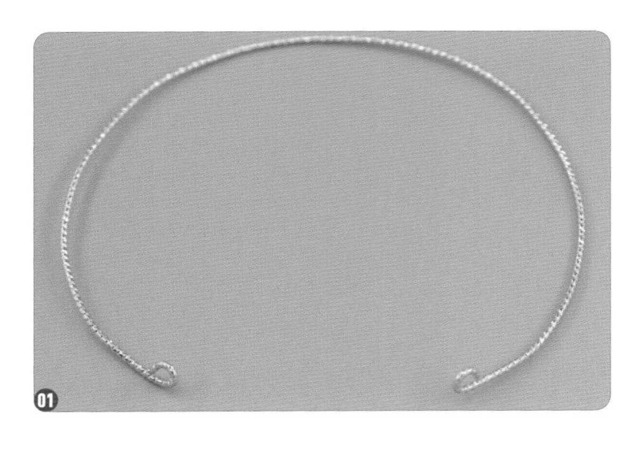

01 测量 BJD 的头围，剪一根比 BJD 的头围少 1cm 长度的 0.6mm 批花线。将 0.6mm 批花线弯成圆环状，并在两端各弯出一个小圆环。

02 用铜丝将紫色锆石吊坠的底部绑在批花线圆环的中间位置。

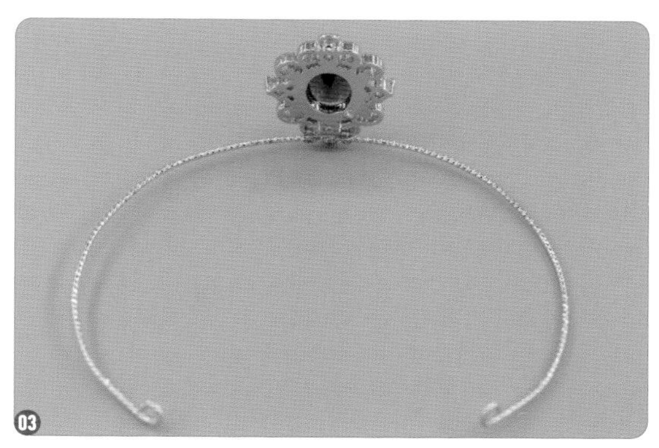

03 剪掉多余的铜丝，在连接处涂上 UV 胶，让紫色锆石吊坠和批花线圆环保持垂直状态，并用 UV 灯将 UV 胶照干。

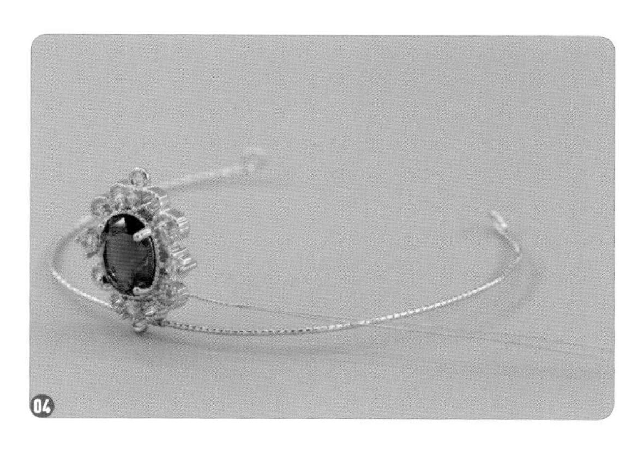

04 在紫色锆石吊坠下部的圆环（第 1 个圆环）内穿一根 15cm 长的铜丝，将铜丝对折并拧紧。

05 在铜丝上穿 10 颗 1.5mm 米珠，并拉直绑在批花线圆环上，剪掉多余的铜丝。

06 在紫色锆石吊坠第 2 个圆环内穿一根 15cm 长的铜丝，将铜丝对折并拧紧。

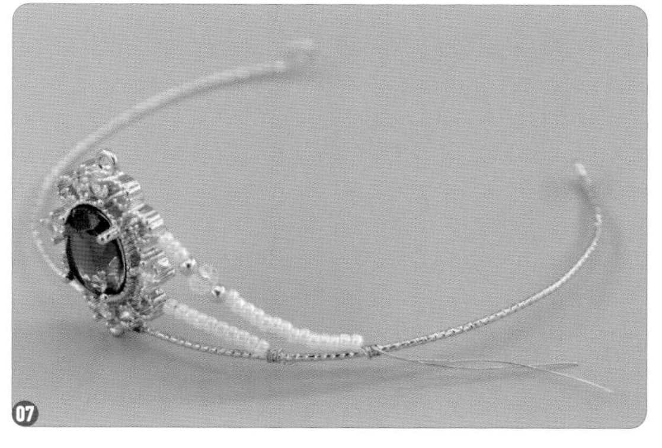

07 依次穿 3 颗 1.5mm 米珠、两颗 2mm 小金珠、一颗 3mm 水晶算盘珠、14 颗 1.5mm 米珠，并拉直绑在批花线圆环上，剪掉多余的铜丝。

08 在紫色锆石吊坠的第 3 个圆环内穿一根 15cm 长的铜丝，将铜丝对折并拧紧，穿 40 颗 1.5mm 米珠，并将铜丝绑在批花线圆环上，剪掉多余的铜丝。

09 同理制作另一边。

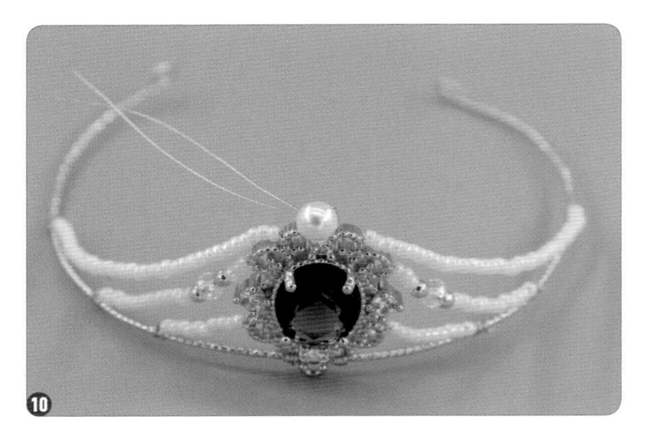

10 用铜丝穿一颗 4mm 贝珠，绑在紫色锆石吊坠顶部的圆环上，剪掉多余的铜丝。

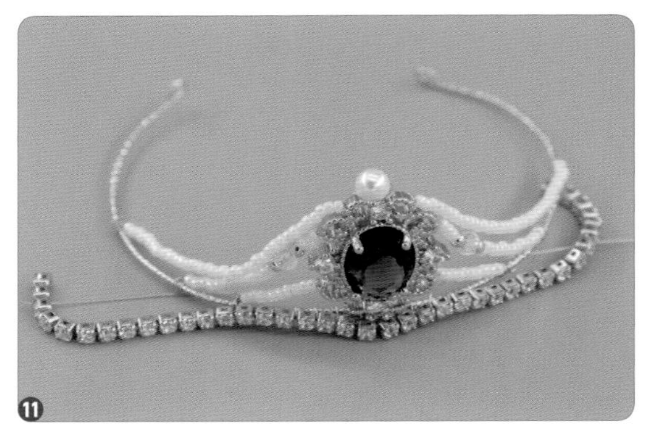

11 剪一根长度为 BJD 头围一半的 2mm 锆石链。

12 用铜丝穿过 2mm 锆石链的缝隙，一圈一圈地将 2mm 锆石链固定在批花线圆环上。为了防止 2mm 锆石链偏移，可以从中间向两边缠。

13 缠好后，在结尾处穿一颗 3mm 磨砂金珠，固定铜丝并剪掉多余的铜丝。另一边也穿一颗 3mm 磨砂金珠，固定铜丝并剪掉多余的铜丝。

14 将所有铜丝接口处都涂上 UV 胶并用 UV 灯照干，防止铜丝勾头发。

7.2 女款头饰制作案例

本节讲述女款头饰制作的 3 个案例，因为本节提到的饰品制作材料的可选择性较大，所以大家可以根据自己的喜好修改配色。丝带等材料的修剪非常容易，运用到其他尺寸 BJD 的饰品制作中的难度非常小。材料的方便切割性和替代材料的多样性，使得饰品制作的自由度非常大。

7.2.1 三分 BJD 用蝴蝶结发夹

材料和工具：尖嘴钳、圆嘴钳、热熔胶枪、剪刀、白线、针、吊坠、连接环、3.5cm× 0.6cm 的鸭嘴夹、5cm×6mm 的紫色窄丝带、2mm 宽的紫金色包边丝带、10cm×2cm 的金色丝带、12cm×4cm 的透明带金丝丝带。

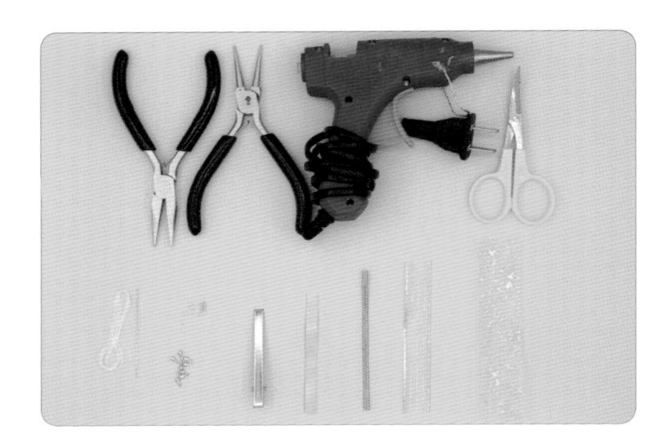

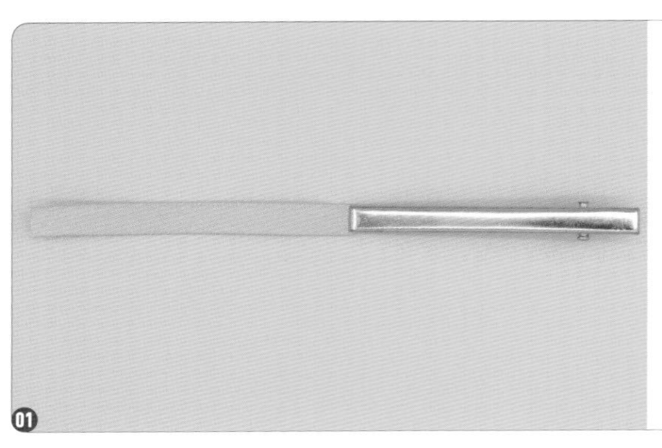

01 将热熔胶均匀地涂在鸭嘴夹正面，将紫色窄丝带贴于其表面上。调整好包边带的位置，防止出现位移，等待冷却。

小贴士

在使用热熔胶枪时要注意防止烫伤，等枪口开始流出少许热熔胶时即可使用，温度太低会导致胶体的黏性不够。

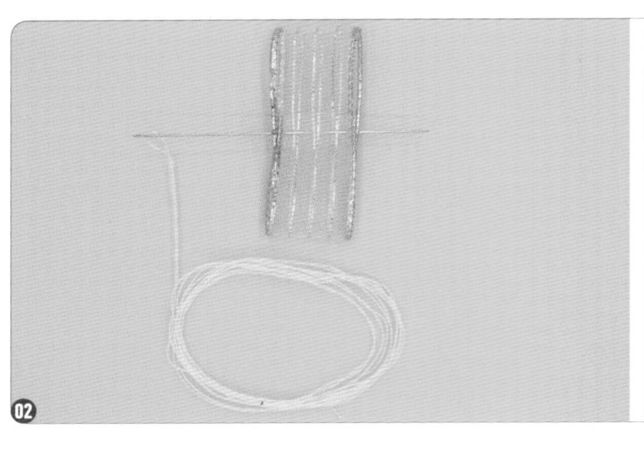

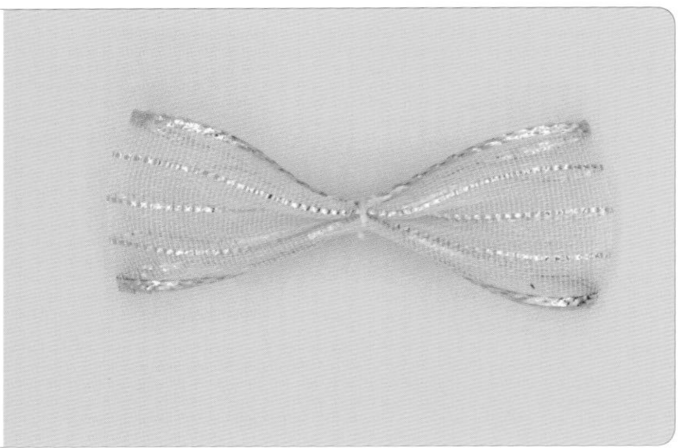

02 分别将金色丝带和透明带金丝丝带首尾相连，形成圆环状。用针线固定（不要将丝带完全缝严），拽住线头一端缓缓拉出，完成抽褶。用白线纵向缠绕蝴蝶结的抽褶部位，进行二次固定。

03 将两个蝴蝶结按照小在上、大在下的顺序放置，在调整好位置后再次使用白线纵向缠绕固定。

04 将连接好的蝴蝶结使用紫金色包边丝带缠绕一圈，并用热熔胶在背面固定。将连接环套上装饰与蝴蝶结相连。在蝴蝶结背面涂上热熔胶，与鸭嘴夹正面连接。

小贴士

在加金属装饰时，我们可以自由选择自己喜爱的配件，但要注意打孔的位置。在将蝴蝶结与鸭嘴夹进行连接时，我们可只在背面的中心部位涂胶黏合，这样更加美观。

7.2.2 四分 BJD 用发箍

材料和工具：3mm 宽的粉色真丝丝带、4cm 宽的藕粉色丝带、串珠针、2mm 小金珠、1.5mm 白色米珠、3mm 紫色捷克琉璃枣珠、1.5mm 紫色米珠、四分尺寸发箍、剪刀、串珠线、B6000 饰品胶。

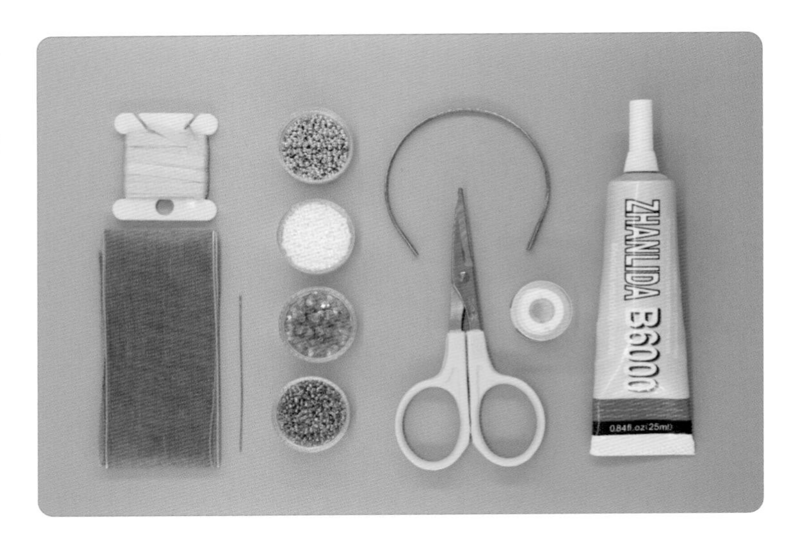

01 剪一根 15cm 长的藕粉色丝带。穿一根串珠线，尾部打结，穿过藕粉色丝带底部。

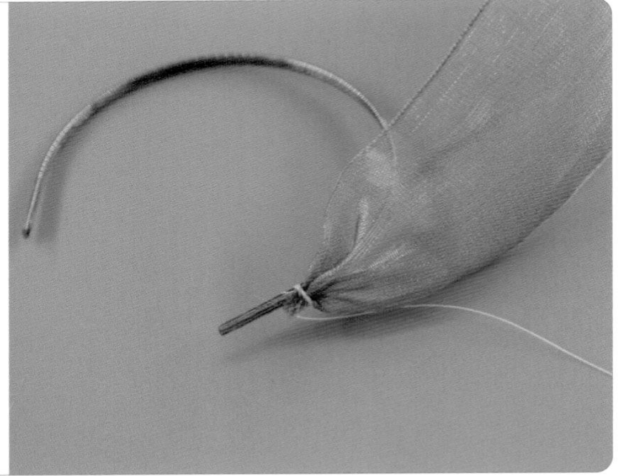

02 拉紧，将藕粉色丝带缠紧，并将藕粉色丝带绑在距离发箍底部 1cm 处。

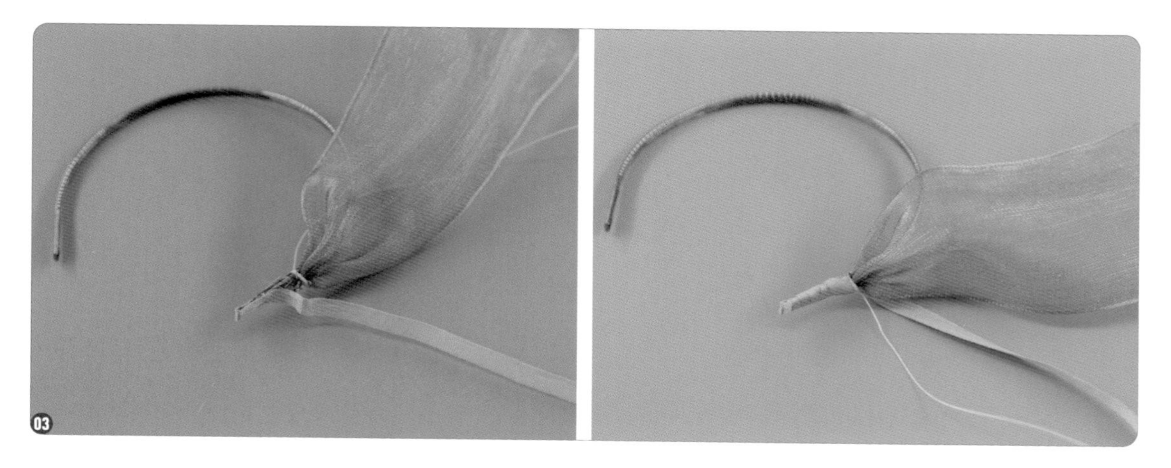

03 用 B6000 饰品胶将粉色真丝丝带粘在发箍上，用粉色真丝丝带将发箍缠起来，把藕粉色丝带的断口处也缠起来。

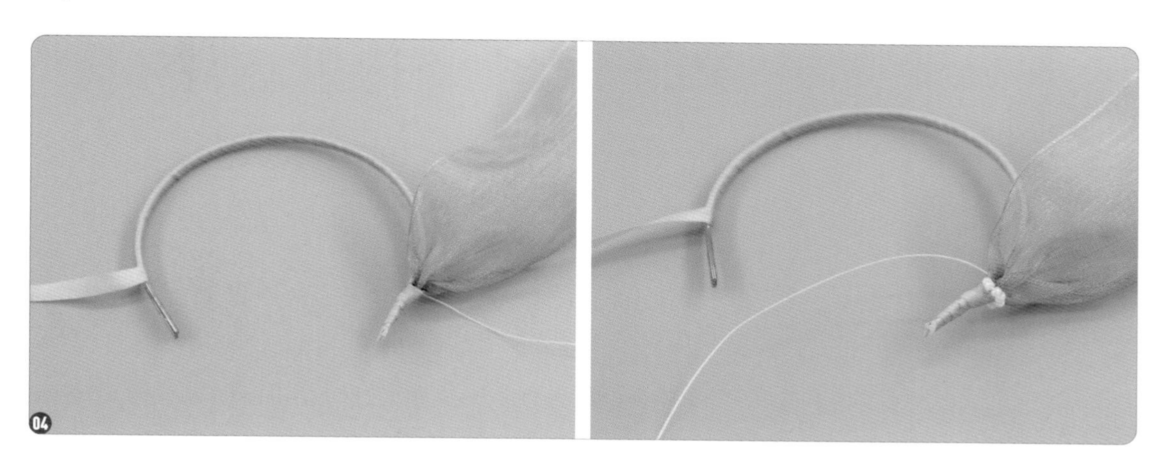

04 用粉色真丝丝带缠绕发箍，剩 1cm 左右不缠，在结尾处用 B6000 饰品胶粘一下，防止刚刚缠好的粉色真丝丝带松动。用串珠线穿一圈 1.5mm 白色米珠，在图示的位置绑一圈。

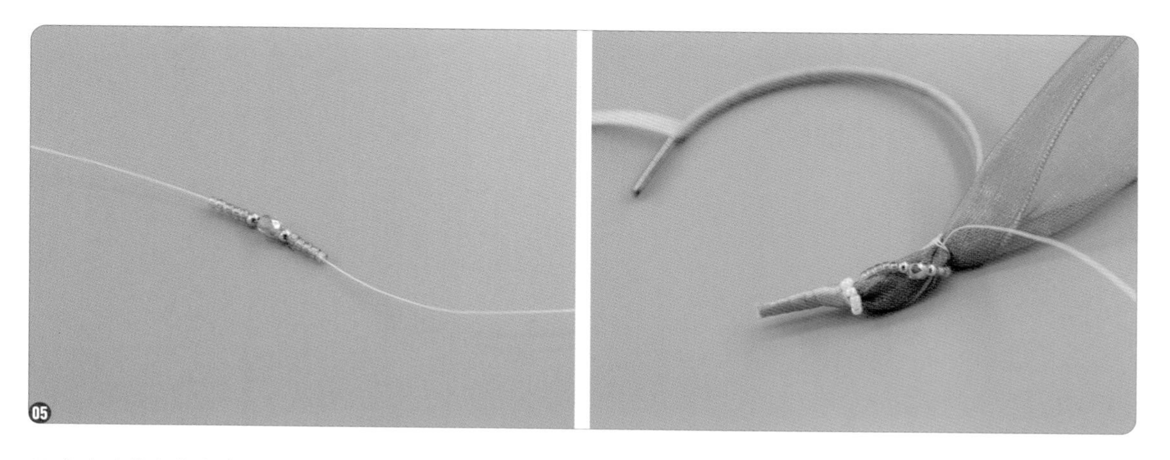

05 在串珠线上依次穿 5 颗 1.5mm 紫色米珠、一颗 2mm 小金珠、一颗 3mm 紫色捷克琉璃枣珠、一颗 2mm 小金珠、5 颗 1.5mm 紫色米珠。将藕粉色丝带拧两圈，用穿上珠子的串珠线将藕粉色丝带绑在发箍上。

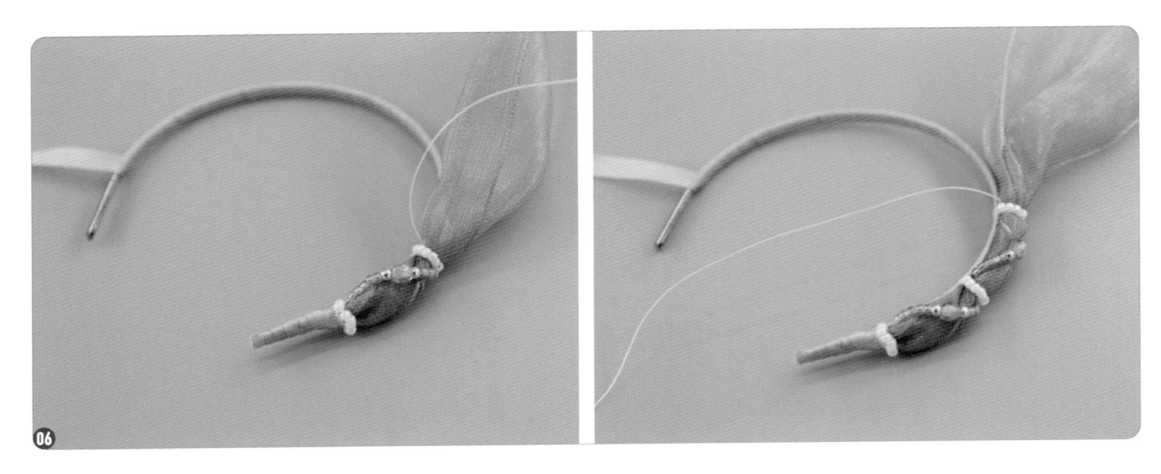

06 穿一圈 1.5mm 白色米珠，挡住刚刚缠绕的线。按照同样的方式继续串珠，缠绕剩下的藕粉色丝带。

07 缠到没有缠粉色真丝丝带的发箍处结束，将串珠线打结并固定。将多余的藕粉色丝带剪断，不剪断串珠线，放一边备用。

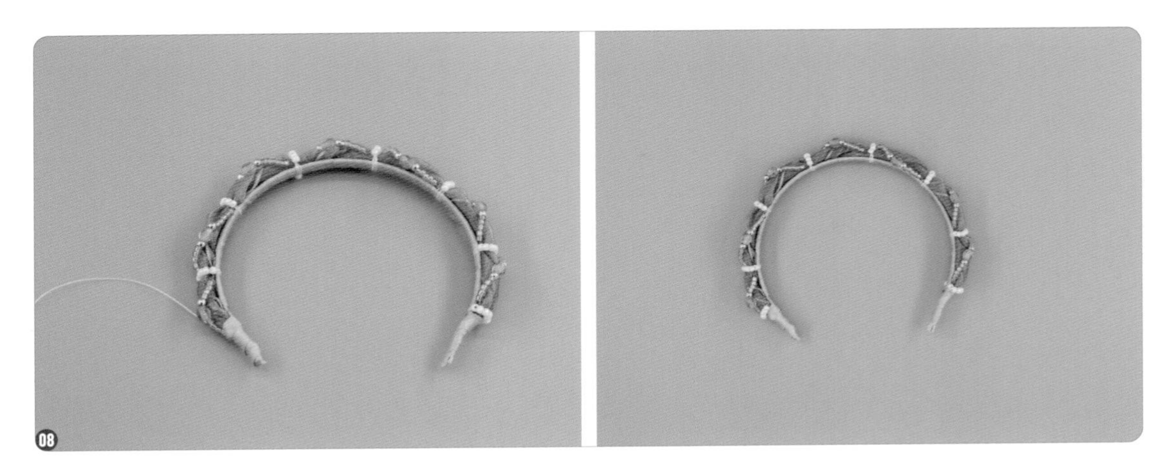

08 用剩余的粉色真丝丝带将发箍剩余部分缠起来并用 B6000 饰品胶固定，等 B6000 饰品胶干透后剪掉多余的粉色真丝丝带。在粉色真丝丝带和藕粉色丝带相接处穿一圈白色米珠，打结，将线剪断。

7.2.3 六分 BJD 用花环

材料和工具：直径不超过 3mm 的各色小珠子、直径不超过 2cm 的各色纱质压花、3mm 宽的绿色真丝丝带、0.6mm/0.2mm 铜丝、B6000 饰品胶、剪刀、侧剪钳。

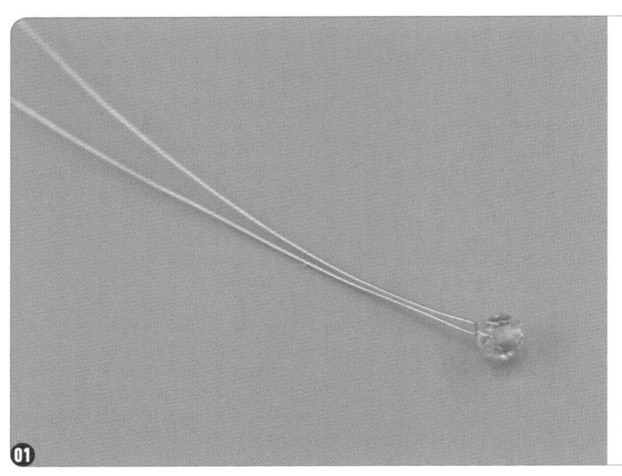

01 用侧剪钳剪一根 10cm 长的 0.2mm 铜丝，穿一颗粉色 3mm 水晶算盘珠。将穿好珠子的铜丝从两片纱质压花中间穿过。

02 在其中一根铜丝上穿一颗 1.5mm 白色米珠，将两根铜丝合并拧紧。根据不同尺寸和颜色的花朵，选择不同尺寸和颜色的珠子，做出 25 朵小花（花朵的数量可根据自己的喜好调整）。

03 用 0.2mm 铜丝拧一把各种颜色的小珠子，再拧一把树杈状的小珠子，总数量为 40 根左右。

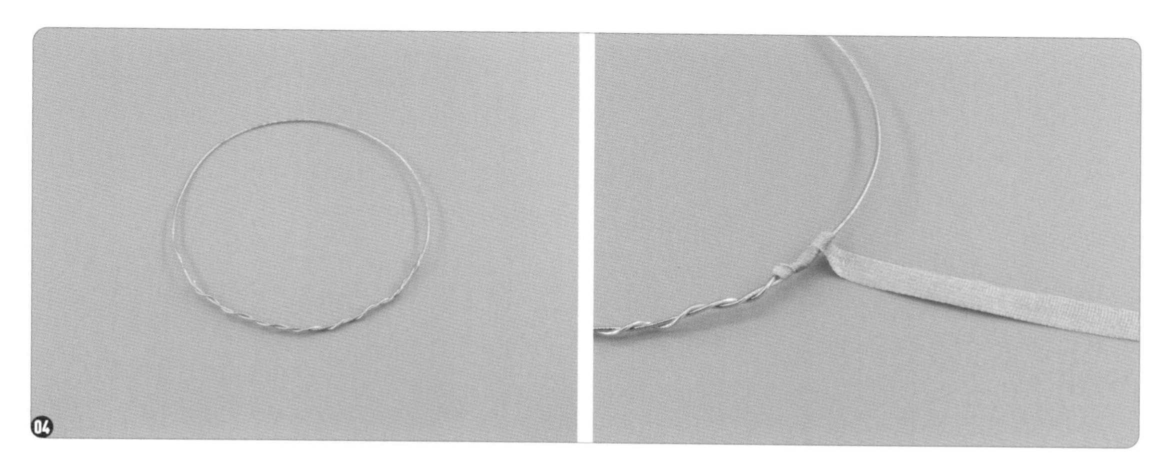

04 测量 BJD 的头围，用 0.6mm 铜丝弯一个比 BJD 的头围小 0.5cm 的圆环，并用 B6000 饰品胶把绿色真丝丝带粘在圆环上。

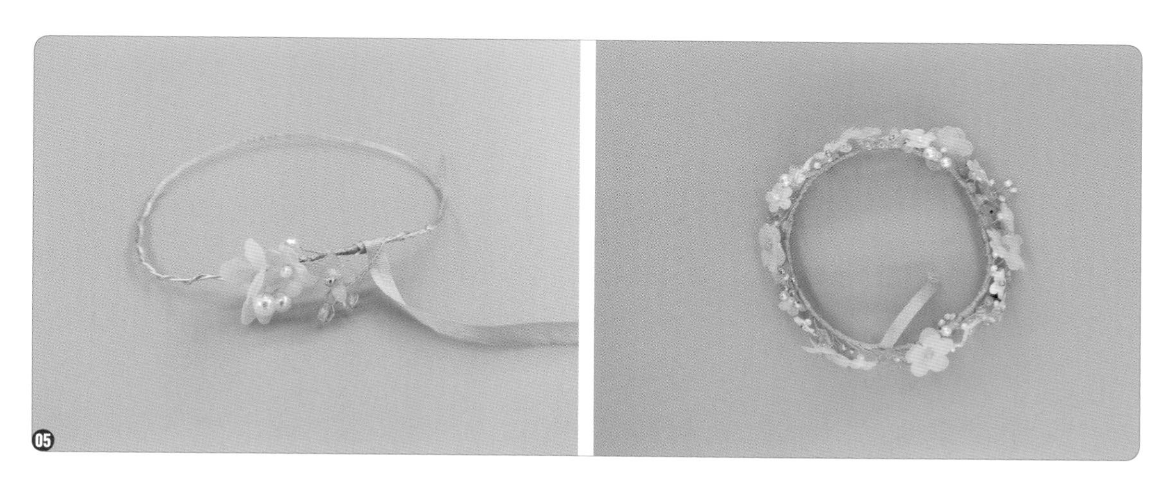

05 将小花和小珠子按照不规则的排列方法，逐个缠在圆环上，将整个圆环缠满小花和小珠子。在绿色真丝丝带结尾处涂上 B6000 饰品胶，等 B6000 饰品胶干透后剪掉多余的绿色真丝丝带。

7.3 项链制作案例

项链是出现频率非常高的一种饰品，其形式也多种多样。项链的制作难度不大，也是初学者十分容易掌握的一种饰品。多种多样的材料让手工制作者可以制作出品类丰富的项链。本节讲述的案例适用于三分和四分 BJD，大家可以根据材料和具体情况进行更改，也可以进行等比例缩放，以适用于其他尺寸的 BJD。

7.3.1 四分 BJD 用珍珠项链

材料和工具：剪刀、串珠针、2mm 开口圈、3mm 闭口圈、3mm 紫色珍珠、串珠线、金珠小吊坠、定位珠、4mm 带圈定位珠、龙虾扣。

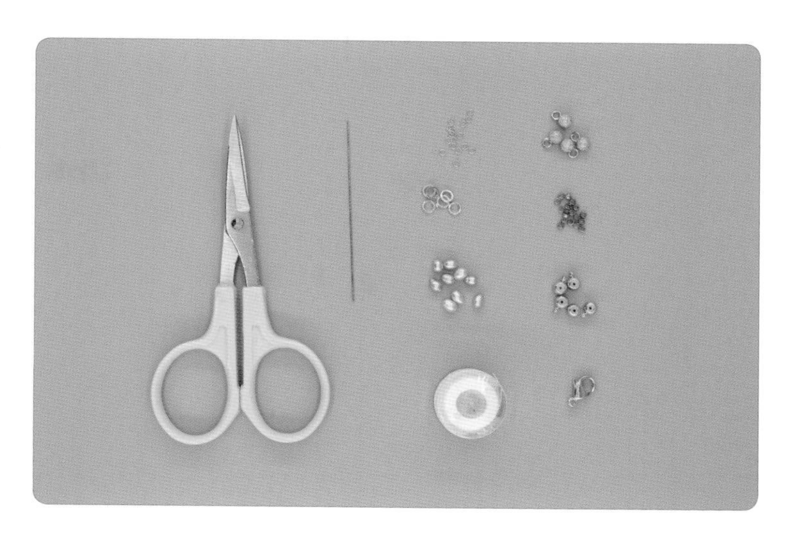

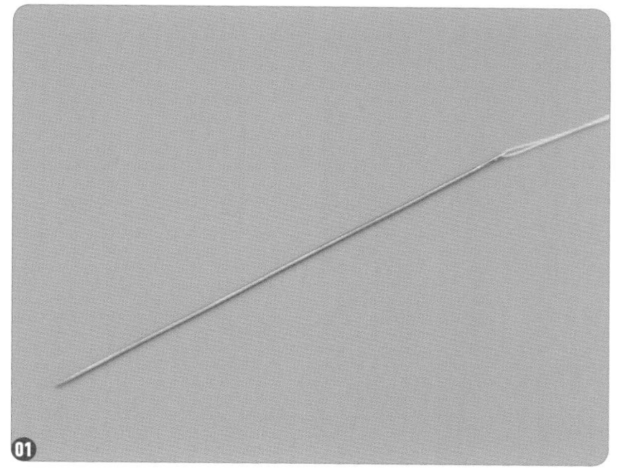

01 在串珠针上穿一根长 50cm 左右的串珠线，并将串珠对折。

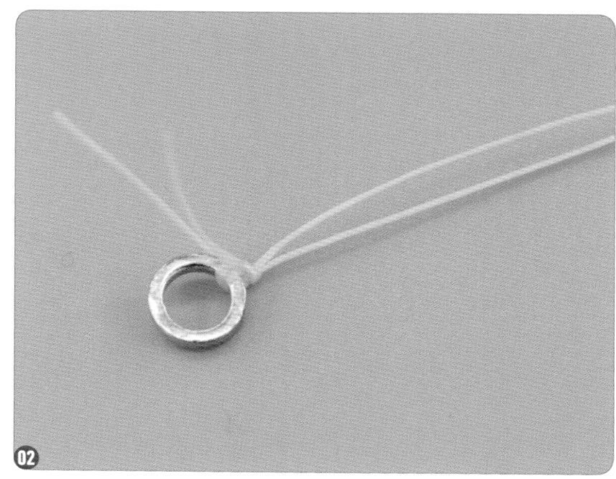

02 在串珠线的尾部绑一个 3mm 闭口圈。

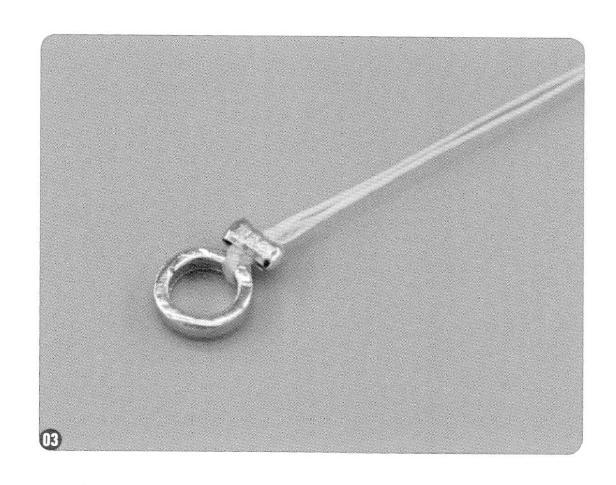

03 穿一颗定位珠，在剪掉线头后将定位珠夹扁。

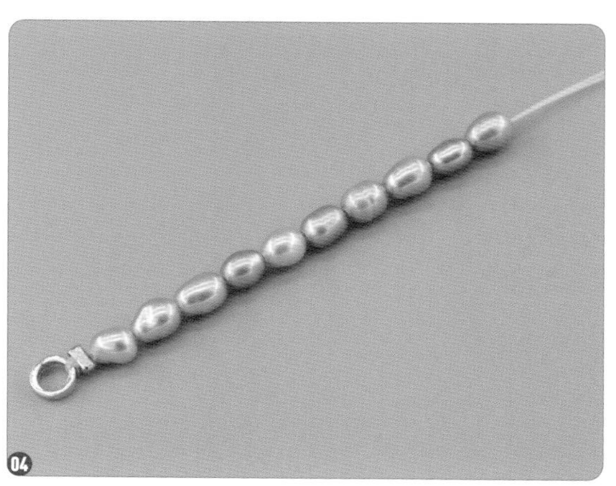

04 穿 10 颗 3mm 紫色珍珠。

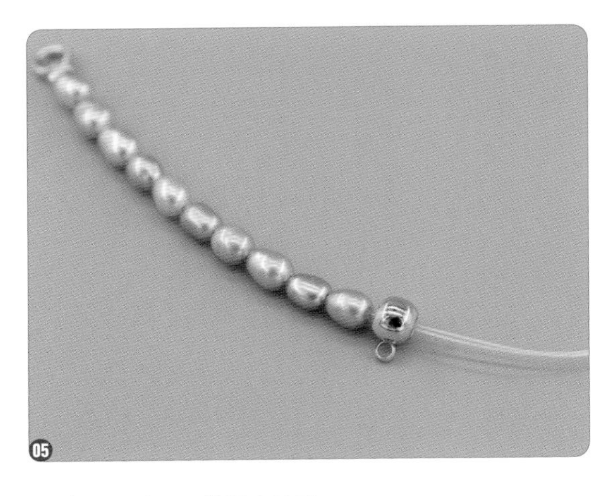

05 穿一颗 4mm 带圈定位珠。

06 穿 10 颗紫色珍珠。

07 穿一颗定位珠，将串珠线穿过龙虾扣并打结，剪掉多余的线头，将定位珠夹扁。

08 用 2mm 开口圈把金珠小吊坠连接在 4mm 带圈定位珠上。

7.3.2 三分 BJD 用串珠项圈

材料和工具：0.6mm 批花线、3mm/4mm 粉色水晶算盘珠、2mm 小金珠、龙虾扣、圆珠针、3mm 金色扁珠、花形连接片、4mm 贝珠、蝴蝶花片、3mm 开口圈、莲花连接片、5mm 贝珠、圆嘴钳、侧剪钳、尖嘴钳、2mm 刻花小金珠、6mm 花形珠托。

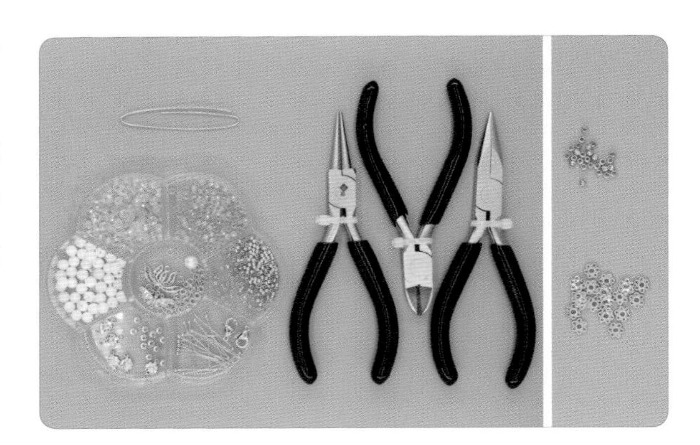

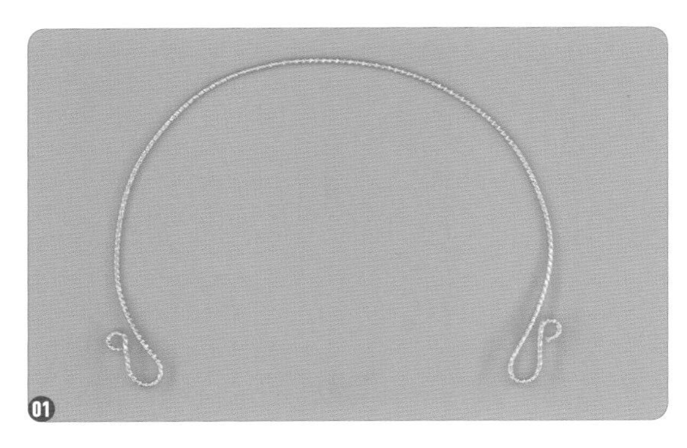

01 剪一根 16cm 长的 0.6mm 批花线，弯成图示的形状。

02 剪掉莲花连接片两边的圆环。

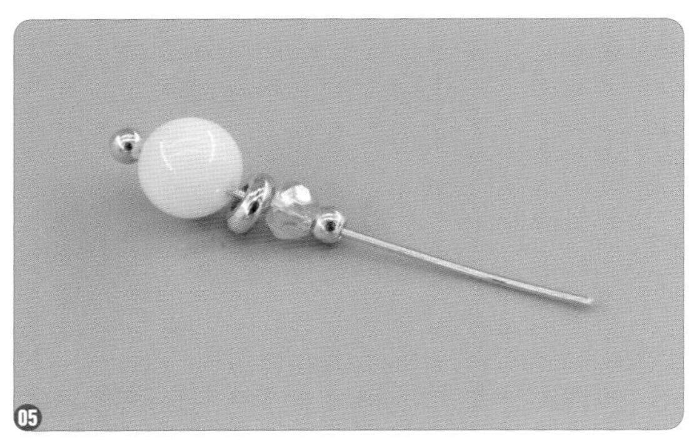

03 将莲花连接片和蝴蝶花片，用 3mm 开口圈按照图示的方式连接起来。

04 用圆珠针依次穿 6mm 花形珠托、6mm 贝珠、6mm 花形珠托、4mm 粉色水晶算盘珠、2mm 刻花小金珠，做成吊坠。

05 用圆珠针依次穿 4mm 贝珠、3mm 金色扁珠、3mm 粉色算盘珠、2mm 小金珠。

06 按照上述方式制作 4 个吊坠。

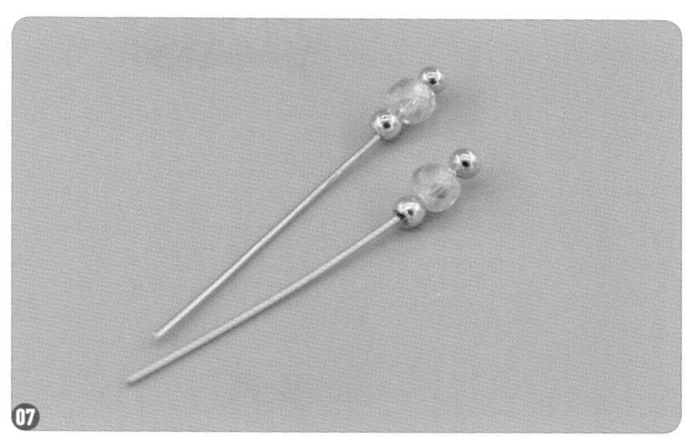

07 取两根圆珠针，各穿一颗 3mm 水晶算盘珠和一颗 2mm 小金珠。

08 将圆珠针的一端弯成圆环，做成两个小吊坠。

09 按照图中的顺序将 5 个吊坠连接在蝴蝶花片上。

10 在莲花连接片两边各连接一个花形连接片。

11 在花形连接片的两边各连接一个龙虾扣。

12 将剩余的两个吊坠连接在花形连接片上。

13 用龙虾扣扣住项圈的两个弯钩。

7.4 古风耳环制作案例

耳环和项链一样，也是出现频率非常高的一种饰品。其制作方法非常简单，容错率很高，初学者十分容易掌握。大部分 BJD 并没有耳洞，但这并不影响耳环的佩戴。我们可以将耳环用眼泥（万能黏土）粘在耳垂上，且浅色的眼泥并不容易造成染色。

7.4.1 三分 BJD 用铃兰耳环

材料和工具：热缩片通用材料和工具（详见第 6 章）、0.15mm 热缩片、白色色粉、3mm 贝珠、3mm 开口圈、锆石小吊坠、9 字针、3mm 水晶算盘珠。

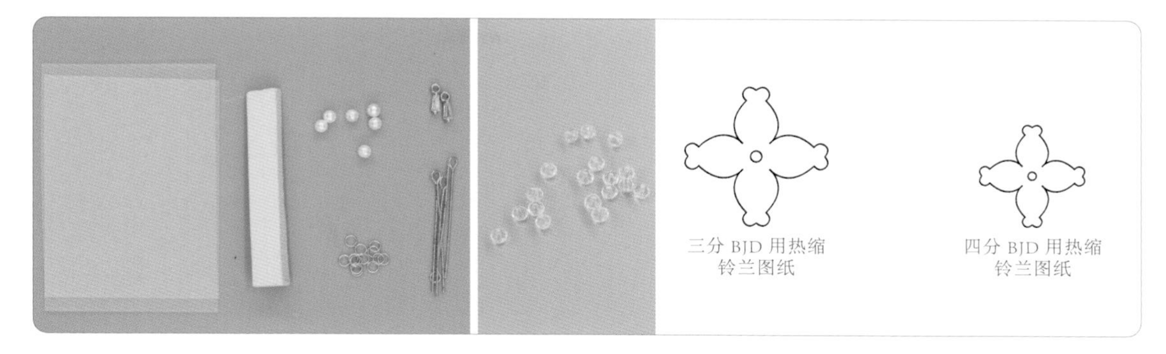

01 按照图纸用白色铅笔在热缩片上画出两片铃兰，并沿着画好的线剪下来。

02 用笔刀在中心位置钻一个小孔。

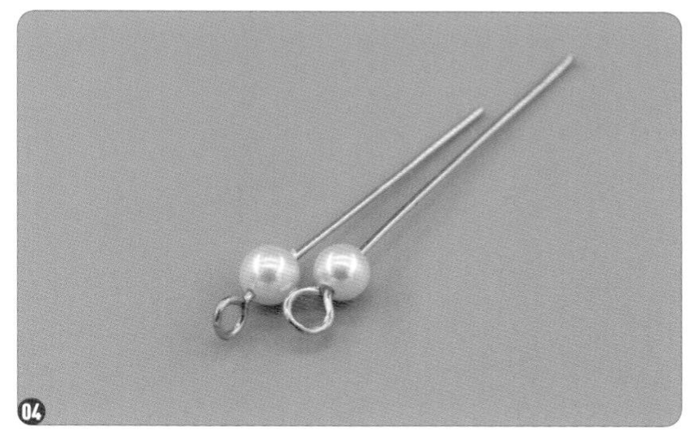

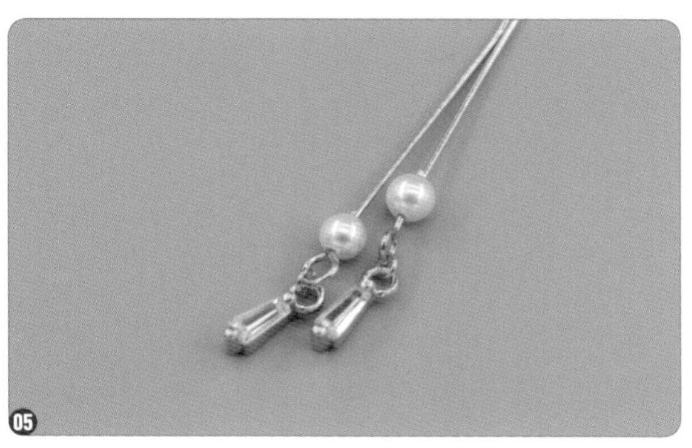

03 用白色色粉均匀地涂满热缩片。

04 拿出两根 9 字针，各穿一颗 3mm 贝珠。

05 用 3mm 开口圈把锆石小吊坠连接在 9 字针上。

06 将 9 字针穿过铃兰中间的小孔。注意，带有珠子的这面为热缩片光滑的一面。

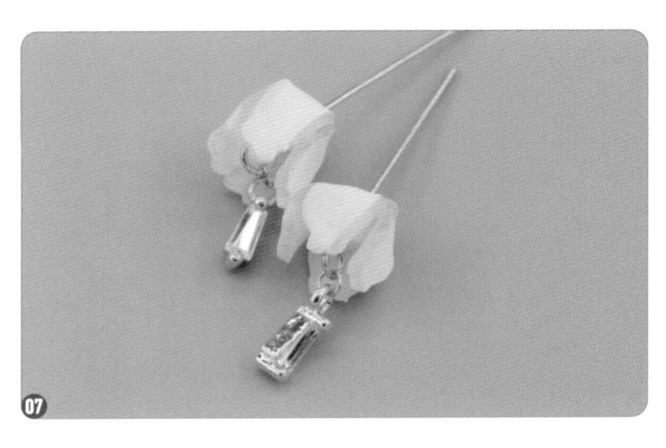

07 用热风枪将热缩片吹至完全展平，并趁热用手整理成花朵的形状。

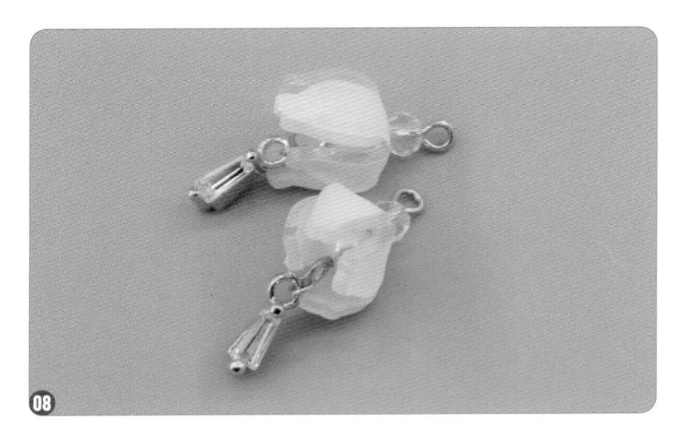

08 在花朵上穿一颗 3mm 水晶算盘珠，并用圆嘴钳将剩余的针弯成圆环。在铃兰表面涂满 UV 胶并用 UV 灯照干。注意，不要将 UV 胶涂到除热缩片以外的地方。

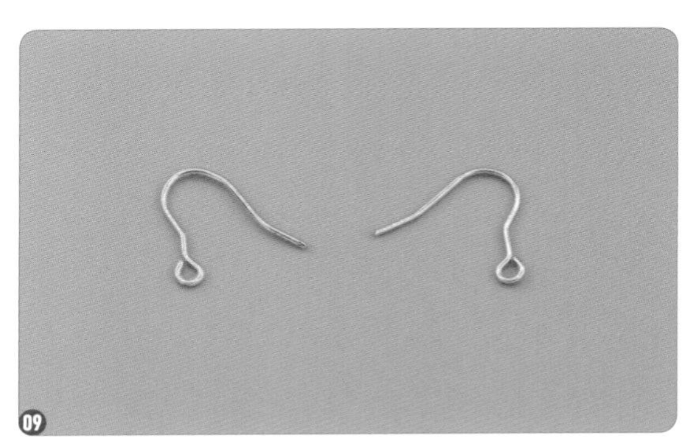

09 用圆嘴钳将两根 9 字针弯成耳钩的形状。

10 用 3mm 开口圈将铃兰分别连接在两个耳钩上。

7.4.2 四分 BJD 用珍珠耳环

材料和工具：2mm 开口圈、带环金属连接片、4mm × 6mm 珍珠、圆珠针、2mm 小金珠、3mm 平底珍珠、B6000 饰品胶、剪刀、圆嘴钳、侧剪钳、尖嘴钳。

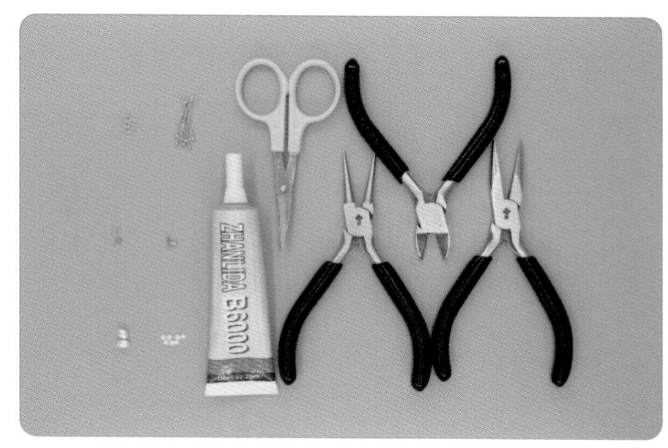

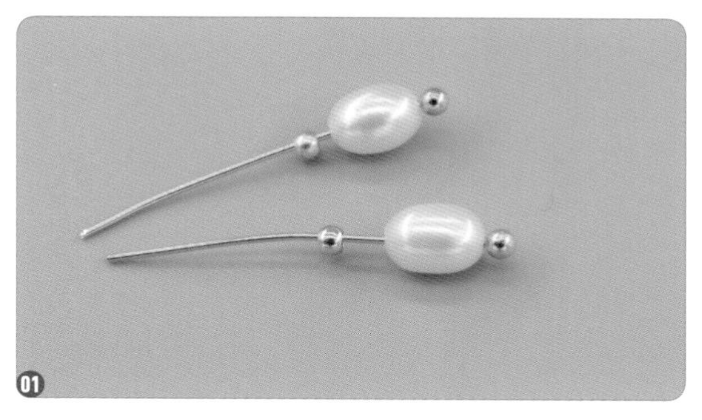

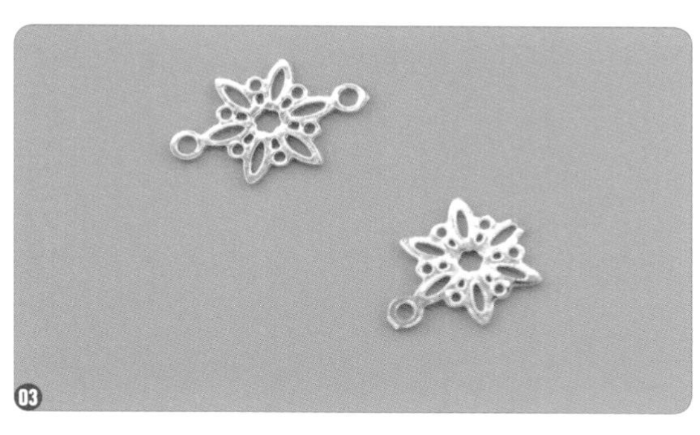

01 拿出两根圆珠针，各穿一颗 4mm × 6mm 珍珠、一颗 2mm 小金珠。

02 将圆珠针修剪到合适的长度，将剩余的圆珠针弯成圆环状，做成两颗珍珠吊坠。

03 拿出两个带环金属连接片，用剪刀剪掉一边的圆环。

04 用 B6000 饰品胶将两颗平底珍珠粘在连接片的中间位置。

05 用 2mm 开口圈把吊坠连接在带环金属连接片剩余的一个圆环上。用眼泥将带环金属连接片粘在 BJD 耳朵上，这样，没有耳洞的 BJD 也可以佩戴。

7.5 装饰链制作案例

装饰链是一种应用范围十分广泛的饰品，也有很多分支，如腰链等。近年来，随着异域风、古风影视剧的大热，装饰链的出现越来越频繁，越来越多的手工制作者开始制作风格迥异的装饰链。装饰链的制作难度由饰品的复杂程度决定，在熟练掌握制作技巧后，制作效率可以得到很大提升。

7.5.1 叔叔 BJD 用穗子宫绦

材料和工具：饰品胶、5mm 粗的银色麻花装饰绳、银色金属花片、6mm 雪花隔片、6mm 贝珠、3mm 银珠、3mm 开口圈、15cm 长的渐变穗子、剪刀。

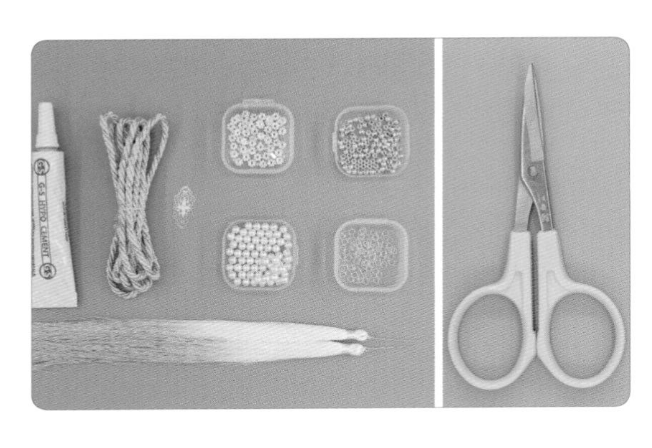

01 在绑好两根渐变穗子后，在穗子绑住的 9 字针上穿一个6mm雪花隔片、一颗6mm贝珠、一颗3mm银珠。

02 测量 BJD 的腰围，算出腰围的 5 倍长度，按照得出的结果，剪一根同样长度的银色麻花装饰绳。

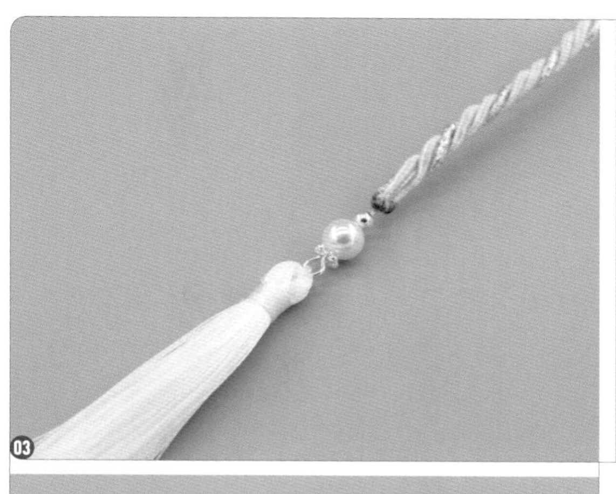

03 在穿好珠子的 9 字针上涂上饰品胶，将 9 字针插入银色麻花装饰绳中。等饰品胶干透后，在银色麻花装饰绳表面涂上饰品胶。用银色金属花片将银色麻花装饰绳和 9 字针的接口包起来。

7.5.2 叔叔 BJD 用异域风身体链

此款身体链亦可作为头链

材料和工具：尖嘴钳、侧剪钳、圆嘴钳、U形打底花片、10mm× 12mm珍珠戒面、O字链、8mm/10mm磨砂金属圆片、圆珠针、6mm闭口圈、锁形链条、龙虾扣+延长链、10mm水沫玉吊坠、9字针、3mm开口圈、扇形锆石挂坠、U形锆石连接环、4mm/5mm/6mm贝珠、3mm×6mm水滴珠、3mm磨砂金珠、2mm小金珠。

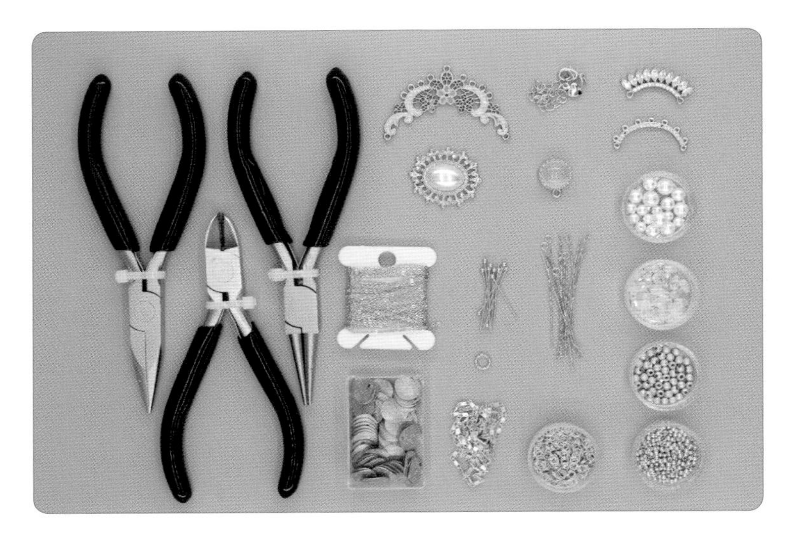

01 将U形锆石连接环掰弯一点，用两个3mm开口圈将扇形锆石挂坠连接在U形锆石连接环上。

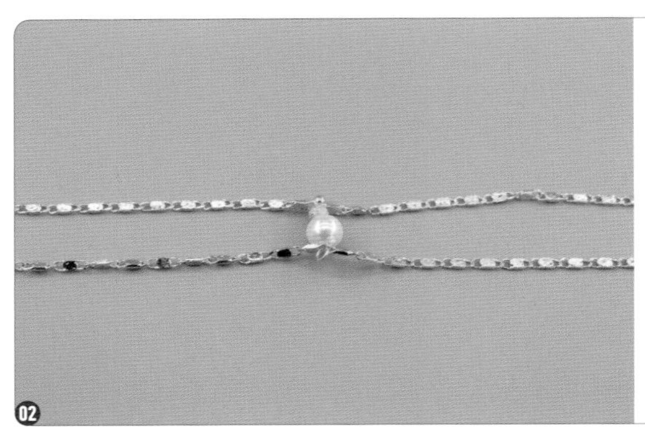

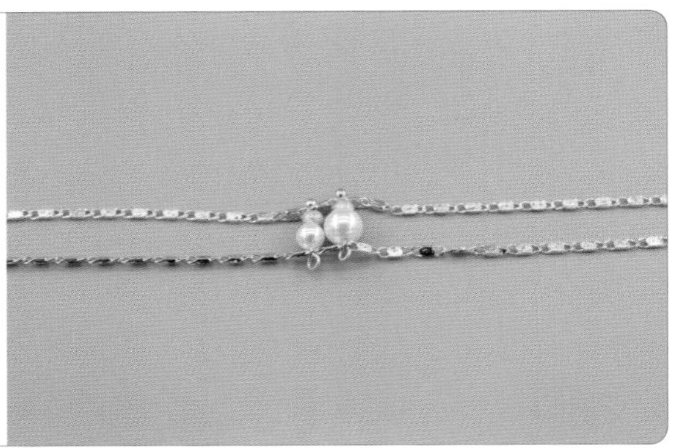

02 剪一根12cm长和一根15cm长的锁形链条，短的在上面，长的在下面，用圆珠针加珠子（4mm贝珠、5mm贝珠和3mm磨砂金珠）串起来，中间用一颗5mm贝珠，两边用4mm贝珠。

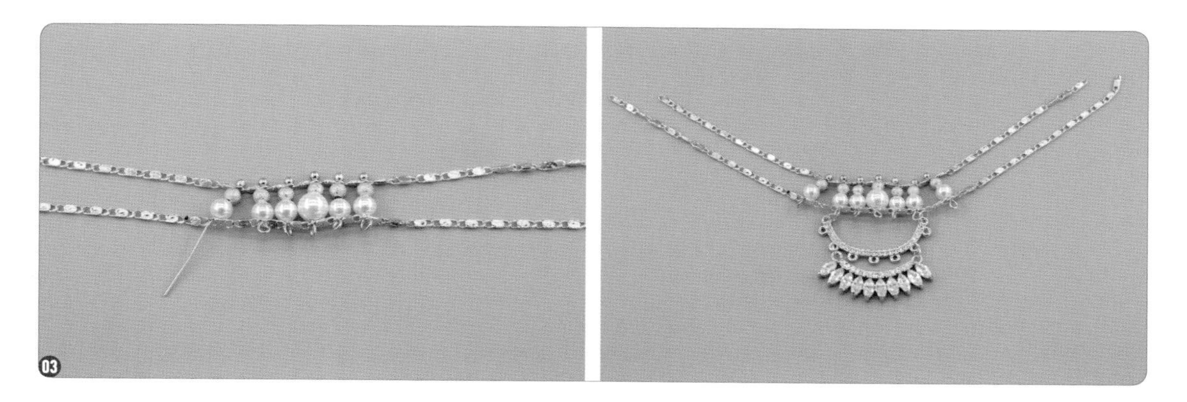

03 在穿好两颗 4mm 贝珠后，将第 3 颗斜着穿，另一边也用相同的方式穿好。将 U 形锆石连接环挂在图示的位置。

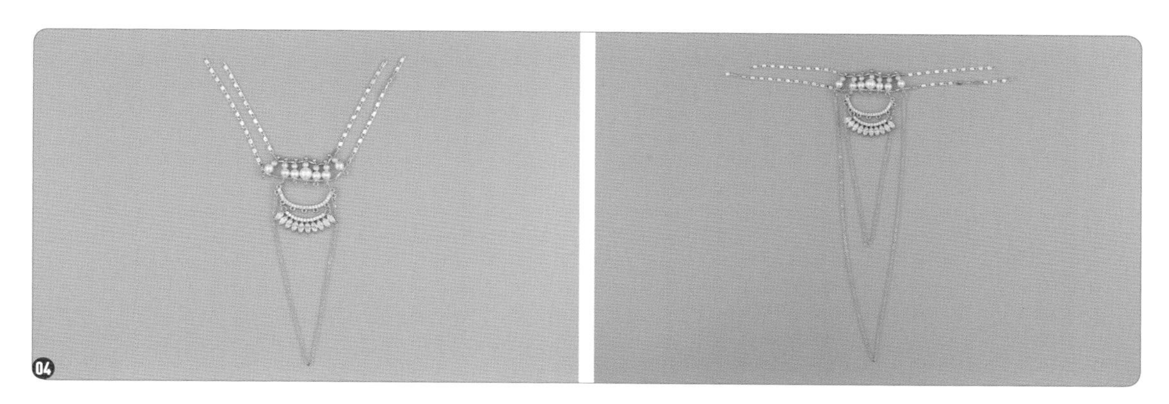

04 剪一根 15cm 长的 O 字链，挂在 U 形锆石连接环剩余的两个圆环上。剪一根 21cm 长的 O 字链，挂在斜着的两颗 4mm 贝珠上。

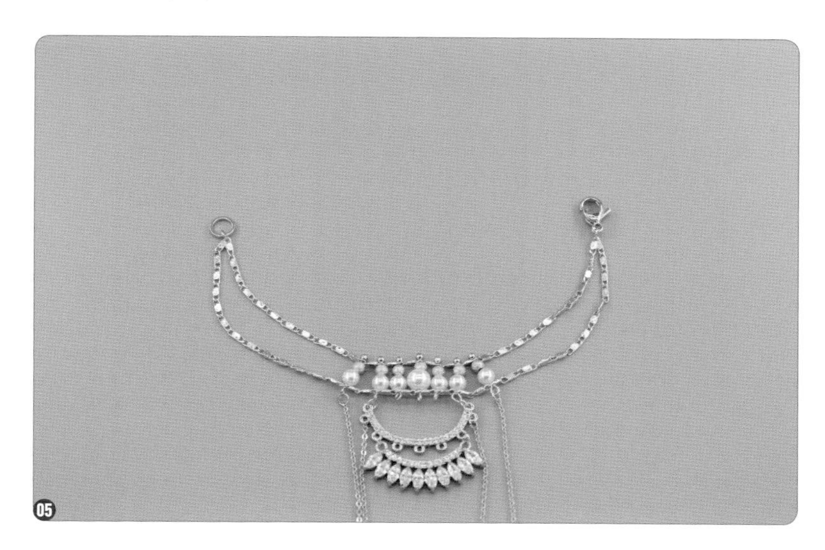

05 将两侧的锁形链条，一端用龙虾扣连接起来，另一端用 6mm 闭口圈连接起来。

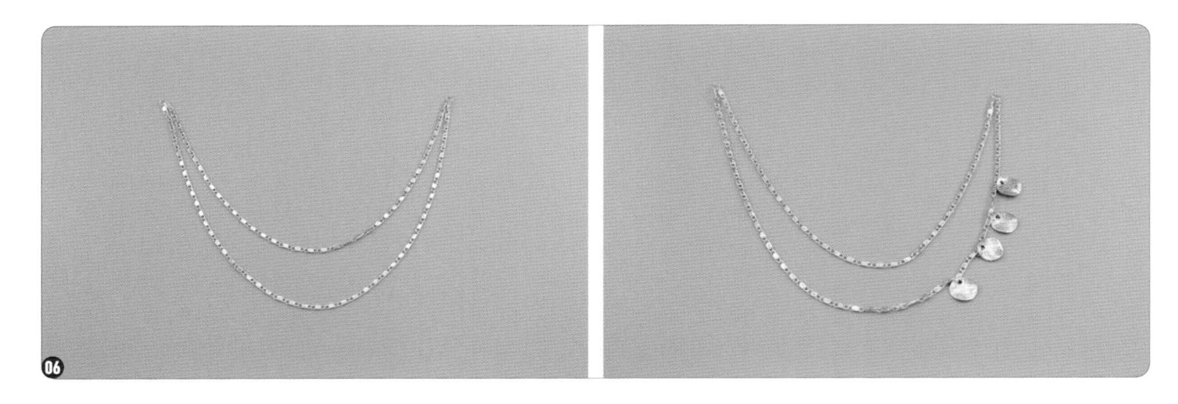

06 剪一根 19cm 长和一根 23cm 长的锁形链条，将两根锁形链条用 3mm 开口圈连在一起。在 23cm 长的锁形链条的 3cm 处挂一片 8mm 磨砂金属圆片，隔 1.5cm 再挂一片，一共挂 4 片。另一边也用同样的方式做好。

07 将做好的两根带 8mm 磨砂金属圆片的链条按照图示连接好，身体链的上身部分就完成了。

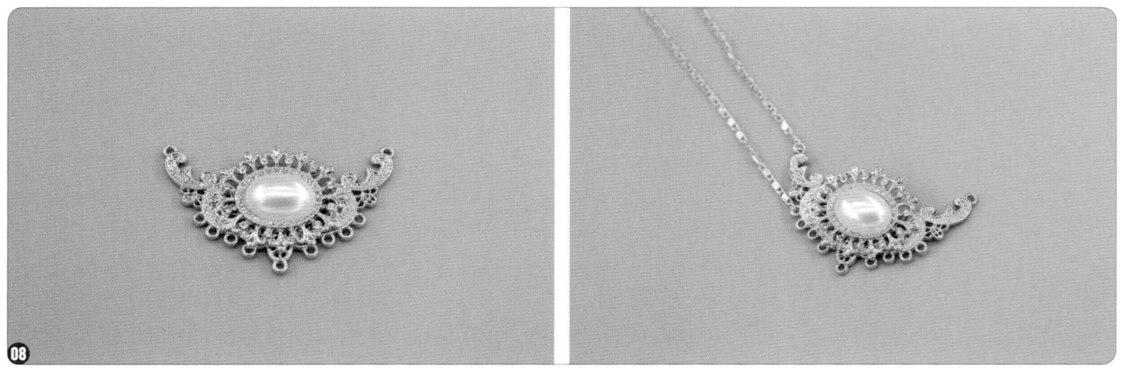

08 制作腰链部分。将珍珠戒面粘在 U 形打底花片上。剪一根 9cm 长和一根 10cm 长的锁形链条，并将其连接在 U 形打底花片上，短的在上面，长的在下面。

09 用圆珠针穿一颗 3mm 磨砂金珠和一颗 6mm 贝珠，隔 1cm 左右再穿一颗 5mm 贝珠，直到把整个链条穿完。另一边也用同样的方式穿好。在链条两端连接上龙虾扣和延长链。

10 用 9 字针做出和腰链上贝珠数量相同的吊坠，并在每个吊坠上都挂一片 10mm 磨砂金属圆片。

11 用圆珠针做 8 颗水滴形的吊坠，将做好的所有吊坠都连接在腰链上。

12 将 10mm 水沫玉吊坠连接在腰链中间。

7.5.3 三分 BJD 用臂环

材料和工具：UV 胶、尖嘴钳、侧剪钳、圆嘴钳、4mm 磨砂小球吊坠、0.2mm/0.6mm 铜丝、6mm 铃铛、9 字针、2mm 小金珠、3mm 磨砂金珠、3mm 开口圈、3mm 白色 / 红色水晶算盘珠、UV 灯。

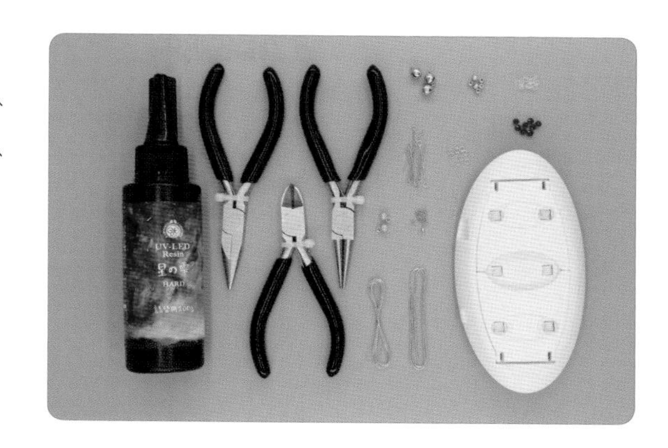

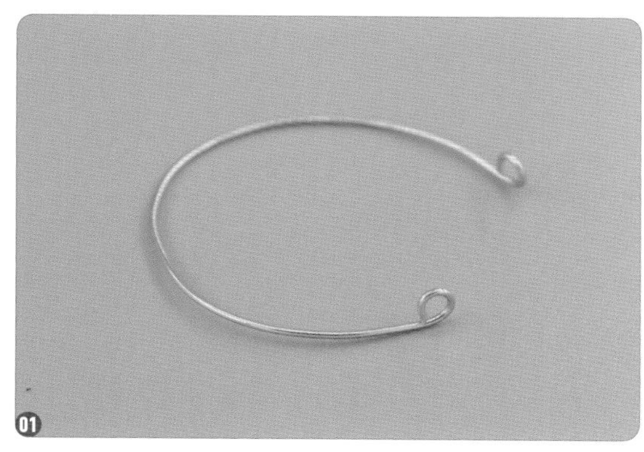

01 测量 BJD 的臂围，剪两根长度比臂围多 0.5cm 的 0.6mm 铜丝，弯成圆环状，并在两头弯两个小圆环。

02 用 0.2mm 铜丝将整个圆环缠满，并将缠好的两个圆环相对着用 0.2mm 铜丝绑起来。臂环主体就做好了。

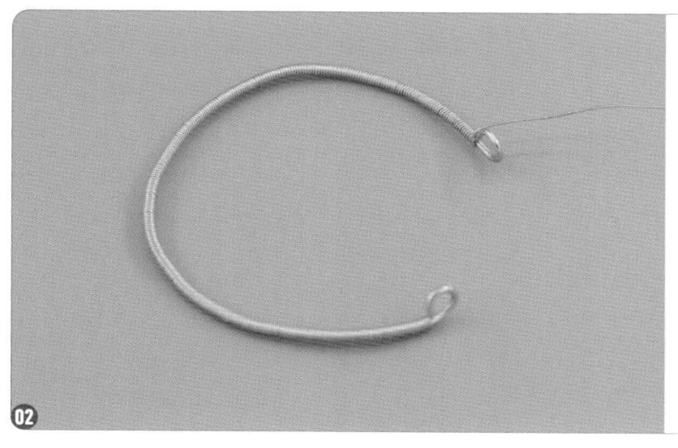

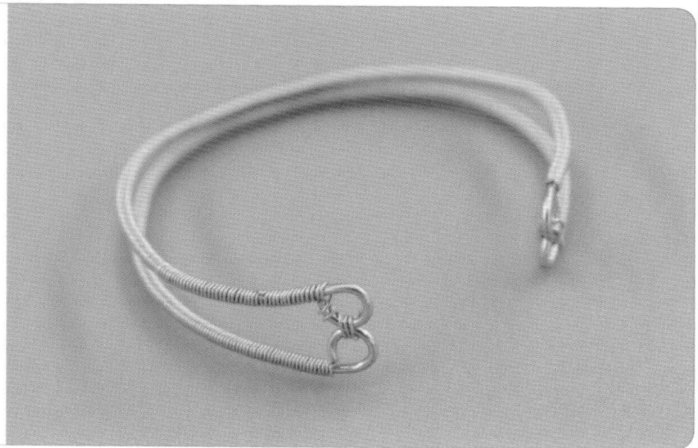

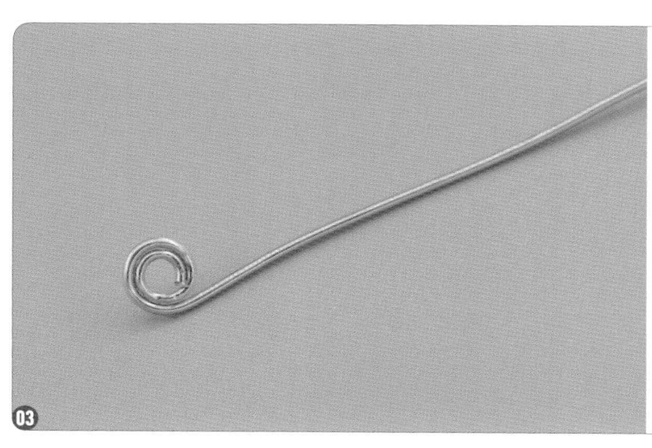

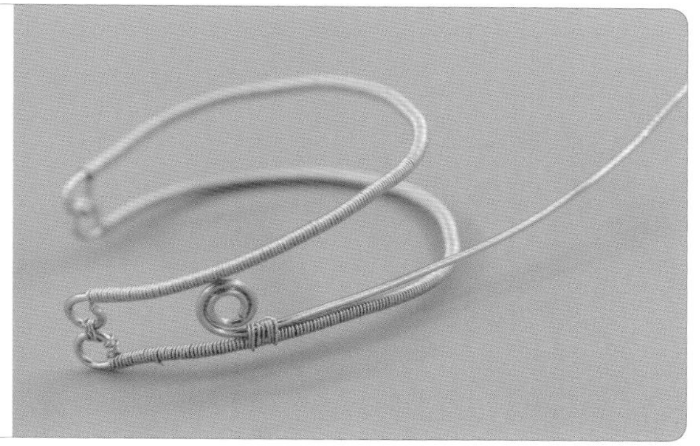

03 剪一根 0.6mm 铜丝，在开头处用圆嘴钳弯出蚊香状的圆圈，用 0.2mm 铜丝将其绑在臂环上。

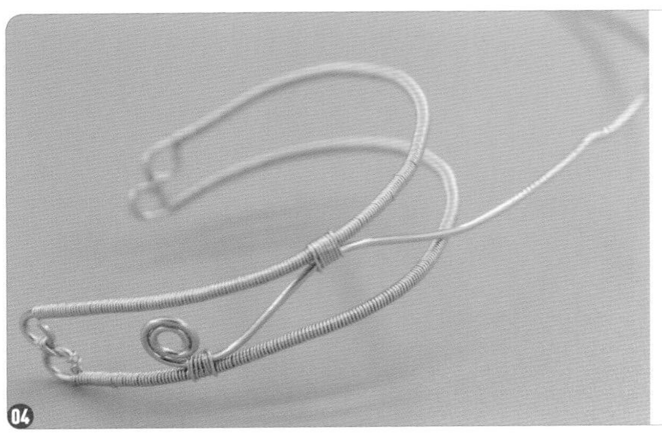
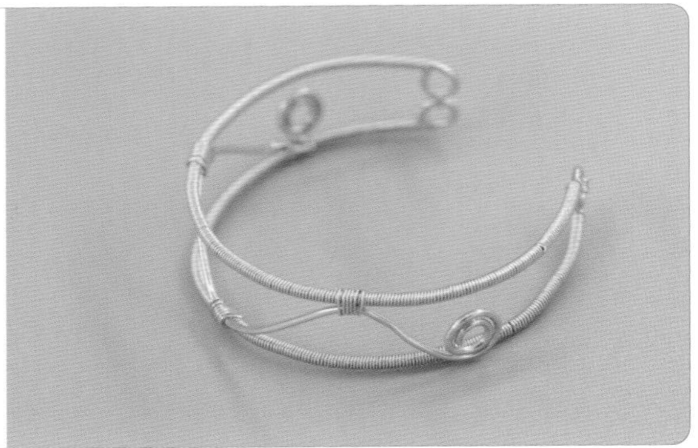

04 在臂环上绑出对称的图案。

05 做 5 个红色小吊坠。

06 在 3 个红色小吊坠上挂上 6mm 铃铛，在剩下的两个红色小吊坠上挂上 4mm 磨砂小球吊坠。

07 剪一根 30cm 长的 0.2mm 铜丝，在开头处穿一颗 3mm 白色水晶算盘珠。将 3mm 白色水晶算盘珠缠绕在臂环底部，剪掉多余的铜丝。

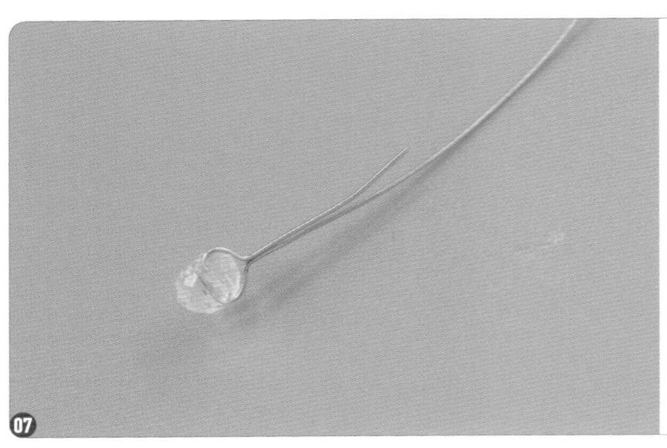
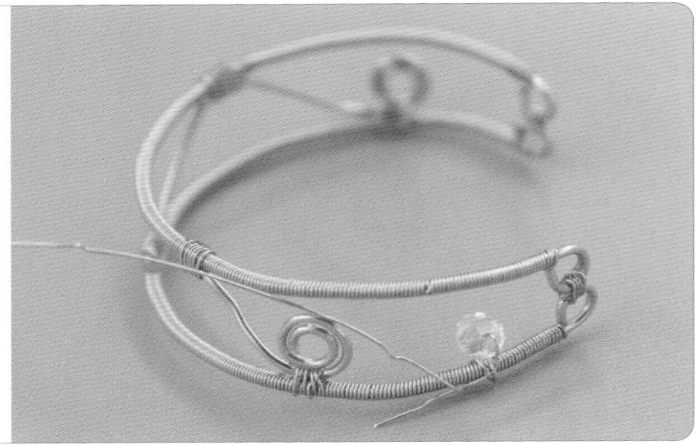

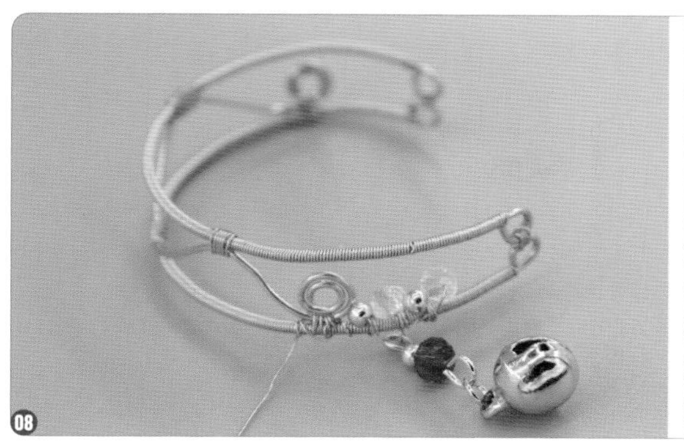

08 用 0.2mm 铜丝缠绕臂环，并穿上不同尺寸、不同颜色的珠子。

09 在穿珠子的同时，将 5 个吊坠均匀地缠绕在臂环底部。在缠完一整圈后剪掉铜丝线头，并在所有铜丝接口处都涂上 UV 胶，用 UV 灯照干。在照干后，用手摸一下整个臂环，看看有无明显的尖刺。如果有，就再涂一层 UV 胶并用 UV 灯照干。直到没有任何尖刺为止。

7.5.4 三分 BJD 用穗子腰饰

材料和工具：冰丝穗子线、尖嘴钳、圆嘴钳、侧剪钳、剪刀、3mm×6mm 水滴形贝珠、瓜子扣、9 字针、10mm 白色珠子、花形珠托、3mm 磨砂金珠、2mm 小金珠、3mm 开口圈、龙虾扣、15mm 东陵玉环。

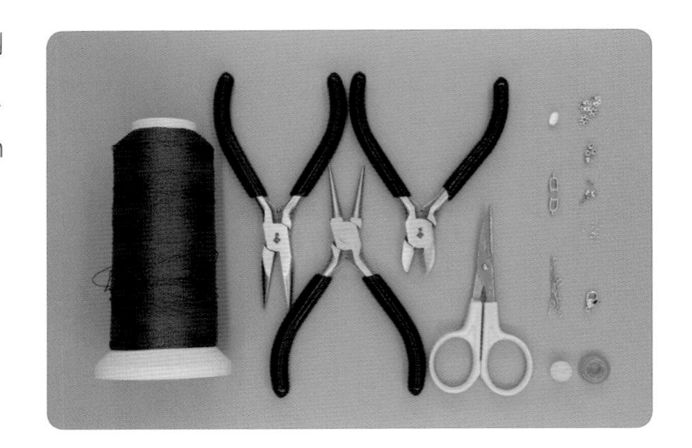

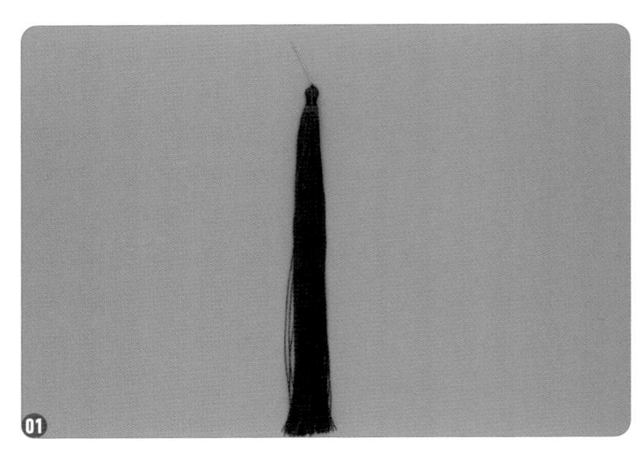

01 按照前文所讲的穗子的制作方法制作一根 10cm 长的穗子。

02 在穗子上绑住的 9 字针上穿一颗 10mm 白色珠子，将两端用花形珠托包住。

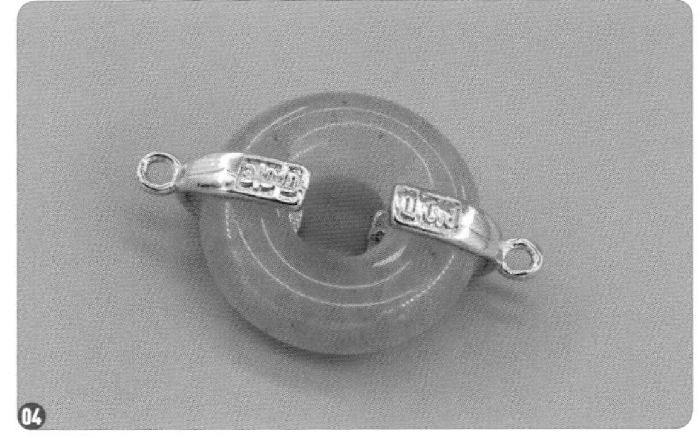

03 穿一颗 3mm 磨砂金珠，将 9 字针剩余部分弯成圆环状。

04 用两个瓜子扣将 15mm 东陵玉环包起来。

05 用一根 9 字针穿一颗 3mm×6mm 水滴形贝珠和两颗 2mm 小金珠，做成连接用的吊坠。

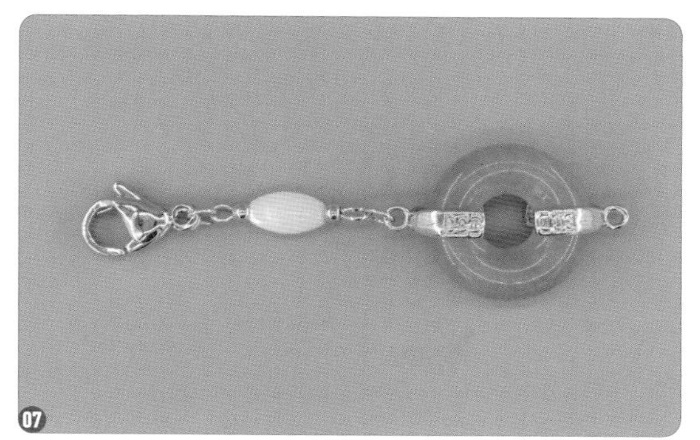

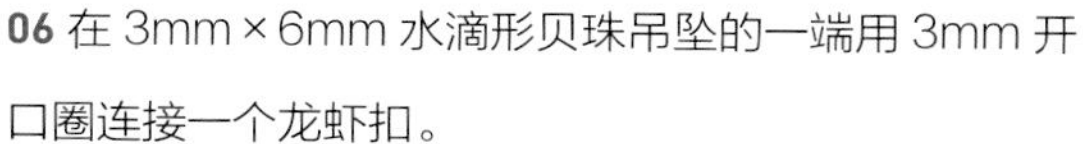

06 在 3mm×6mm 水滴形贝珠吊坠的一端用 3mm 开口圈连接一个龙虾扣。

07 将 3mm×6mm 水滴形贝珠吊坠的另一端连接在包住 15mm 东陵玉环的瓜子扣上。

08 将穗子连接在包住 15mm 东陵玉环的另一个瓜子扣上。

7.5.5 三分 BJD 用额链

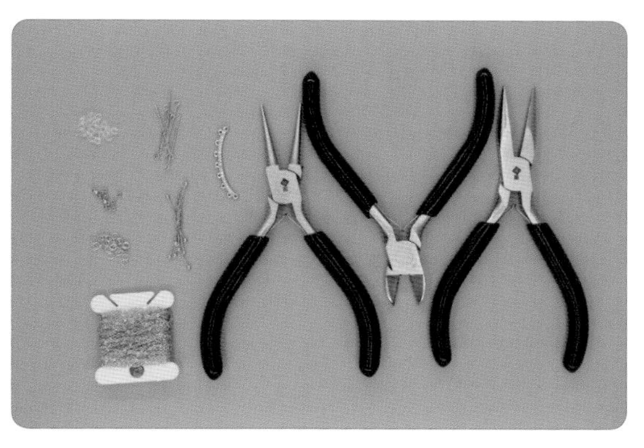

材料和工具：3mm 水晶算盘珠、2mm 小金珠、3mm 开口圈、O 字链、9 字针、圆珠针、U 形锆石连接片、圆嘴钳、侧剪钳、尖嘴钳。

01 用尖嘴钳将 U 形锆石连接片的弧度弯得更大一些。

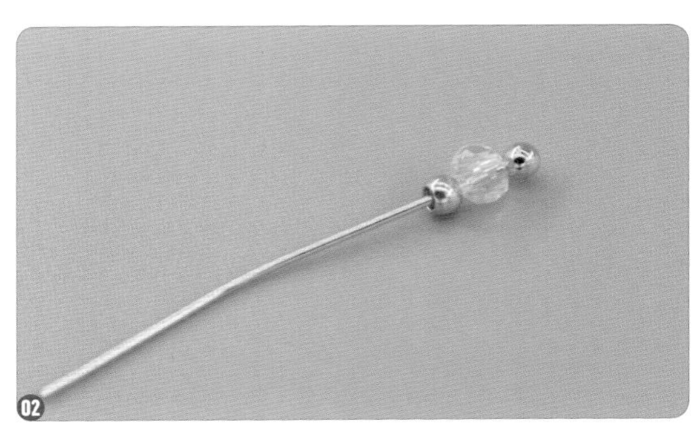

02 在圆珠针上穿一颗 3mm 水晶算盘珠和一颗 2mm 小金珠。

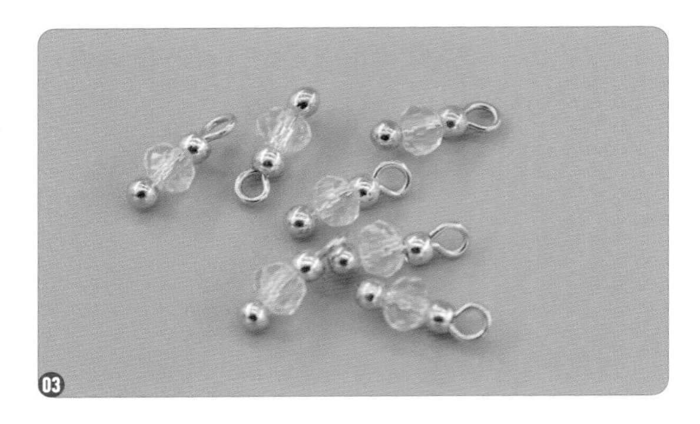

03 用侧剪钳修剪圆珠针的长度，用圆嘴钳将圆珠针掰弯，制作 7 个小吊坠。

04 将 7 个小吊坠分别挂在 U 形锆石连接片的 7 个圆环上。

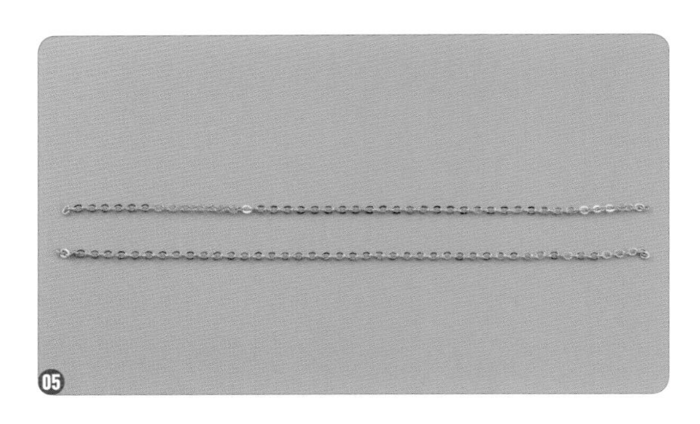

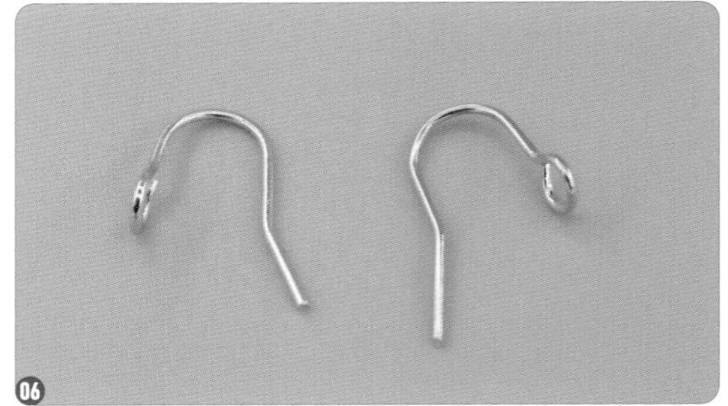

05 剪两根 5cm 长的 O 字链。

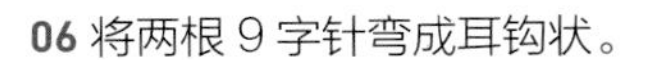

06 将两根 9 字针弯成耳钩状。

07 将 O 字链的一端连接在 U 形锆石连接片上，一端连接用 9 字针做的耳钩。此款额链可戴在额头上，也可戴在脖子上。

7.6 面帘制作案例

本节带来了两个基础面帘的制作案例，对于长度、配色、尺寸，大家可以根据具体情况进行更改。值得注意的是，制作面帘需要使用大量的流苏，大家在制作时需要认真测量流苏的长度，否则参差不齐会十分影响美观。在穿串珠时，大家一定要注意串珠的整齐程度，及时整理，这样制作出的饰品才足够美观。

7.6.1 叔叔 BJD 用面帘

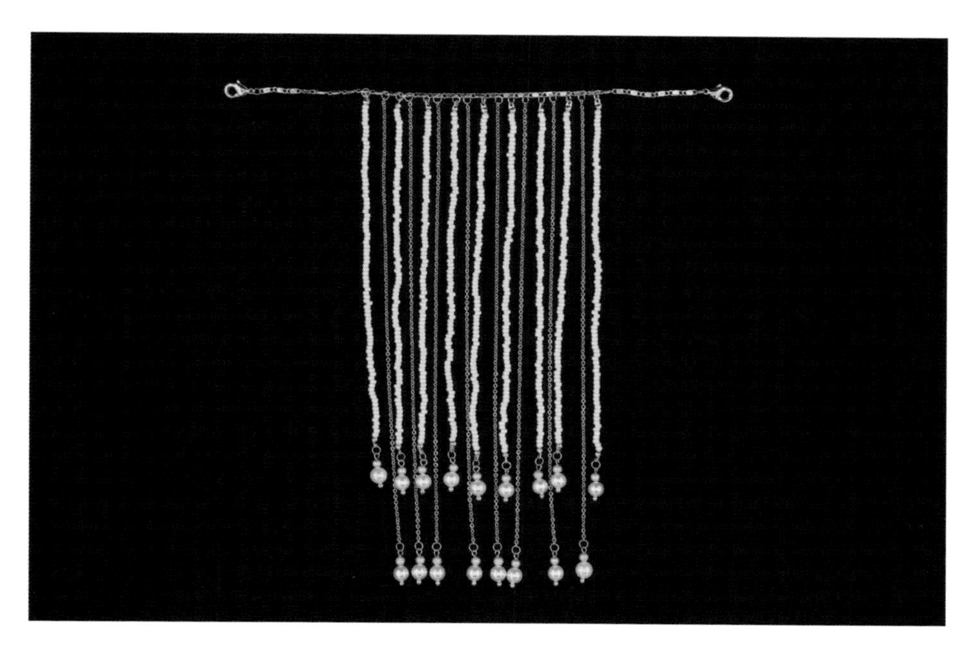

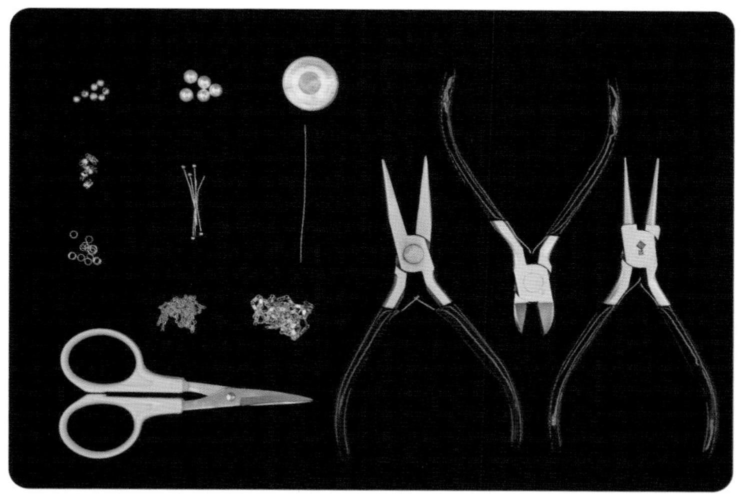

材料和工具：3mm 磨砂金珠、4mm 贝珠、串珠线、侧包扣、圆珠针、串珠针、3mm 开口圈、O 字链、锁形链条、剪刀、尖嘴钳、侧剪钳、圆嘴钳、1.5mm/2mm 米珠。

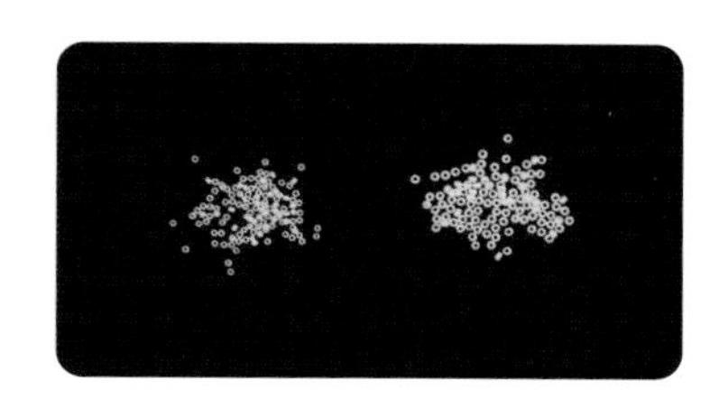

01 剪一条 14cm 长的锁形链条。只要有孔的链条都可以。

02 在锁形链条两端各连接一个龙虾扣。

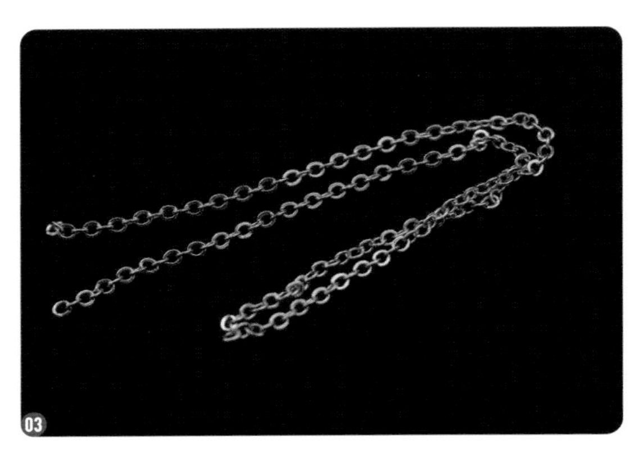

03 剪 8 条 15cm 长的 O 字链备用。

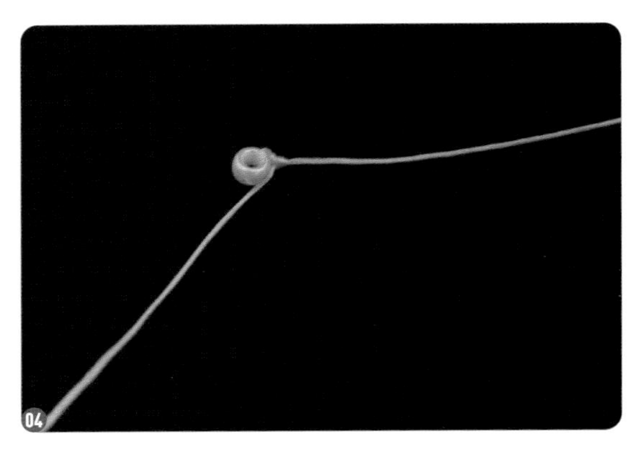

04 用串珠针穿一根串珠线，在串珠线的尾部绑一颗 1.5mm 米珠。

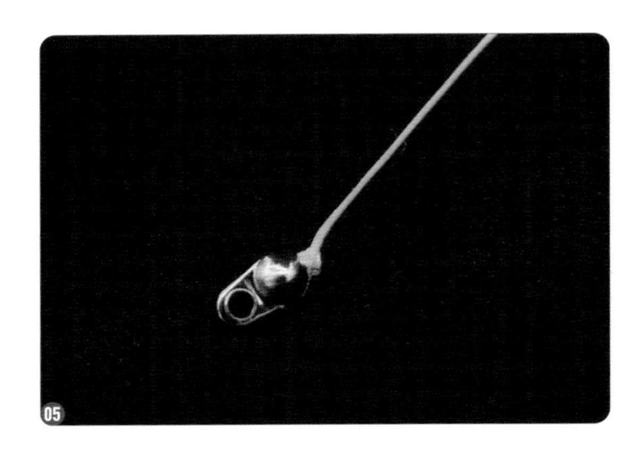

05 剪掉多余的线头，并用侧包扣将 1.5mm 米珠包裹夹紧。不要太过用力，以免将 1.5mm 米珠夹碎。

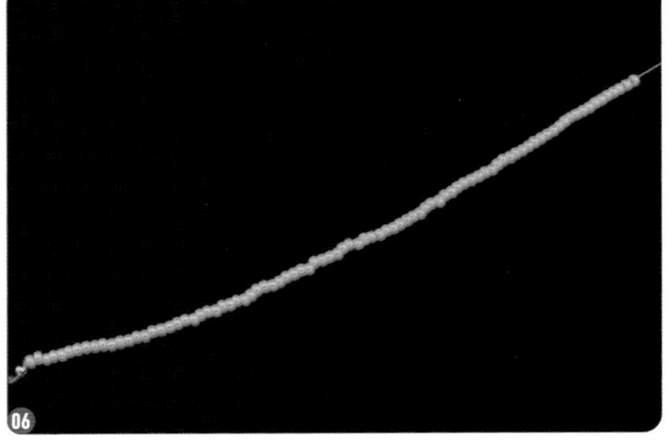

06 穿 2mm 米珠，长度为 12cm，在结尾处穿一颗 1.5mm 米珠并打结。

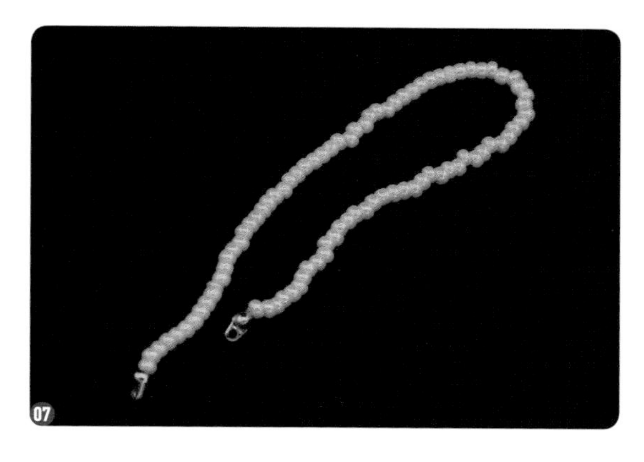

07 剪掉多余的线头，用侧包扣将结尾处的 0.15mm 米珠也包住，一共穿 9 条米珠链。

08 在圆珠针上穿一颗 4mm 贝珠和一颗 3mm 磨砂金珠。

09 修剪圆珠针的长度，将剩余的圆珠针弯成圆环状，做成 17 个吊坠。

10 用 3mm 开口圈将 8 个吊坠分别挂在 8 条 O 字链上。

11 将剩余的 9 个吊坠分别挂在 9 条米珠链上。

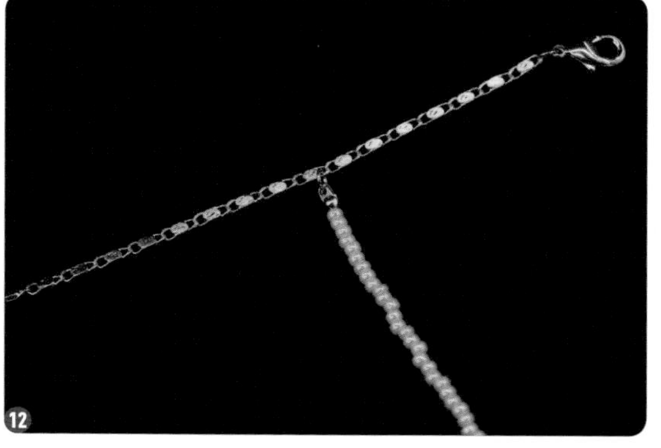

12 在距离龙虾扣 3.5cm 处挂一条米珠链。

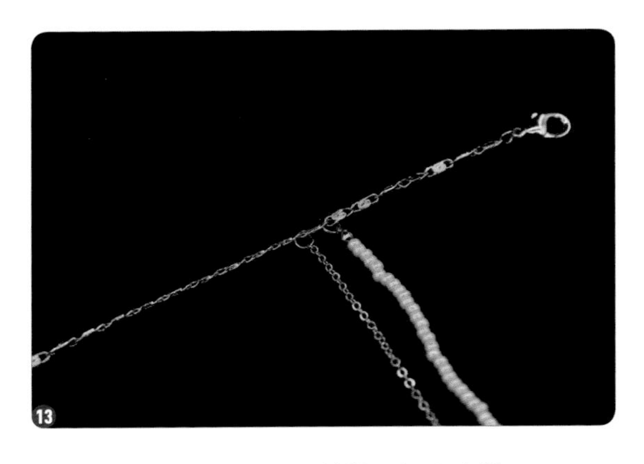

13 在与米珠链相隔 0.5cm 处挂一条 O 字链。

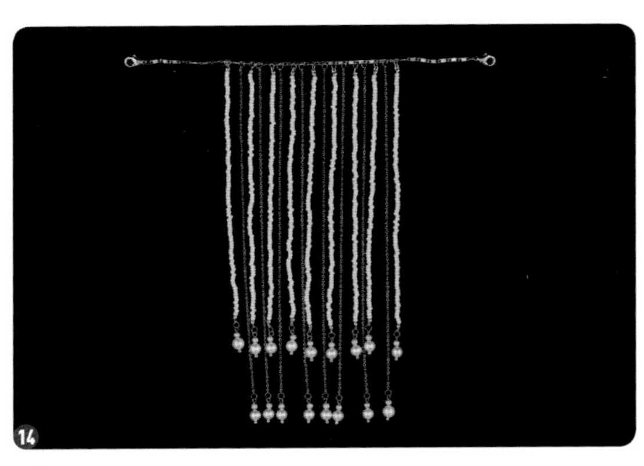

14 以此类推，直到将所有链条都挂上为止。手工制作者可以按照自己的喜好改变链条的长度和链条之间相隔的距离。

7.6.2 三分 BJD 用面帘

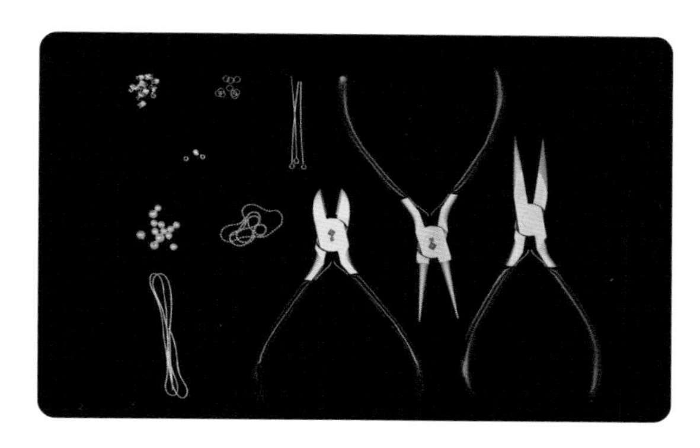

材料和工具：侧包扣、3mm 开口圈、9 字针、2mm 小银珠、3mm/4mm 贝珠、豆豆链、0.6mm 银色铜丝、侧剪钳、圆嘴钳、尖嘴钳、1.5mm 米珠。

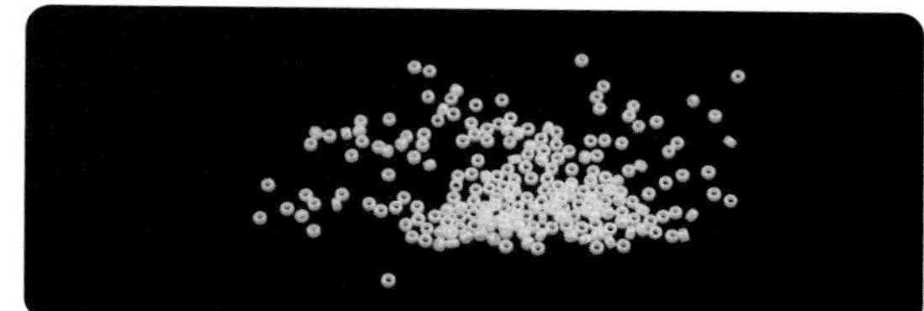

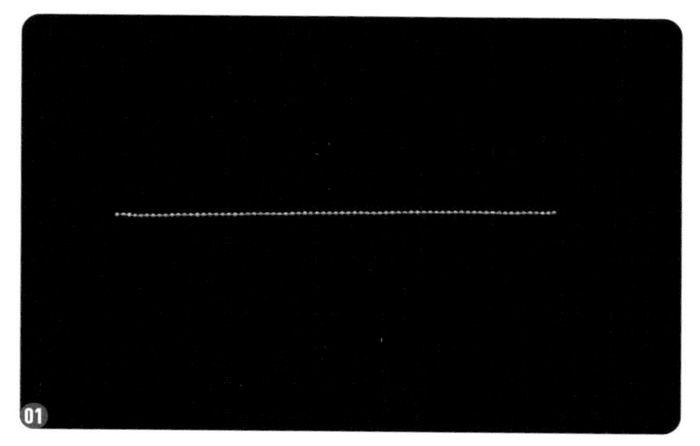

01 剪 26 条 9cm 长的豆豆链。

02 在所有豆豆链的一端都包上侧包扣并夹紧，放在一边备用。

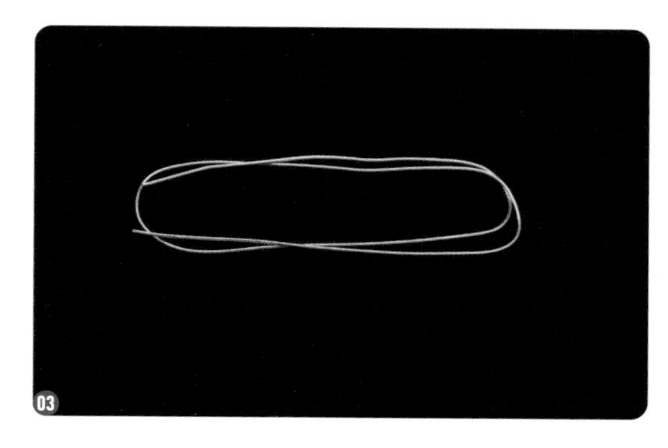

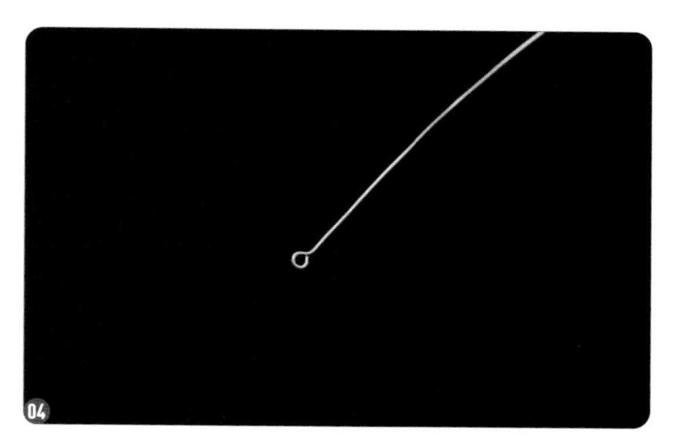

03 剪一根 30cm 长的铜丝。

04 在铜丝的一端弯出一个圆环。

05 在铜丝上穿 4cm 长的 1.5mm 米珠。

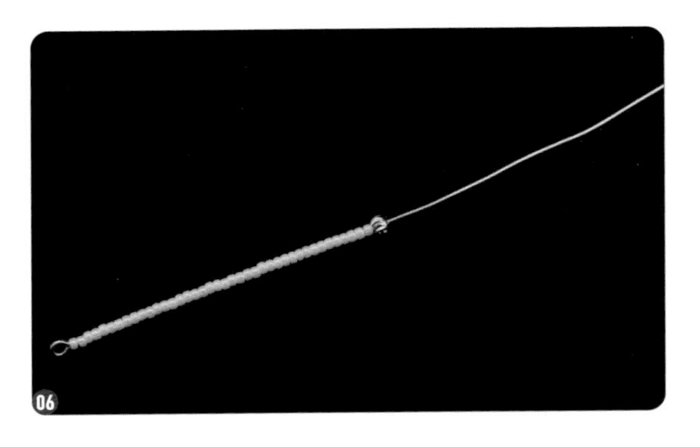

06 穿一颗 2mm 小银珠。

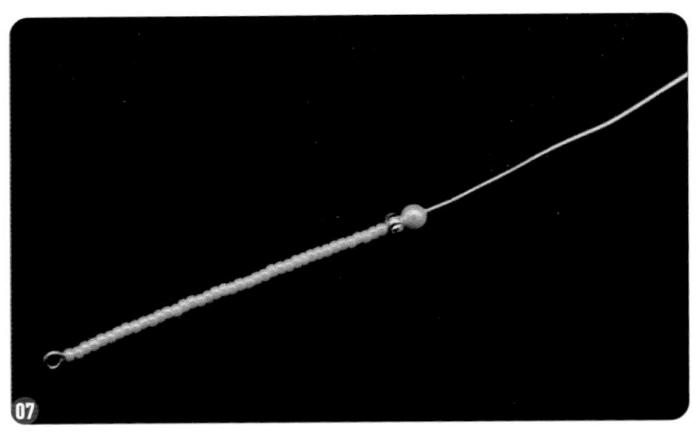

07 穿一颗 3mm 贝珠。

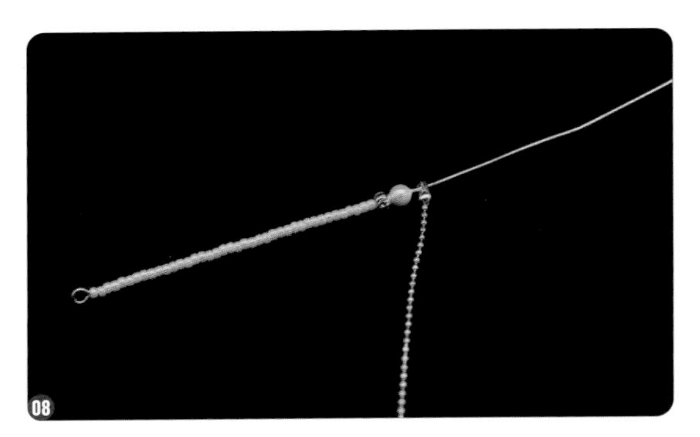

08 穿一条准备好的豆豆链。

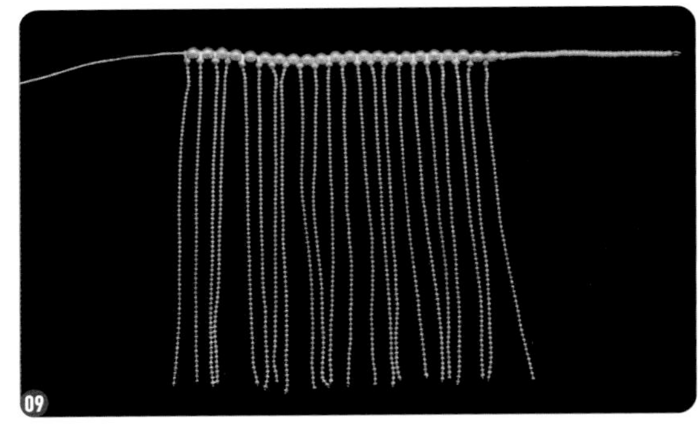

09 按照一颗 3mm 贝珠、一条豆豆链的顺序穿 22 条豆豆链。

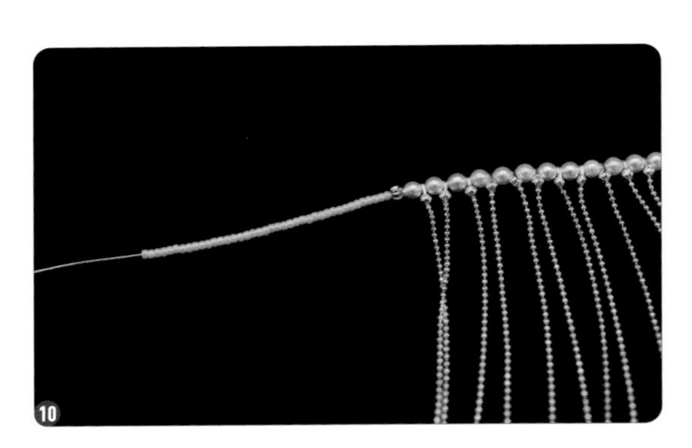

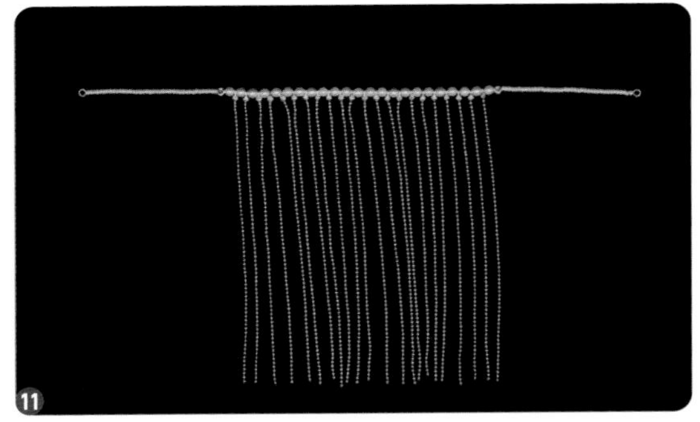

10 穿与另一边同样数量的 1.5mm 米珠。

11 剪掉多余的铜丝，在结尾处弯出一个圆环。

12 将面帘放在 BJD 脸上，将铜丝凹出面部轮廓的形状。将铜丝的两端挂在耳朵上，弯出耳挂的形状。

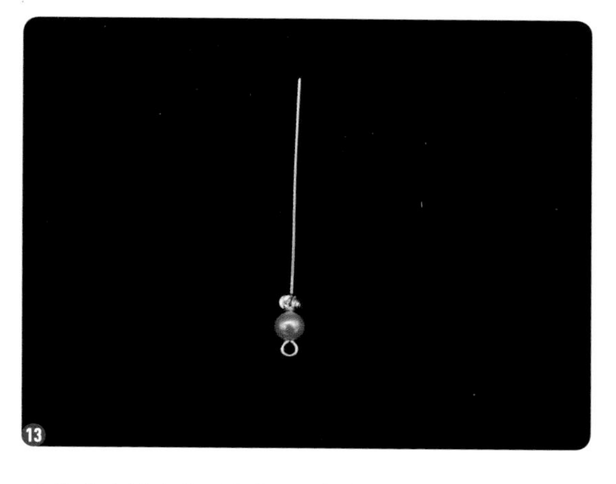

13 在 9 字针上穿一颗 3mm 贝珠和一颗 2mm 小银珠。

14 制作两个连接吊坠。

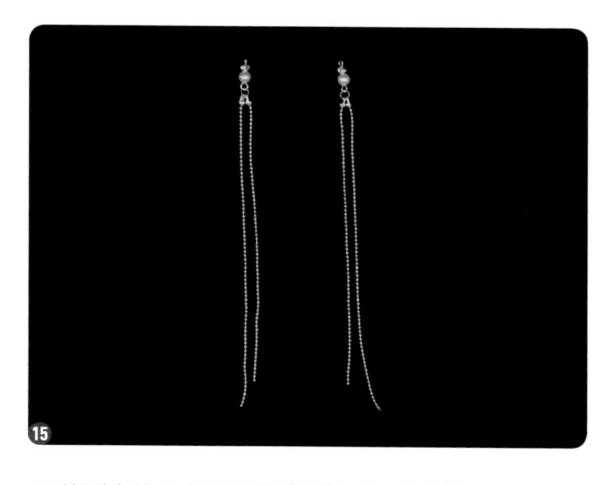

15 将剩余的 4 条豆豆链分别挂到两个连接吊坠上，并将其中一条豆豆链修短一点。

16 将做好的两个吊坠连接到面帘两端的圆环上。

7.7 手持饰品制作案例

在制作好团扇以后，大家可以在扇面上粘贴装饰或者进行手工刺绣。本节仅展示基础款团扇的制作，大家可以根据自己的喜好对扇面进行进一步的美化。权杖类的手持饰品，对于尺寸没有严格的限制，自由度相对较大。仅仅是链条颜色和长度的变化就足以让权杖发生彻底的改变，因此权杖的款式非常多，任何合适的材料都可以被运用在权杖的制作上。

7.7.1 四分 BJD 用团扇

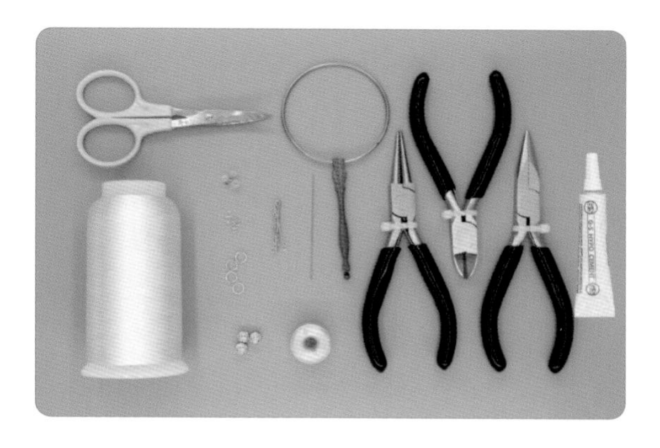

材料和工具：剪刀、细穗子线、珠子若干、3mm/6mm 开口圈、6mm 闭口圈、金属小花珠、9 字针、串珠针、粉色绒线、铁丝扇框、圆嘴钳、侧剪钳、尖嘴钳、饰品胶。

扇面的面料一般可选雪纺、欧根纱、真丝绡等半透明面料。

01 在 6mm 闭口圈上绑一条穗子，穗子的长度不要超过团扇长度的 2/3。

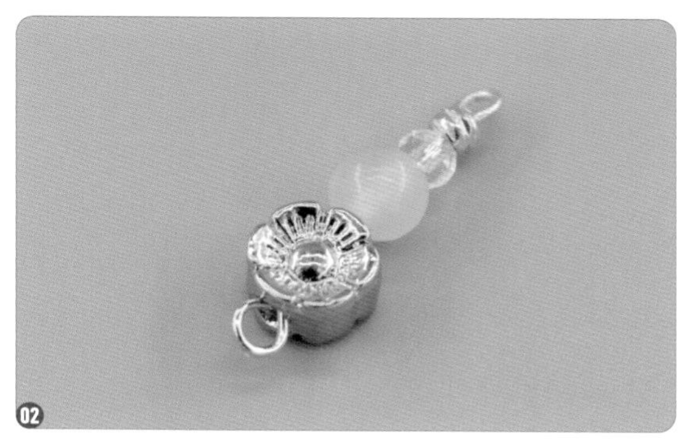

02 用 9 字针穿一颗金属小花珠和几颗小珠子。

03 将穗子用 3mm 开口圈挂连接在 9 字针上。

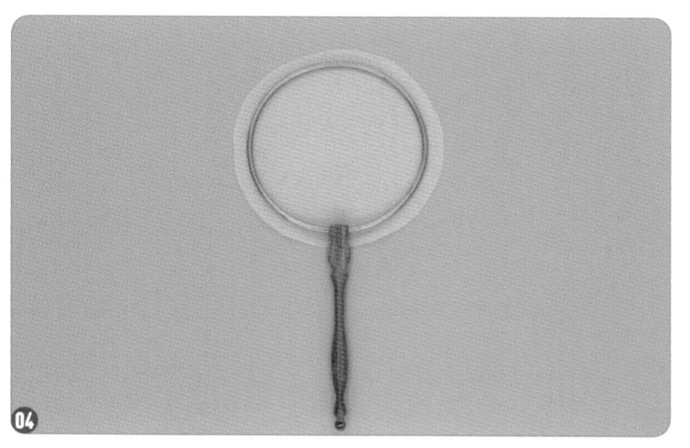

04 在铁丝扇框的一面涂上饰品胶，并将其平整地贴在扇面上，边缘留出 0.5cm 左右的空隙，剪掉多余的布料。

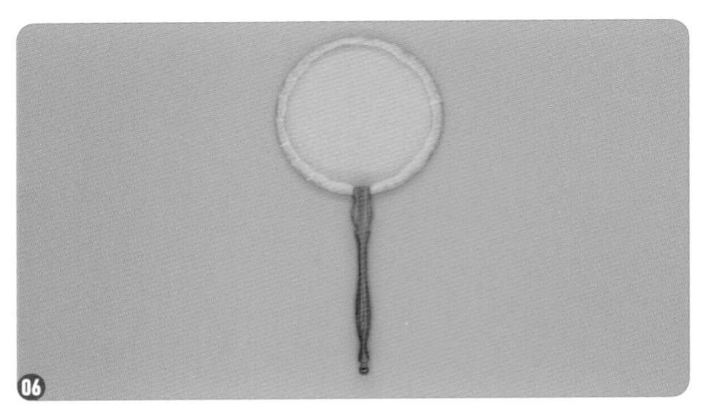

05 用剪刀在扇面周围打一圈刀口，修剪掉扇柄处多余的布料。

06 将铁丝扇框的另一面也涂上饰品胶，把扇面周围多余的布料往内按，使其粘在铁丝扇框上，放在一边等饰品胶干透。

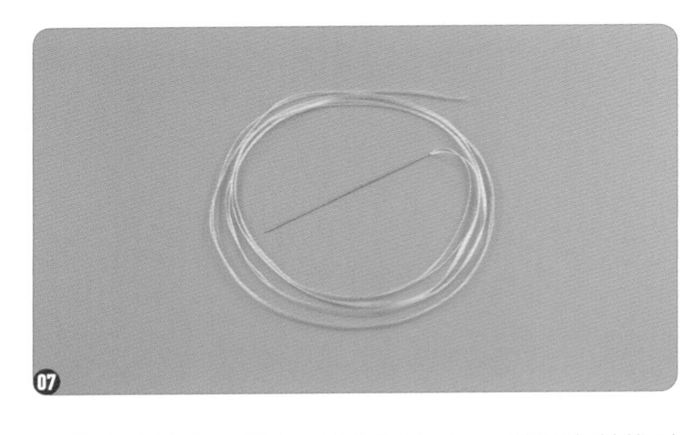

07 用串珠针穿一根 2m 长的粉色绒线，将粉色绒线对折（不需要打结），放在一边备用。

08 待饰品胶干透后，用剪刀沿着铁丝扇框剪掉多余的布料。

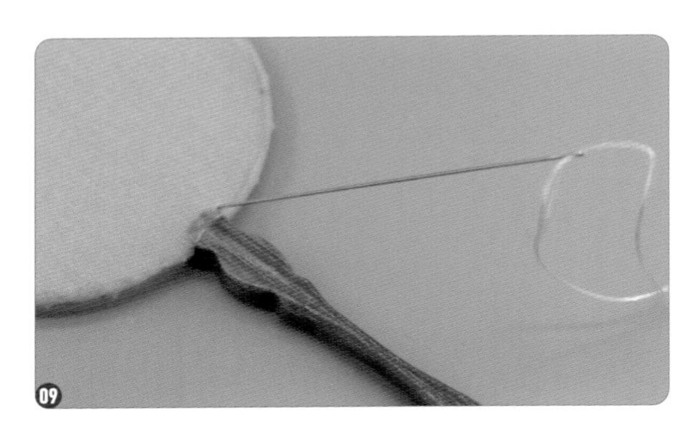

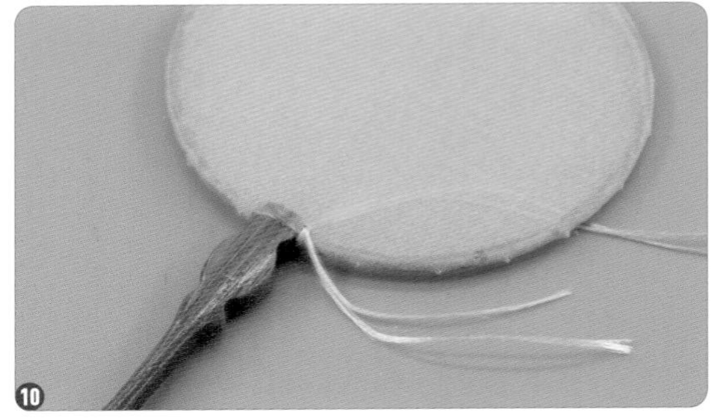

09 拿出穿好线的串珠针，从图中所示的位置下第 1 针。

10 将线拉出，左手捏住线头，右手持针在第 1 针的位置下针，压住线头。

11 将线头压住，在缝 5 针左右后，把线头修剪干净。沿着铁丝扇框一直缝。

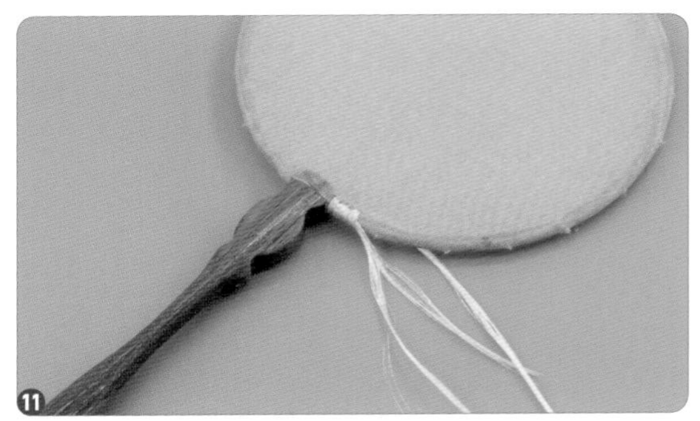

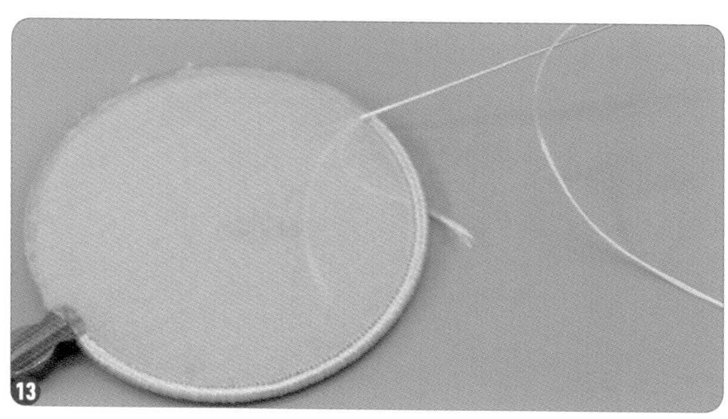

12 一般取一根线不可能做到正好能缝完一个铁丝扇框，所以需要接线。将线剪断，留长 3cm 左右的线头。

13 另穿一根线，从最后一针线穿出的位置下针。

14 左手捏住上一根线剩下的线头和新穿的线的线头，和开始的方法相似，沿着铁丝扇框缝，将两根线头都压住。在缝 5 针左右之后就可以把线头剪掉了。

15 慢慢将一整圈铁丝扇框都缝住。如果第 2 根线还是不够用，就再次接线。

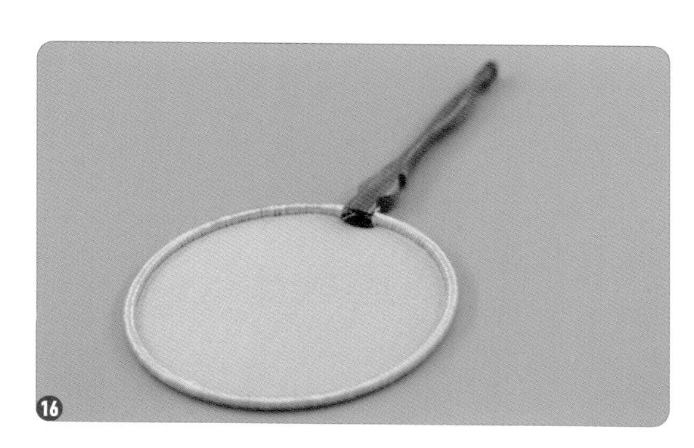

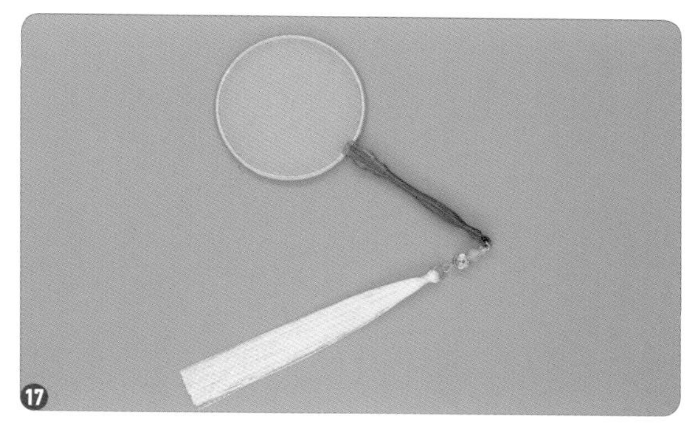

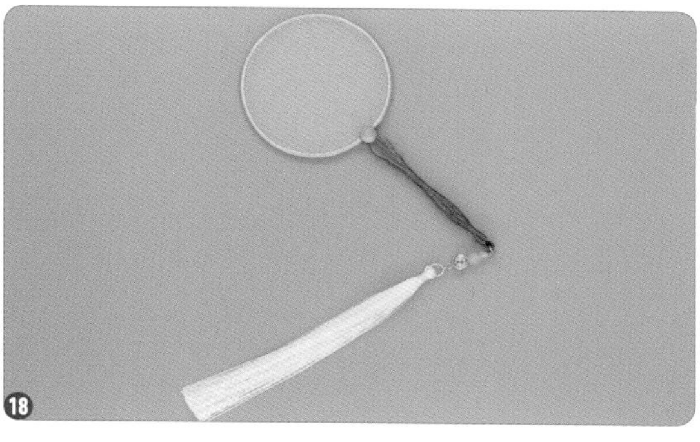

16 将线头用饰品胶固定在扇柄背后的凹槽内，待饰品胶干后剪掉线头。

17 把做好的穗子吊坠用 6mm 开口圈固定在扇柄上。

18 可以在扇柄和扇面接缝处贴上金属花片等装饰物遮挡接口。

7.7.2 六分 BJD 用权杖

材料和工具：B6000 饰品胶、0.2mm 铜丝、3mm 开口圈、3mm 水晶算盘珠、10mm 粉水晶圆珠、金属树叶花片、O 字链、15cm 长的莲花簪杆、圆珠针、尖嘴钳、侧剪钳、圆嘴钳。

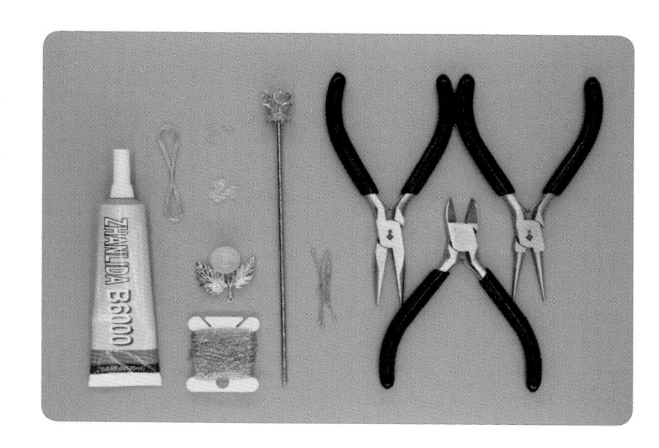

01 用 B6000 饰品胶把 10mm 粉水晶圆珠粘在莲花簪杆的莲花座内。

02 剪一根铜丝，将金属树叶花片绑在莲花簪杆的莲花座下。

03 将一根铜丝穿过金属树叶花片底部的圆环，在穿一颗 3mm 水晶算盘珠后穿回。

04 拉紧铜丝，将 3mm 水晶算盘珠固定在金属树叶花片底部的圆环内。

05 将两根铜丝绕到金属树叶花片背后并拧紧，剪掉多余的铜丝，在金属树叶花片和莲花簪杆的连接处涂一点 B6000 饰品胶进行固定。

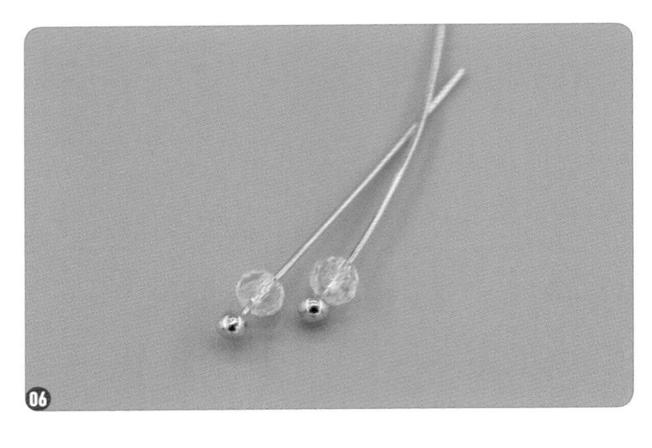

06 用圆珠针穿两颗 3mm 水晶算盘珠。

07 做成两个小吊坠。

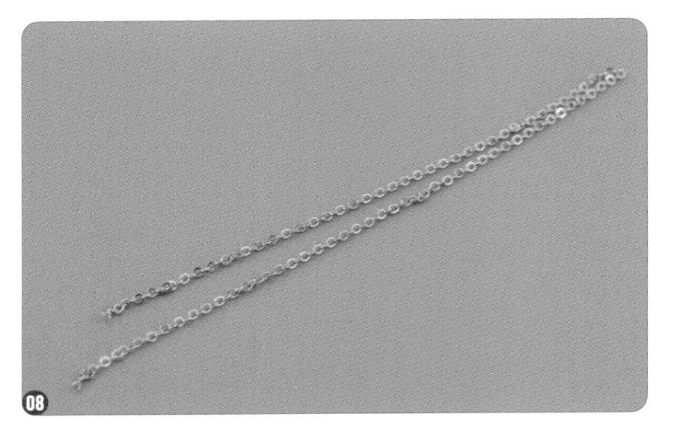

08 剪一条 15cm 长的 O 字链。

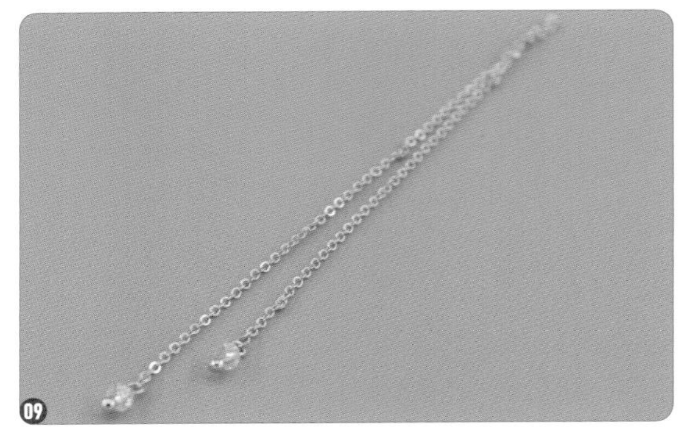

09 将两个小吊坠连接到 O 字链的两端。

10 用 3mm 开口圈将 O 字链连接在莲花簪杆的莲花座底部的圆环上。

11 链条的长度和位置都可由手工制作者的喜好决定。

第 8 章

仿点翠工艺

点翠的历史 | 仿点翠的准备工作 | 仿点翠饰品制作案例

8.1 点翠的历史

点翠作为一项中国传统的金银饰品制作工艺，有着悠久的历史，在汉代就有记载。它将中国传统的金属工艺及羽毛工艺进行了完美的融合，被广泛运用于贵族王冠、金钗等较为贵重的饰品的制作中。用这种工艺制作出来的饰品色泽鲜艳、明艳动人，而且又因氧化率低而广受人们的喜爱。自古帝后的饰品就多采用点翠工艺，明清时期，后妃们的首饰几乎都离不开点翠工艺，由此可见点翠工艺在首饰制作中的地位非同小可。随着历史的发展，工匠们不断地精进自己的技术，使得这种工艺在乾隆时期发展到了顶峰，出现了非常多的举世闻名的作品。

点是工艺，翠是材料（大多为翠羽）。点翠工艺就是先将金属底座做成不同的图案，再将颜色艳丽的羽毛镶嵌在底座上，从而制成各种首饰器物。取翠羽虽然不会直接杀害翠鸟，但其被取羽后往往会很快死亡。随着人们保护鸟类的意识逐渐增强，在清末民初时，点翠工艺逐渐被烧蓝工艺取代，逐渐淡出人们的视野。

然而，烧蓝工艺与点翠工艺的原理不同，制作出的饰品效果也就不同，于是人们致力于寻找破解这种僵局的方法。在生产力发达的现代，点翠工艺焕发了新的生机。现代的原料可以是染色后的鹅毛、人工饲养孔雀的毛，或者颜色亮丽的绸缎（采用这类原料的工艺为仿点翠），这些没有对大自然造成伤害的原料让点翠工艺有了更多的可能性，也让点翠工艺被更多的人接受。如果美丽需要血淋淋的生命来换取，那么必然是金玉其外、败絮其中的残破情景。只有当人们找到与自然和平相处之道时，美丽才有意义。

8.2 仿点翠的准备工作

在制作仿点翠饰品前，我们要学会底胎的制作方式和羽毛的处理方式。

8.2.1 底胎的制作方式

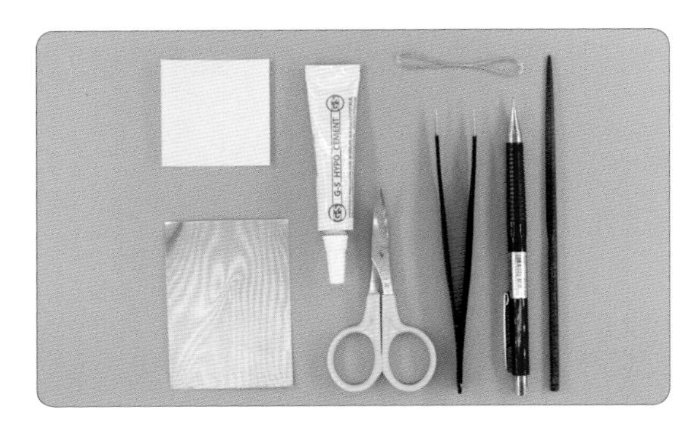

材料和工具：A4 纸（能画图的纸都可以）、铜皮、饰品胶、剪刀、0.2mm 铜丝、镊子、铅笔、锉刀。

01 在 A4 纸上画出需要的底胎形状，这里以银杏叶子为例。

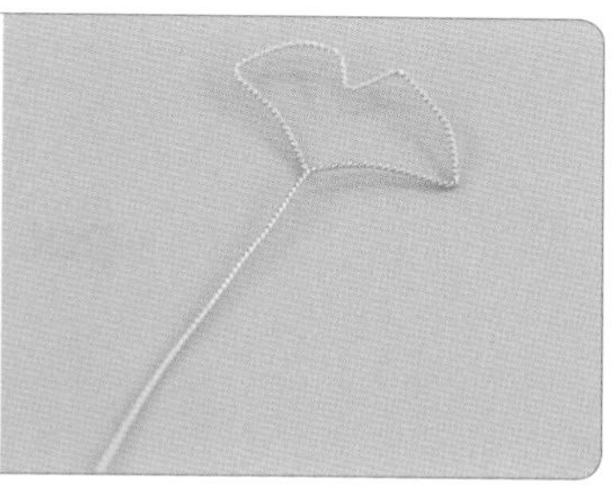

02 剪一根 20cm 长的铜丝并扭成麻花状，扭得越紧密越好。用镊子辅助沿着图纸将铜丝弯出银杏叶子的形状。

03 在铜丝的一面涂上饰品胶，贴在铜皮上，用重物压住，等待饰品胶干透。

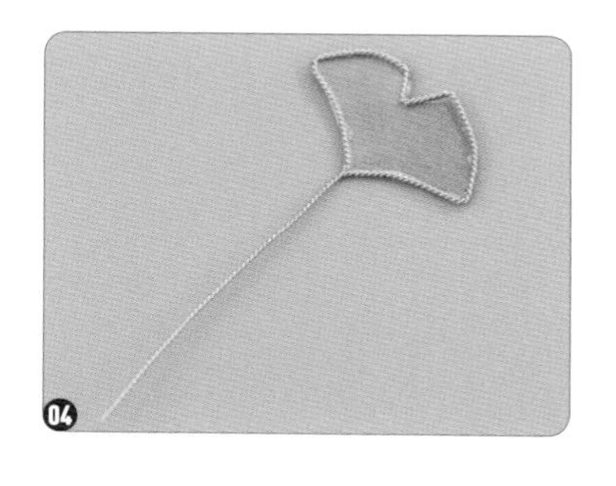

04 等饰品胶干透以后，用剪刀沿着铜丝边缘剪掉多余的铜皮，用锉刀将铜皮锋利的边缘打磨光滑。

8.2.2 羽毛的处理方式

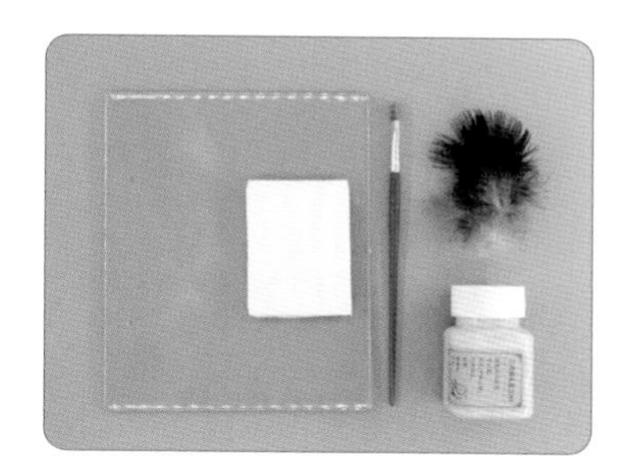

材料和工具：亚克力板（塑料板、塑料袋都可以）、纸巾、排刷、羽毛（以孔雀羽毛为例）、羽毛胶。

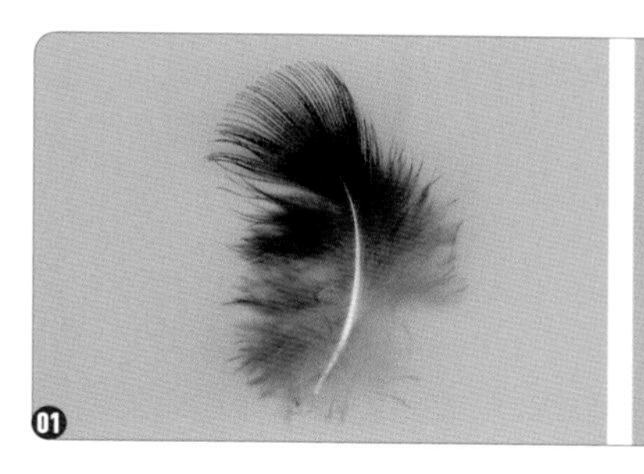

01 拿出准备好的羽毛，撕掉上面的绒毛，只留下有颜色的羽毛。

02 将羽毛放在亚克力板上，用排刷蘸取羽毛胶，均匀地刷在羽毛上。用排刷梳理羽毛，使羽毛整齐且紧密地排列在一起。

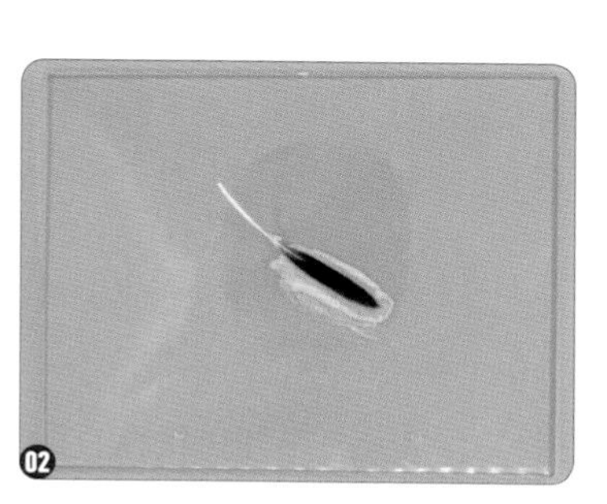

03 用纸巾盖住刷好胶的羽毛，右手按住纸巾，左手捏住羽毛杆子，慢慢地往外拉，擦干净羽毛上多余的羽毛胶。

04 将处理好的羽毛放在亚克力板上晾干（晾一天左右的时间），剪掉没有颜色的部分，羽毛就处理好了。

8.3 仿点翠饰品制作案例

仿点翠饰品在近年来的清宫影视剧中大放光彩。本节介绍几个仿点翠饰品的制作案例，可以帮助大家快速掌握仿点翠饰品的制作方法。仿点翠饰品的样式非常多，大家在熟练掌握基础制作方法后就可以开始自由创作了。

8.3.1 三分 / 四分 BJD 用油漆笔仿点翠项圈

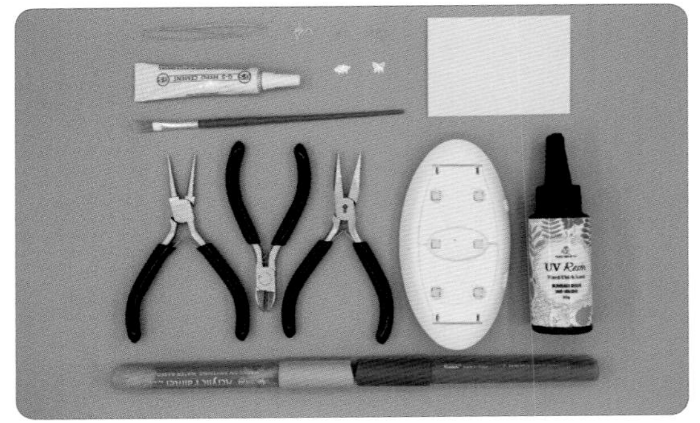

材料和工具：0.7mm 批花线、铜片吊坠、2mm/3mm 开口圈、饰品胶、铜质小花片、带孔蝴蝶花片、A4 纸、排刷、圆嘴钳、侧剪钳、尖嘴钳、UV 灯、UV 胶、浅蓝色 / 深蓝色油漆笔。

01 剪一根 20cm 长的 0.7mm 批花线，弯成项圈的形状（四分 BJD 使用长 15cm 左右的 0.7mm 批花线）。

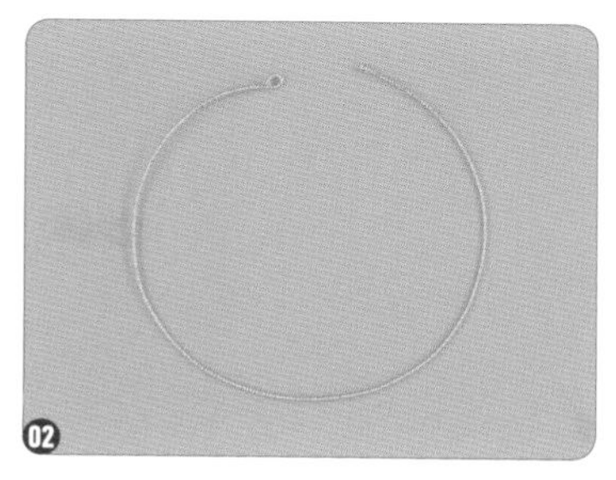

02 将 0.7mm 批花线的一端弯成圆环，并在两端断口处涂抹 UV 胶，用 UV 灯照干。

03 用浅蓝色油漆笔涂满铜质小花片，晾干。

04 将涂好的一面扣在 A4 纸上，用手指按住铜质小花片，用力地在 A4 纸上来回摩擦，擦掉金属边框上的油漆。

05 用深蓝色油漆笔涂满中间的小花，注意不要涂到小花以外的地方。用相同的方法把铜质小花片在 A4 纸上来回摩擦，擦掉金属边框上的油漆。

06 用排刷蘸取 UV 胶，涂满铜质小花片（不要堵住铜质小花片上方的小圆孔），放在 UV 灯底下照干。

07 在带孔蝴蝶花片上涂上饰品胶，并把它和铜质小花片粘在一起，让二者上端的小孔重合，并留出带孔蝴蝶花片下端的 3 个孔。

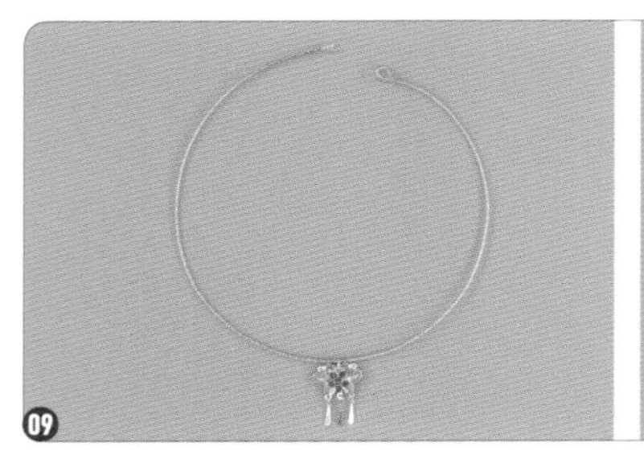

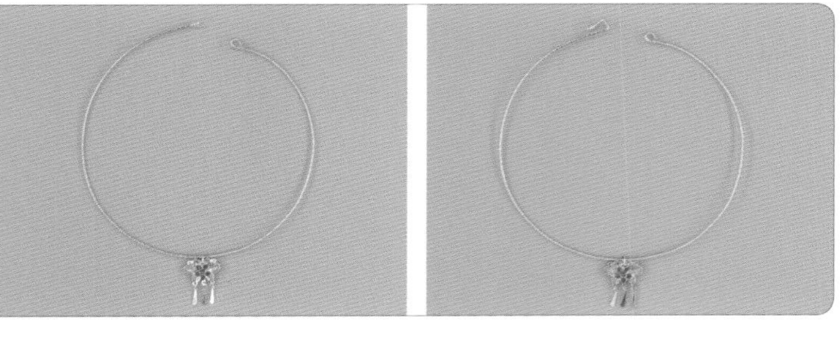

08 在花片上端的孔上挂一个 3mm 开口圈，用 2mm 开口圈在下端的 3 个孔上装上 3 个铜片吊坠。

09 将花片穿在项圈上，把项圈的另一端弯出一个小勾，油漆笔仿点翠项圈就完成了。

8.3.2 三分 BJD 用油漆笔仿点翠凤冠

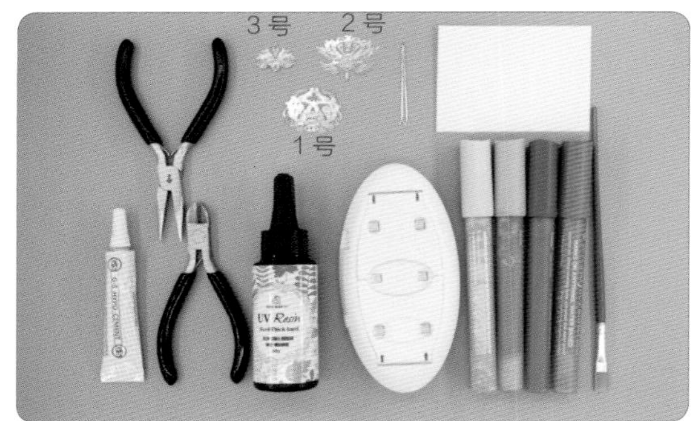

材料和工具：饰品胶、尖嘴钳、侧剪钳、UV 胶、UV 灯、凤凰形状铜质花片（1号、2号、3号）、胸针杆、A4 纸、浅蓝色 / 天蓝色 / 深蓝色 / 红色油漆笔、排刷。

01 拿出 2 号凤凰形状铜质花片，剪掉底部延伸出来的针状物。

02 用浅蓝色、天蓝色、深蓝色油漆笔，依次涂满 1 号、2 号、3 号凤凰形状铜质花片。

03 把涂好的凤凰形状铜质花片扣在 A4 纸上，用力地来回摩擦，擦掉边框上的油漆。

04 因为凤凰形状铜质花片比较大，所以要多次检查油漆有没有涂好、有没有地方没有擦到。如果有没涂好的地方，就重复涂并擦掉边框上的油漆，直至没有问题为止。

05 用红色油漆笔涂 3 号凤凰形状铜质花片上的 3 个圈，注意不要涂到其他地方。

06 用手将 3 号凤凰形状铜质花片的翅膀掰出弧度，在红色油漆笔涂好的位置滴上 UV 胶，用 UV 灯照干。重复几次，做出宝石的效果。

07 将 1 号和 2 号凤凰形状铜质花片也弯出弧度，并全部涂满 UV 胶，照干备用。

08 拿出两根胸针杆，先剪掉 1cm 的长度，再弯成图示的样子。

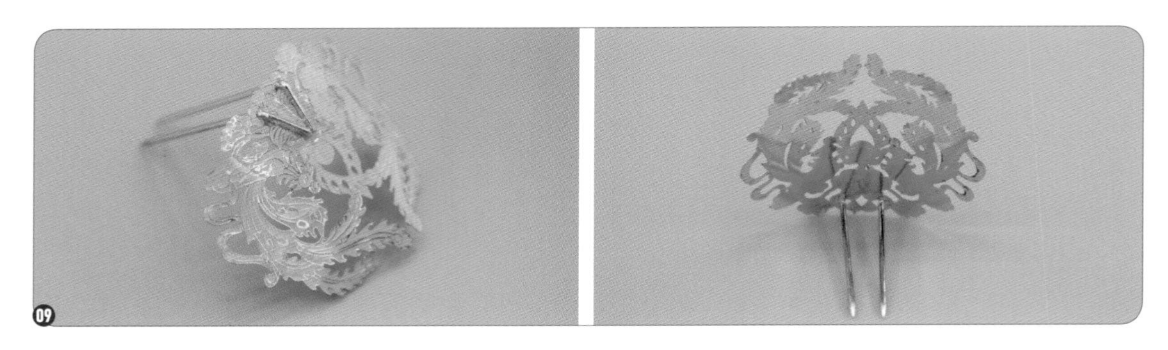

09 将胸针杆穿过 1 号凤凰形状铜质花片底部的两个孔，涂抹饰品胶进行固定。

10 将 2 号和 3 号凤凰形状铜质花片用饰品胶粘在一起。

11 将 3 个凤凰形状铜质花片全部用饰品胶粘在一起。

8.3.3 三分 BJD 用鹅毛仿点翠蝴蝶簪

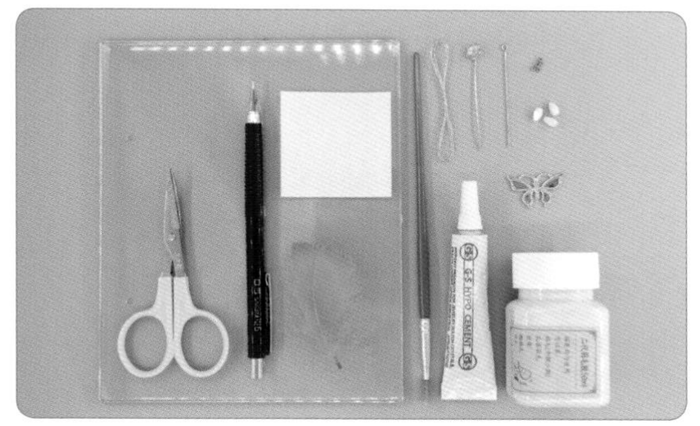

材料和工具：剪刀、铅笔、带背胶拓印纸、染色鹅毛、亚克力板、排刷、0.2mm 铜丝、花朵长针、胸针杆、2mm 小金珠、贝壳水滴珠、蝴蝶底胎、饰品胶、羽毛胶。

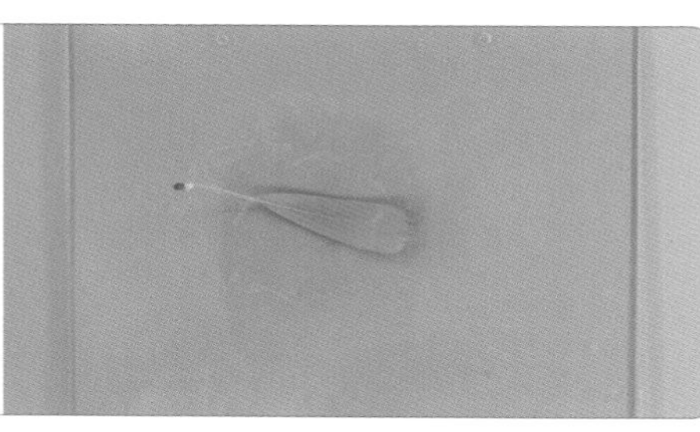

01 将染色鹅毛涂上饰品胶，晾干备用。

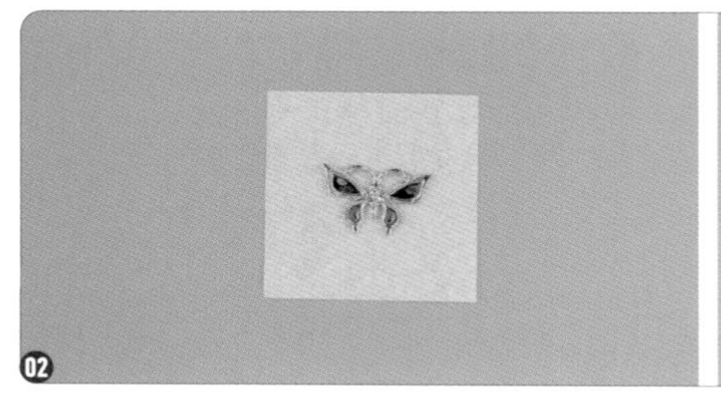

02 把蝴蝶底胎粘在带胶拓印纸上，用铅笔描出轮廓。

03 裁剪出合适的羽毛片，贴在描好的轮廓上，注意羽毛纹路的走向。

04 沿着画好的线条将羽毛剪下来。

05 将羽毛放进蝴蝶底胎中，看看大小是否合适。如果不合适，就修剪到合适为止。将所有羽毛都修剪好后，在蝴蝶底胎上均匀地涂上饰品胶，将羽毛贴上去。

06 把蝴蝶翅膀往中间弯折一下，做成蝴蝶飞舞的形态。

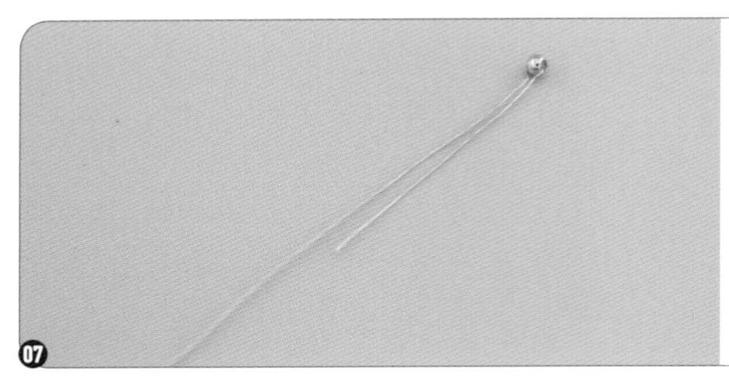
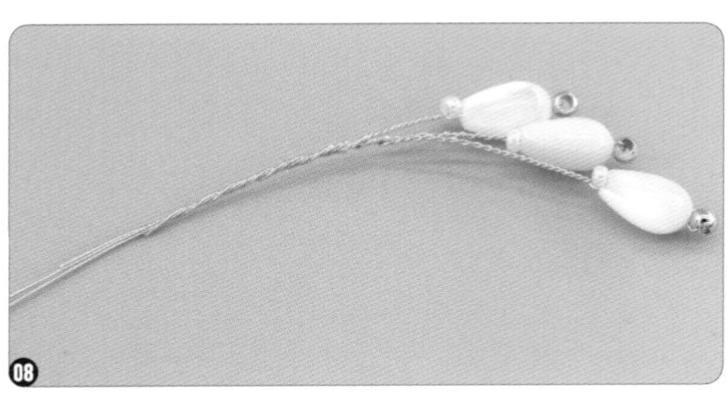

07 剪 3 根 15cm 长的铜丝，在每根铜丝上都穿一颗 2mm 小金珠和一颗贝壳水滴珠，将底部的铜丝拧紧。

08 按照图中的排列方式将 3 根铜丝拧在一起。

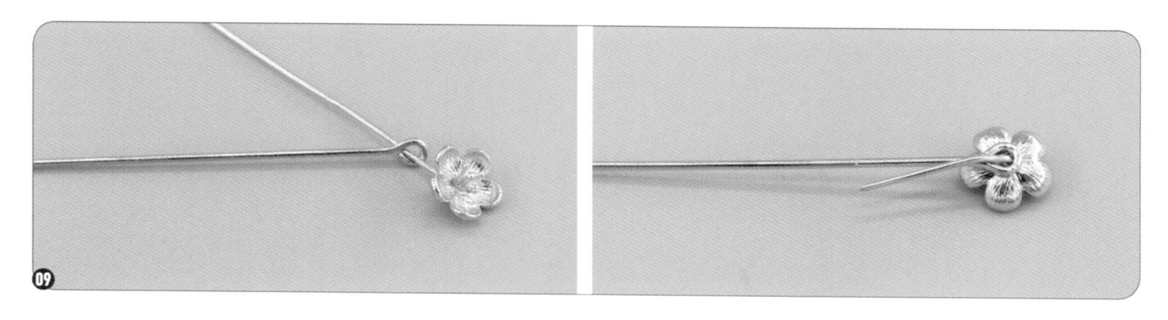

09 将花朵长针穿过胸针杆的圆环，顺着胸针杆的方向弯折并剪掉多余的花朵长针，留 1cm 左右的长度。

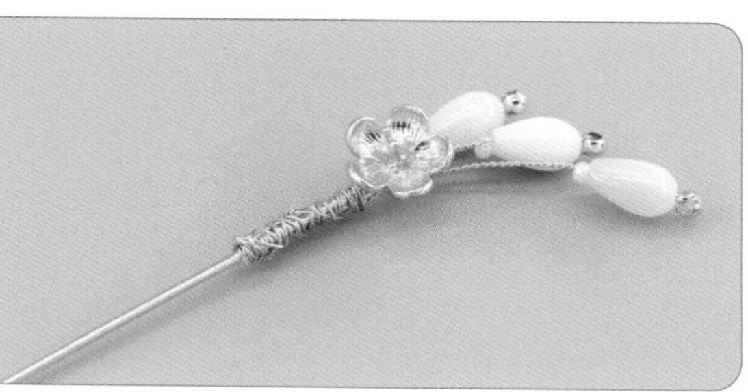

10 用铜丝将花朵长针绑好，将穿好珠子的铜丝也绑在胸针杆上。

11 用饰品胶把蝴蝶底胎贴在胸针杆上，挡住铜丝捆绑的部分。

8.3.4 三分 BJD 用孔雀毛仿点翠银杏簪

材料和工具：剪刀、铅笔、带胶拓印纸、孔雀毛、亚克力板、排刷、0.2mm 铜丝、胸针杆、银杏树叶底胎、2mm 小金珠、3mm 贝珠、饰品胶、羽毛胶。

01 准备适量的孔雀毛，涂上饰品胶，晾干备用。

02 在做好银杏树叶底胎后，在带胶拓印纸上描出轮廓。

03 选取合适的羽毛贴在描好的轮廓上，贴的时候要保持羽毛的纹路走向一致。

04 沿着画好的线条将羽毛剪下来，修剪成合适的大小，并贴在银杏树叶底胎上。一共做两片银杏树叶。

05 将两片银杏树叶用饰品胶按照图示的排列方式粘在一起。

06 剪一根 15cm 长的铜丝，穿一颗 3mm 贝珠，并将 3mm 贝珠绑在胸针杆的圆环上。

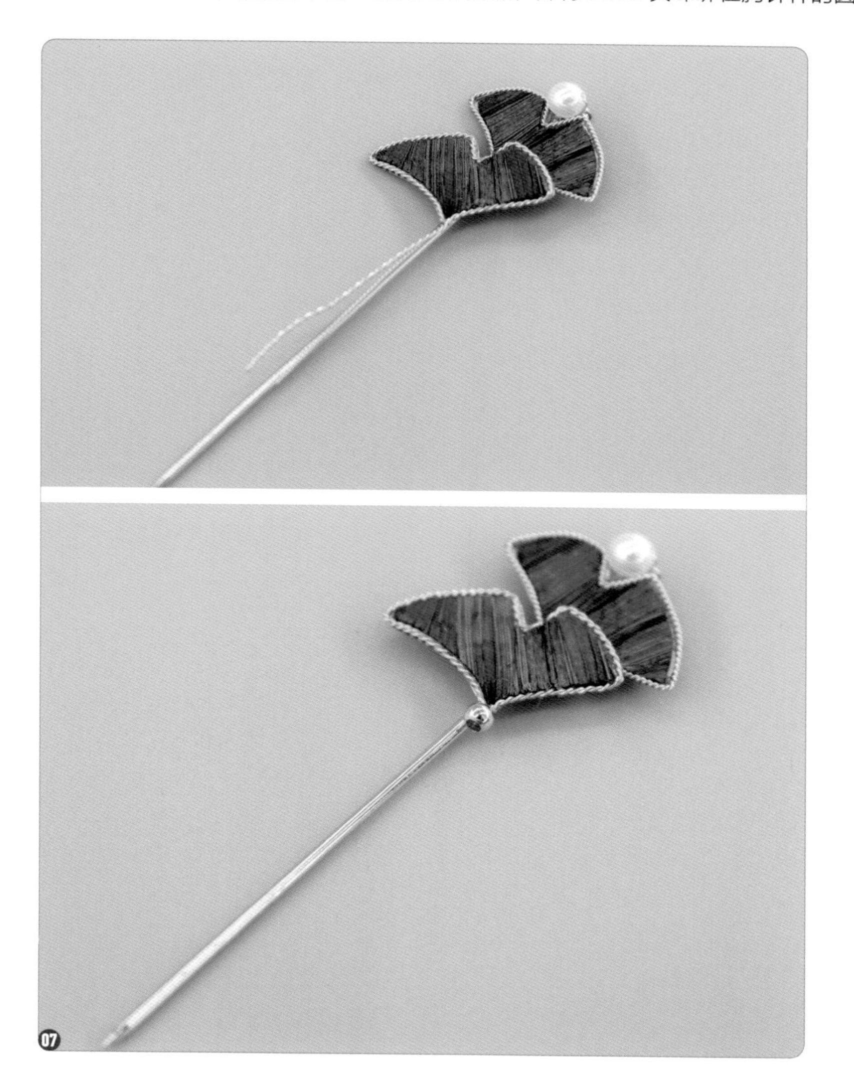

07 将银杏树叶粘在胸针杆上，剪断底部的铜丝，在底部粘一颗 2mm 金珠。

后记

嘿，我们又见面啦！到这里你应该把整本书都看完了，感觉怎么样？满满的知识点和技能点，可不是看一遍就能完全学会的哦！一定要勤加练习，才能熟能生巧。

直到现在，我已经写到后记了，我都还觉得很恍惚。这对我来说是一个很难得的体验——能有一个机会把自己知道的东西通过文字的方式告诉其他人。我只是一个还在不断打磨自己技能的小博主，真的没有想到能拥有这样的机会。我在认认真真地打磨我的内容，希望交上来的这份答卷能让读者满意。因为我和阿秀的能力有限，如果有不足之处，就请读者多多指正。

于我而言，学习不只是从书本上学习知识的过程，也不只是成绩单上的成绩而已，而是渗透在生活中的每一个细节。就像做发簪一样，在制作过程中不断地总结不足，并逐步提升自己的能力。因此，学习是一个终身的过程，以后我也会不间断地努力提高自己的能力，让自己做得更好。最终闪亮亮的发簪会戴在我、我珍视的人和 BJD 身上，我享受提升自己的过程和做出成品以后的成就感。希望通过本书，你也可以体会到这种感觉。

再次感谢购买了本书的你，也祝你可以一直拥有对生活的热情和对手工的热爱。

暮雪 Chelsea